LITTORAL

DU MÊME AUTEUR

L'eau qui dort, roman, Paris, Éditions du Seuil, 1977.

L'Amazonie, roman, Paris, Éditions du Seuil, 1981.

Une éducation française, Paris, PUF, 1983.

La maladie européenne, Thomas Mann et le XXe siècle, Paris, PUF, 1993.

Direction d'ouvrages collectifs :

Composer le paysage, Seyssel, Champ Vallon, 1992.

Territoire du bocage, un paysage à lire, Les Cahiers de la Compagnie du Paysage n° 1, Saint-Benoît du Sault, Éditions Tarabuste, 2002.

Bocage, regards croisés, Les Cahiers de la Compagnie du Paysage n° 2, La Châtre Langlin, La Compagnie du Paysage éditeur, 2004.

Le défi du paysage, un projet pour l'agriculture, Les Cahiers de la Compagnie du Paysage n° 3, Seyssel, Champ Vallon, 2004.

Paysages, modes d'emploi, pour une histoire des cultures de l'aménagement, Les Cahiers de la Compagnie du Paysage n° 4, Seyssel, Champ Vallon, 2006.

Paysage visible, paysage invisible, Les Cahiers de la Compagnie du Paysage n° 5, Seyssel, Champ Vallon, 2008.

Paysages de l'après pétrole, Paris, Revue Passerelle, Coredem, 2013.

www. champ-vallon. com
ISBN 978-2-87673-877-5

ODILE MARCEL

LITTORAL

Les aventures
du Conservatoire du littoral
1975-2013

CHAMP VALLON

Préface

En 2015, le Conservatoire du littoral fêtera ses quarante ans. Autant d'années d'exercice au quotidien de l'établissement public dont le cœur de métier, l'acquisition foncière des plus beaux rivages français, s'est nourri de péripéties, de rebondissements propres à constituer les aventures, non pas fictives mais bien réelles, du Conservatoire.

*« La mémoire est la sentinelle de l'esprit », écrivait William Shakespeare (*Macbeth, *I, VII – 1605). Plus qu'un roman d'aventures, cet ouvrage, consacré à la mémoire du Conservatoire du littoral, se veut un livre sentinelle.*

Il devenait urgent d'écrire cette page d'histoire pour conjurer la perte d'une mémoire dont on sait qu'elle peut disparaître en même temps que ceux qui la portent. Les aventures du Conservatoire s'attachent à faire ressurgir un passé déjà quelque peu enfoui, recherchent, par une enquête quasi policière, les traces, les témoins, les détails a priori anodins et pourtant déterminants, compilent les petites histoires.

Le patrimoine protégé par le Conservatoire est aujourd'hui constitué de huit cents sites : seuls neuf d'entre eux, parmi les plus emblématiques, ont été retenus pour faire l'objet d'une d'investigation poussée. Neuf sites de légende qui, par leur histoire, ont participé à la construction de l'établissement, à sa légitimité, à sa crédibilité, à sa notoriété, à son rayonnement. Neuf sites dont les noms sonnent comme des promesses : Marquenterre, îles Chausey, abbaye de Beauport, domaine du Rayol, Paulilles, Agriate ou encore îles du Salut. Mais neuf sites dont l'histoire retrouvée et relatée de leur acquisition démontre la complexité de l'exercice foncier opéré par le Conservatoire et ses partenaires.

Odile Marcel, philosophe et conseillère scientifique investie depuis longtemps auprès du Conservatoire, et Catherine Marette, sa fidèle acolyte, sorte de Dupond et Dupont ou Holmes et Watson au féminin des temps modernes, ont mené l'enquête : elles se sont rendues sur les « lieux du crime », ont retrouvé les protagonistes, interrogé les acteurs qui se sont souvenus de tout : des faits, des logiques, des heurts, des blocages, des tractations, des négociations, des échecs, des victoires, des pactes, des peines, des joies, des intrigues, des alliances, des stratégies, des rouages, des influences, des avancées, des désillusions, des accrocs, des bonheurs.

Elles ont écouté les hommes et femmes qui, pendant toutes ces années, ont mis leur talent, leur cœur, leurs convictions dans un combat d'une grande complexité : la protection du littoral. Elles ont recueilli les petites histoires du Conservatoire du littoral afin d'écrire la grande histoire de la préservation des rivages en France.

Mes remerciements chaleureux vont à toutes ces personnes sans lesquelles le Conservatoire ne pourrait ancrer son action, servir le public ni faire connaître ses valeurs sur le long terme.

Odile G*AUTHIER*
Directrice du Conservatoire du littoral

Avant-propos

Je remercie les directeurs et directrice du Conservatoire MM. François Letourneux, Emmanuel Lopez, Yves Colcombet et Mme Odile Gauthier, grâce auxquels ce travail a pu prendre forme dans le cadre d'une commande dite « Étude Mémoire, les plus belles histoires du Conservatoire ».

Cette étude a été pilotée par un comité composé des délégués ou anciens délégués de rivages Jean-Claude Bonnafé, Annick Faucon, Jean-Philippe Grillet et Marine Musson, avec Anne Konitz, déléguée à la communication et au mécénat, Jade Isidore, chargée de mission auprès du Conseil scientifique du Conservatoire, Bernard Kalaora et François Léger, conseillers scientifiques, Emmanuel Lopez, directeur, Bernard Gérard, directeur adjoint, sous la conduite éclairée de Denis Clément, directeur adjoint.

Par sa lecture attentive et nuancée des successives étapes de ce travail, par la précision de ses remarques et demandes de rectifications, le comité de pilotage a défini les étapes d'une recherche puis permis l'ajustement des analyses aux multiples données que la phase de collecte avait pu rassembler. Il s'agissait en particulier d'équilibrer les objectifs de lisibilité – l'élan de la narration, la forme intuitive et les images – et les critères d'exactitude et de cohérence que comporte un propos institutionnel.

J'étais aidée dans ce travail par deux ouvrages récents. L'histoire des politiques du littoral de la Ve République a été brillamment restituée par Alain Merckelbagh[1]*, à qui je dois une reconnaissance particulière pour ses remarques sans concession. Bernard Kalaora a finement et éloquemment décrit quels modèles et catégories avaient animé les différents âges de la protection du littoral depuis la naissance du Conservatoire*[2]*. Sa relation établit de façon ajustée et critique quel substrat scientifique et culturel forme l'arrière-plan des histoires que je raconte.*

Il revint en effet à l'institution, fidèle à l'ouverture de ses fondateurs, de décider de l'existence d'un récit qui évoquerait la dimension anthropologique, sociale et culturelle d'une action publique fondée sur des dispositifs juridiques dont la mise en œuvre implique des confrontations entre acteurs, avec la diversité de leurs projets, représentations et positionnements dans la négociation. En charge d'une mission de patrimonialisation de certains sites du sol national, le Conservatoire du littoral applique des règles et diffuse des connaissances. Il anime aussi des imaginaires et suscite des émotions qu'il doit sentir, apprendre à connaître et tenter d'orienter. Le Conservatoire est un médiateur. Il doit convaincre afin de provoquer les décisions qui lui permettent d'acheter les sites ; il doit, plus largement, savoir susciter des comportements de protection. Appliquant des dispositifs, la conduite d'une politique implique une connaissance des hommes et un art de les inciter. C'est cette histoire qu'il s'agissait de relater, cette échelle de l'action qui, impliquant des personnes et des épisodes vécus, prenait vite une dimension de « belle histoire », avec parfois l'intensité du drame ou l'éclat d'un micro-roman, dimensions naturelles aux réalités et aux temps humains, même et surtout éclairés par les perspectives de l'histoire culturelle, de la sociologie et de l'anthropologie. La mise en œuvre d'une politique, la naissance d'une adhésion, la conduite de projets de territoire où l'environnement soit protégé de façon durable, tel était le sens des neuf histoires, les plus belles, dont j'avais à conduire le récit.

Un choix a été fait d'adopter la forme d'un carnet de mission qui déroulerait librement la matière de l'étude, celle-ci se verrait

1. Et si le littoral allait jusqu'à la mer? La politique du littoral sous la Ve République, *Éditions Quae, 2009.*

2. Rivages en devenir, Des horizons pour le Conservatoire du littoral, *La Documentation française, 2010.*

concentrée sur neuf sites emblématiques finalement sélectionnés pour en proposer plus particulièrement la substance. La forme du récit devait donner un allant, une lisibilité aux analyses. Les choix d'écriture ont fait l'objet d'ajustements soigneux afin que la liberté d'expression consentie à l'auteur vienne épouser avec netteté les objectifs que l'institution donnait à la commande : faire comprendre la mission du Conservatoire, aider à sa réalisation. Le Conservatoire est un outil foncier : il achète des terrains. L'acquisition foncière est une négociation. Elle mène les métiers de la protection dans les régions immatérielles de l'émotion humaine car elle remanie les assises identitaires d'individus, de familles et parfois de groupes entiers, façonnés par l'histoire longue. Il fallait appréhender et décrire, telles que les avaient initialement évoquées chacun des délégués lors d'entretiens approfondis, les attitudes des propriétaires, des habitants, élus et institutions, autant d'interactions psychiques entre acteurs, partenaires ou adversaires d'un moment. Pour aborder les dynamiques de représentations culturelles comme les assises identitaires impliquées dans les projets de territoire dont nous évoquions la mise en œuvre, les jeux de langage, les images et les symboles sont venus naturellement donner une profondeur à ces histoires de France, écrites dans le dernier tiers du XXe siècle à même le corps du territoire.

Je remercie les directeurs du Conservatoire d'avoir confié l'importante collecte auprès des différents protagonistes de ces histoires et les rapports d'étape à Catherine Marette, architecte et paysagiste, et à moi-même, philosophe et écrivain, professeur d'université et conseiller scientifique du Conservatoire depuis 1997. Merci à nos cent dix interlocuteurs – élus, habitants, techniciens et experts – de la richesse et de la vérité de leur témoignage, dont l'éclairage divers nous a permis d'entrer dans la complexité des réalités d'une époque et d'un métier qu'au cours du temps, la direction, le conseil d'administration, les délégués de rivages et les équipes du Conservatoire ont inventé pour mettre en œuvre la politique de protection du littoral en France. Le travail de sélection, d'interprétation et de synthèse m'est revenu en tant que « plume » d'un collectif, en tant que barde ou portraitiste d'une aventure par laquelle je me sentais portée et dont j'avais la charge de formuler, pour la transmettre, une mémoire qui était d'abord celle, dans la profondeur des temps, de l'histoire naturelle des sites.

Des gestes et des actes, des sociétés et des époques les avaient marqués. En un demi-siècle d'une histoire fulgurante, notre époque est intervenue pour transformer ces espaces et parfois leur donner un destin durable. Le sol, « bien commun de la nation », se voyait ainsi protégé et géré par une République lucidement responsable.[1]

1. Nous avons interrogé dix-sept responsables qui, du temps de leur fonction de délégué de rivages, ont contribué à l'histoire des neuf sites : Jean-Claude Bonnafé pour le Languedoc-Roussillon, Christian Desplats en Provence-Alpes-Côte d'Azur, Roger Estève pour les rivages lacustres, Annick Faucon en Centre-Atlantique, Bernard Gérard en Bretagne, Jean-Philippe Grillet en Provence-Alpes-Côte d'Azur puis en Corse, Christophe Lefèbvre, délégué outre-mer puis Manche-mer du Nord, Emmanuel Lopez, délégué Corse puis Centre-Atlantique, et Marine Musson, anciennement déléguée Aquitaine. Nous avons interrogé les délégués actuellement en poste : Jean-Claude Armand, délégué Languedoc-Roussillon, Denis Bredin, délégué Bretagne, Matthieu Delabie, délégué Manche-mer du Nord, Marc Duncombe, délégué outre-mer, Jean-Philippe Lacoste, délégué Normandie, Bernard Muracciole, délégué Corse, Guillemette Roland, déléguée Aquitaine, Bruno Toison, délégué Corse puis Centre-Atlantique.

«En raison du fort dénivelé de la rive, il ne m'était pas toujours possible d'apercevoir le fond, mais l'immense et mystérieux tout que formait cet univers multicolore ainsi que la sensation d'appartenir à quelque chose de grand m'insufflaient autant de joie de vivre que d'humilité. Parfois, je voyais des boîtes de conserve rouillées, des bouchons de bouteille de soda, des moules noires ouvrant leur coquille et même les restes de très anciens bateaux; et je me rappelais ma propre insignifiance face à l'immensité de l'histoire et du temps. (...) L'important était de devenir partie intégrante du monde mystérieux et illimité qui ondoyait au-dessous de moi. Je sentais que les eaux du Bosphore qui m'emplissaient la bouche, le nez et les oreilles flattaient les génies de l'équilibre et du bonheur qui m'habitaient.»

Orhan Pamuk, *Le Musée de l'innocence,* p. 257, Paris, Gallimard, 2011 pour la traduction française de Valérie Gay-Askoy.

Contexte

La terre tourne, nous ne la sentons pas virer dans l'éther au sein du vide énorme dont nous protège la couche de l'atmosphère. Autour de nous s'étend un univers fait de silence avec, loin les unes des autres, des étoiles dont la substance en feu attire une poussière qui gravite et donne naissance aux planètes. La vie a surgi dans l'océan. Sur la croûte terrestre, les fleuves trouvaient leur place. Du plancton aux étoiles de mer, des micro-particules aux dauphins, beaucoup de secrets de terre et de mer nous échappent tandis qu'aux avant-postes de la connaissance, une extinction de la biosphère est envisagée, menaçant l'ensemble de ce que nous croyons là comme d'habitude. Les nuages voguent, les arbres croissent. Que s'est-il passé ? En quelques décennies, des espèces entières d'animaux, de plantes, succombent jusqu'au dernier survivant. Capturés par de grands chaluts, les poissons se raréfient au profond des mers tandis que, ralentissant la fabrication de l'oxygène atmosphérique, le plancton qui les nourrit est fragilisé par l'acidification des océans. Innocents, contents de vivre, nous achetons une abondance d'objets dans les grandes surfaces. L'été, les autoroutes nous rapprochent de la plage. L'hiver, nous chauffons nos maisons. Où est le gaspillage ? Nous savons que tout se tient quand nous déversons nos désherbants dans les rivières. Les molécules chimiques piégées dans les aliments se logent dans l'épaisseur de nos corps.

Nous le savons. Depuis vingt ans, des tours ont poussé sur les continents, des barrages ont été construits. Il faut des molécules pour neuf milliards, pour onze milliards d'hommes qui attendent les trésors remontés de l'exploration des mers et du survol des canopées. Nous usons de cosmétiques et de médicaments, de métaux, d'objets techniques. Ce qui s'annonce ne se perçoit pas mais l'air circule entre les nations, drainant les mêmes poussières. L'eau dévale et se charge de plomb. Unis dans un même désir de vivre, animés de la même faim, de la même soif et du même élan à mettre en œuvre leur reproduction, les êtres vivants respirent l'oxygène terrestre et rejettent du gaz carbonique. Les humains cueillent, récoltent, ingèrent, creusent, prélèvent et bétonnent tandis que des milliards de sacs de plastique dérivent au gré des courants marins.

Cette histoire commencée depuis quelques siècles s'est accélérée de décennie en décennie. Autour de nous, nous avons prélevé avec légèreté, avec inconscience, nos ressources vitales dans le milieu terrestre et rejeté des effluents qui l'ont détérioré. Quand les bancs de harengs maigrissent, que les plages disparaissent et que l'eau souillée nous intoxique, nous voilà pris au dépourvu. Nous avons puisé comme dans une boîte à bonbons, un jour vient : elle est vide. Notre espèce est intelligente. Depuis longtemps, nous avons cru au bonheur et à l'émancipation, nous avons inventé la tronçonneuse et l'atome civil. Nous craignons maintenant qu'un accident au fracas inaudible ait pulvérisé notre belle machine, que nous nous réveillions dans les cendres et que l'air se fasse rare.

Évitons les amalgames, racontons une histoire et parlons des actes. Il s'agit de décrire une évolution. Au bord de la terre, le pied des roches baigne dans le flot alterné des marées. Lissées par le flux et reflux des vagues, des étendues sableuses posent un liseré d'argent sous des falaises prodigieuses. Au seuil de la surface lumineuse et toujours changeante de l'étendue marine, des caps rocheux, des dévalements d'herbe. Notre humanité qui gaspille, pille et pollue est capable d'intuitions poétiques. Par amour du bord de mer, elle est venue, en cohortes de plus en plus longues, remplir les abords des pointes de milliers d'automobiles en ligne l'une derrière l'autre. Aux alentours du cap, une foule oisive croise sous le soleil. Pèlerinage des beaux jours, luxe du désœuvrement. À défaut de solitude ultime, tous partagent un moment de paix tandis que, d'année en année, le désir de rivage a transformé les côtes.

On pourrait parler de la métamorphose des campagnes et des générations : gardons les yeux fixés sur l'horizon de mer tandis que surgissait une société de maisons particulières toutes disposées face à la vue. À midi, par beau temps, rien ne remplace une échappée sur la plage inondée de soleil, sur cette immensité éblouissante qui lave et régénère. Il faut se retourner et contempler l'histoire. En redisant une évolution que chacun de nous a connue année après année – c'est celle de notre époque –, tentons de mesurer la transition dont nos passions sont la clef, notre capacité de bonheur. Nous sommes en France, partageant un esprit et des émotions. Autour de nos côtes, la mer. Au-dessus de nos têtes, un ciel changeant balayé de bruines tempérées. Il s'agit de décrire et de raconter. Un siècle commence. D'autres enfants naissent, ouvrant leurs yeux sur la vie qui les attend. Tu peux raconter ton histoire ?

Chapitre I.

Embarquement

Un objectif et une mission

Ce matin, nous partons pour la Guyane parce que la France possède des îles dispersées sur tous les océans. C'est en février, l'air est gris à Paris mais entre ces îles, des mers immenses s'étendent, pleines de poissons dorés, de coraux et d'animalcules dans les profondeurs. La France possède des lagons bleus autour des volcans, des cordons dunaires et des abysses de mer. Elle possède des phoques aux îles Kerguelen, des dunes gelées à Saint-Pierre-et-Miquelon, de l'or en Guyane. La France est riche des fleurs, de la vanille, de l'uranium et de la bauxite de ses départements tropicaux. Je vis dans l'hexagone, loin de cet outre-mer. Pour aller à l'aéroport de Roissy, tout est facile au petit jour, les métros roulent, les autoroutes sont vides. On nous a dit d'emporter des parapluies car il pleut sans cesse sur la plus grande forêt du monde, là où soufflent les alizés. Garder les bras couverts, protéger ses pieds. C'est sous les Antilles, beaucoup plus au sud.

– Il faut qu'elles voient ça quand ça trempe, nous a-t-on dit au Conservatoire.

Nous allons près du Brésil, dans un coin de forêt équatoriale primaire qui appartient à la France. Le Conservatoire du littoral nous y envoie pour que nous visitions trois îles presque désertes dont le sol de lave noire est couvert de cocotiers, au milieu d'un océan bleu immense sur lequel croisent des paquebots venus de Floride. Un violent courant rend leurs abords difficiles. En outre-mer se trouve l'essentiel de la biodiversité française, les coraux, les mangroves. Sur le planisphère, le territoire national se compose d'un hexagone au cœur de l'Europe et d'un semis de départements sur toutes les mers du globe. Au-delà des latitudes tempérées sur lesquelles se déroula d'abord l'histoire longue des provinces, des îles et des pays ont été explorés par les caravelles, agrégés à des empires puis recomposés à l'ère des autonomies nationales. Le globe, depuis longtemps zébré de routes commerciales, échange aujourd'hui des travailleurs et des masses d'air, des messages invisibles, des tempêtes et des pollutions tandis que partout la profondeur d'époques disparues colle à nos semelles. Mythologies partagées, récits fondateurs, quelles évidences soudent aujourd'hui les têtes rassemblées dans les aéroports, quelles imaginations, quels rêves? Pour aller en Guyane, sept heures de vol au-dessus de l'Atlantique. Tandis que le point minuscule de l'avion poursuivra sa lente trajectoire autour du globe en rotation, suspendus dans l'éther, nous aimerions épier les beautés mirobolantes des continents et du large, humer leur parfum d'exotisme dont les livres nous ont transmis la passion. Le bruit des turbines dans l'œuf oblong de la cabine remplace la houle et les cabestans des navigations héroïques. L'odeur de goudron et du rhum a vécu tandis que, dans une drôle de langue, le commandant de bord nous saluera au moment du décollage.

En France, un établissement sans équivalent dans les autres pays du monde veille sur les bords de mer. Il a été créé en 1975 dans un élan unanime des députés de l'Assemblée nationale et des sénateurs. Le Conservatoire du littoral est notre commanditaire. Il souhaite nous faire enquêter sur certains épisodes mémorables de son histoire afin que nous les racontions. Nous sommes en République, instruits par les mêmes maîtres et partageant le souci de l'action publique. « Deviens ce que tu es », nous a-t-on dit dans les écoles. C'était le temps de l'après-guerre, pendant ce demi-siècle où notre vieux pays entrait dans la croissance, le temps de la Reconstruction, début des Trente glorieuses. Une volonté partagée œuvrait pour des actions efficaces, on en partagerait le fruit en promulguant des lois. Par-delà l'instabilité des coalitions politiques, une génération, plusieurs classes d'âge entendaient bousculer le XIXe siècle et hisser le pays vers plus d'efficacité, d'équité et de fierté. De demi-siècle en demi-siècle, de père en fils, en neveu, en nièce, les temps changeaient, les choses, les gens. Après la guerre, une France peuplée de nombreux paysans migre vers les villes. On veut que leurs fils et filles, jusque-là promis au seul « certificat », entrent en foule au lycée afin que s'élève le niveau de compétence de la nation : dans les années 60, seul un enfant sur quatre parvient au baccalauréat. Il est plus souvent né de parents bien placés que de manœuvres. Et tandis que certains découvrent le cinéma, la stéréophonie et le planning familial, de nombreux Français, frémissant que tout change, vilipendent bruyamment les mœurs nouvelles. Temps anciens de la discipline, des hiérarchies héritées et de la censure, ton des voix des années 50. Époque de conditions sociales aux contrastes apparents et souvent de résignation. Notre siècle devenu consensuel a oublié les fiertés réactionnaires. Toutes tendances confondues, l'idée républicaine a gagné du terrain, les classes moyennes se sont étoffées et avec elles, un certain consensus « politiquement correct » porteur de respect pour tous même si persistent de nombreuses disparités et qu'il en naît de nouvelles. Après la guerre, les uns construisaient des avions et des villes modernes tandis que la France de Chateaubriand et de Victor Hugo respirait encore et que le XIXe siècle des campagnes séculaires, congelé par deux guerres mondiales, fondait enfin comme neige au soleil. Une volonté œuvrait et prévalait pour bousculer les cruautés économiques et sociales du passé. Nous parlons d'une société, de ses mœurs et de ses idées. Elles viennent irriguer des mouvements dans l'espace.

Sur les littoraux, l'essor des Trente Glorieuses s'observe d'abord avec lenteur. Dans les années 50, époque d'Arletty, de Piaf puis de Brigitte Bardot, les rivages gardent leur aura de vide et d'immensité déserte. Labeur, stupeur, lenteur. Un peu plus tard, le beau Vadim, la magnifique Claudia Cardinale se mettent en short pour bronzer. Ils sont encore très seuls dans les villages de Provence mais l'élan qui bâtit des usines, des ports et des entrepôts est en route avec les raffineries de pétrole, les stations balnéaires et les lotissements de villas qui se multiplieront de décennie en décennie. Ils métamorphoseront les espaces jusque-là délaissés et battus par les vents, les acclimatant aux usages humains et donnant une nouvelle valeur aux choses.

Qui organisait cette évolution? Qui veillait à leur cohérence? Chaque nation a ses lois, ses priorités. En France comme dans tous les pays européens, des ports avaient été équipés pour défendre les côtes, nourrir l'activité économique et fréter l'épopée des voyages. Explorations, conquêtes, pêcheries d'Islande et chasses à la baleine. Empire militaire, médecins coloniaux: sur les côtes ont vécu des populations laborieuses que recrutait la marine de guerre au temps des affrontements intra-européens. Depuis le milieu du XVIIIe siècle, une sensibilité nouvelle s'était intéressée à la mer et à ses abords pour leur pittoresque et leur étrangeté stimulante. Au cours du XIXe siècle, avides de sensations découvertes en même temps que l'éblouissement du solstice, des résidents saisonniers s'installaient près des côtes pour contempler les reflets de lumière. Odeur d'aubépine, retour des chaluts. Au XIXe siècle, les premières fortunes industrielles et commerciales alimentent une vague de touristes qui arrivent en juillet sur les plages, emportés par les voies de chemin de fer nouvellement installées. Les espaces de la joie de vivre s'élargissent. Ils concernent d'abord une frange plutôt rare de la population, si l'on en croit Zola, Proust et les historiens du tourisme.

Après 1945, le pays institue la protection sociale, le droit de vote des femmes et l'éducation obligatoire pour tous. La société se transforme, d'autres générations montent. Pour les gens des villes, les joyeuses transhumances du temps des vacances s'apprécient comme une conquête sociale, née dans la dispute en 1936. Attachés à la terre ou petits employés, les pères d'avant la guerre ne connaissaient pas les vacances ni le planning familial. En Deux-chevaux, en Simca 8 ou à moto, les fils découvrent une liberté nouvelle qui ébaubit les habitants des campagnes. L'exode rural a salarié de nouvelles générations. Pendant l'été, des milliers de gens découvrent la plage tandis que se développe une industrie nouvelle qui va transformer le destin des côtes. Chacun connaît l'histoire sociale à partir de son récit familial et en regardant autour de lui. Ouvert sur la table, le livre de l'histoire évoque une transformation des mœurs, des images et des moyens de toute une société. Le niveau de vie s'élève. Immense est la richesse des pays riches où tous ont les mêmes droits et où 40 % des gens, aujourd'hui en France, ne partent pas en vacances.

Qui s'intéresse à l'histoire? L'après-guerre, époque démiurgique, a inventé des constitutions et donné réalité à des valeurs nouvelles. Vaccination pour tous, quartiers modernes, eau courante. De grandes politiques sont imaginées par des décideurs qui planifient à grands traits l'équipement, l'urbanisation et l'aménagement d'une France qui sort des cartons. Au plus haut niveau de l'État, le général de Gaulle, les présidents Pompidou et Giscard d'Estaing demandent des solutions visionnaires aux juristes, aux ingénieurs et aux architectes. Olivier Guichard dirige la DATAR, fondée en 1964, qui lance l'aménagement touristique du Languedoc-Roussillon. Le plan directeur en a été approuvé par la mission interministérielle dirigée par Pierre Racine, conseiller d'État et directeur de cabinet du premier ministre Michel Debré de 1959 à 1962, puis directeur de l'ENA de 1969 à 1975. La Mission Racine «transforme en dix ans les grèves désertes en stations futuristes» (Paris-Match, 1er août 1964, «Voici la Floride de demain: le Languedoc»). La ville des Lumières a détruit les fortifications et les a transformés en boulevards plantés. Conformément aux conceptions de l'urbanisme nées en Angleterre au XVIIIe siècle et introduites par Napoléon III dans l'aménagement de la capitale, Paris a été orné de grands parcs. Jean Balladur, architecte de La Grande Motte : « Il s'agissait d'empêcher une occupation désordonnée et continue d'un littoral méditerranéen de la France, encore vierge… Il convenait aussi de préserver les sites naturels et historiques marquants et d'instaurer entre les zones vouées à l'accueil des vacanciers de larges coupures laissées à l'état de nature. »[1] De là naquit l'idée d'un Conservatoire pour ces zones de nature, il aurait vocation de les acquérir et de les préserver afin qu'elles composent, en relation avec les zones urbanisées et les zones dévolues à l'agriculture, un équilibre des usages sur l'espace national. Pierre Raynaud, le premier directeur du Conservatoire du littoral, avait auparavant dirigé la Mission Racine. Olivier Guichard, premier directeur de la DATAR, fut président du Conservatoire du littoral de 1986 à 1989. Ces hommes ont eu un dessein, une vision d'ensemble. Nos sociétés sortaient du Moyen Âge. Pour la première fois, les paysans cédaient aux machines l'effort de défricher et de labourer, jusque-là confié à la force de leurs bras et au compagnonnage avec les animaux domestiques à qui, entre frères de labeur, ils parlaient de façon familière. La douche avait été un privilège bourgeois, les vacances, un luxe aristocratique, le voyage, le fait des seules missions diplomatiques et commerciales puis la folie singulière de quelques originaux. Un siècle est peu de temps. Trois générations juxtaposent souvent une paysanne, une institutrice et une *executive woman*. Les harmonies de notre patrie hexagonale sont issues d'initiatives et de trouvailles, en bonne place y figurent les générations gaullistes qui ont géré la France de 1958 à 1981, une France dont les initiatives étaient portées par la croissance et dont les formes de vie entraient peu à peu dans les mœurs.

★

1. Jean Balladur, *La Grande Motte. L'architecture en fête ou la naissance d'une ville*, Espace sud, 1994, p. 17.

Parlons des plages

Portée par les décideurs politiques, une institution fut créée en 1975 parce que la beauté désirée des sites naturels ménage une respiration dans les vies. Le Conservatoire du littoral est chargé, pour la France, de contribuer à préserver un « tiers naturel » sur les espaces de bord de mer. Pourquoi une telle organisation ? La demande sociale qui surgit pendant l'après-guerre est une vague montante qui, de décennie en décennie, ne cessera d'amplifier sa pression sur les côtes. Elle est sans proportion d'échelle avec le nombre de ceux qui, pendant l'avant-guerre, avaient installé des villas le long des rias bretonnes, des plages du Nord ou sur la côte méditerranéenne en un mélange de gens du cru et de « bourgeois des villes » épris du nouvel art de vivre décrit par Michelet dans *La Mer* ou bien par le Proust des *Jeunes filles en fleur*. L'après-guerre nourrit des envies de liberté, de mœurs nouvelles et de grands espaces. Les terres aimables qui avaient attiré vers le Sud, depuis le XVIIIe siècle, quelques amateurs d'air et de douceur de vivre s'ouvrent désormais à beaucoup d'amateurs qui campent ou posent des maisons au-dessus des criques où les pêcheurs du dimanche ont leurs cabanons. Jusque-là, seule quelque villa arabisante, édifiée par un voyageur, peuplait la solitude des caps, ou bien quelque palais que des princes, ici et là, avaient fait dessiner avec leurs balustres et leurs jeux d'eau.

Perchées sur les collines, des maisons de toutes tailles et de tous styles vont se multiplier après la guerre. Partout des règlements existent, des usages et des lois. De l'aveu général, l'attrait de la Provence et des Alpes Maritimes suscite après-guerre une occupation humaine mal maîtrisée qui grignote les collines et accumule une disparate excessive de maisons. Encadrées par la volonté de l'État, des grandes opérations sont alors décidées pour développer les côtes du Languedoc et de l'Aquitaine où il reste de la place pour fixer les touristes. Dans un geste volontariste, – il va de soi à cette époque où des élites ambitieuses partagent la même culture –, on prévoit des aires de détente autour des stations. Entre les villes du loisir, des zones naturelles où s'ébattre et rencontrer une nature à l'aise, un cadre à découvrir et à explorer, il sera instructif, hygiénique et éducatif, telle est la doctrine des loisirs bourgeois qui prévaut et se diffuse dans le corps social. Les peintres ont peint la mer belle et la lumière radieuse. Les romanciers, les poètes ont exalté le remuement des vagues et l'épopée des « pauvres gens » (Victor Hugo). En 1975, un Conservatoire du littoral est donc fondé à l'échelle nationale pour équilibrer la transformation des littoraux. Les ports, les raffineries et les stations balnéaires n'occuperont pas tout l'espace : un tiers en sera conservé, préservé et maintenu en l'état, avec ses richesses naturelles et la beauté de son cadre de paysages. Au plus haut niveau de l'État, les ingénieurs et décideurs connaissent le bord de la mer. Ils ont joué enfants dans les dunes et savent quels usages de loisir y développer à grande échelle. Leurs mères ont mis des bonnets de toile sur leurs têtes d'enfant. Adolescents, ils ont apprécié chez Radiguet, chez Gide et Colette l'aura de sensualité naissante, à fleur de dune, quand on a onze ans. Esprit des familles, volontés politiques : pour en finir avec les misères du peuple de Zola et de Victor Hugo, les Républiques œuvrent à « l'extinction du paupérisme » souhaitée en son temps par le futur Napoléon III. Le loisir pour tous est un idéal social et fonctionnel. Ni futile ni inutile, réveillons l'esprit des vacances. Quel patron du XXe siècle souhaite une équipe chlorotique, rongée par l'anémie et les maladies de carence ?

Le Conservatoire du littoral n'intervient pas pour piloter l'évolution globale des littoraux, mais pour contribuer à la sauvegarde d'un tiers précieux qu'il pérennisera, l'agriculture et la ville se partageront les deux autres tiers. Institution d'échelle nationale qui délimite, avec les élus du rivage, les espaces naturels et en organise l'existence, le Conservatoire achète des pans de terre qu'il a pour vocation de « protéger pour tous et pour toujours ». Il n'a pas été institué pour organiser l'ensemble du changement, ni non plus pour que rien ne change sur les bords de mer. Le Conservatoire n'a pas été institué pour que les choses restent en l'état sur les côtes, que l'on n'y construise ni centrale nucléaire, ni raffinerie, ni zone commerciale : il a été créé pour intervenir par l'achat de certains sites, pour négocier leur patrimonialisation et faire qu'à terme, inscrit sur le sol national, un trésor cohérent de nature respectée traverse les générations et les époques. Le Conservatoire crée des zones de protection qu'il préserve de l'accaparement humain. Qu'en sera-t-il de la surface environnante ? Que deviendront les bords de mer ?

En un geste adressé au futur, l'institution du Conservatoire fonde une relation nouvelle à la ressource en espace, il la soustrait de l'échange marchand. Acquis par l'État, le trésor des sites de nature ne sera pas remis en vente, il n'est plus monétisable. L'intervention du Conservatoire vise à extraire une part conséquente des terres littorales de leur statut de propriétés qui circulent de main en main, offertes à la pression d'un marché qui s'affole. Pour les préserver, l'État en fait un bien public. La nature protégée sur cette part de l'espace sera administrée dans la cohérence de l'action publique, des spécialistes l'observeront et la feront connaître. Trente-cinq ans plus tard, les transformations qui équipent et lotissent se sont accélérées comme jamais, la biodiversité s'est raréfiée de façon inquiétante, la maîtrise et la régulation des besoins en eau aura un coût. Relue par les urgences de notre époque, l'idée de programmer une action qui poserait une limite à l'emprise des usages humains apparaît comme une mesure prometteuse. Ressources raréfiées, espèces vivantes dont l'équilibre modifié suscite des pullulations de ravageurs ou des mortalités massives d'insectes pollinisateurs - 60 % des services rendus par les écosystèmes détruits en 2005 – : notre époque cherche à mettre un frein à la capacité qu'a développée *sapiens sapiens* pour rivaliser avec ce qui n'est pas lui et souvent le détruire. Puisqu'il s'agit aujourd'hui de rechercher des issues heureuses et prospectives, pour la nature comme pour l'homme, à un état des choses subitement assombri par de nombreuses prises de conscience, reconnaissons que, dans l'histoire du dernier tiers de siècle, une sorte d'antécédent aux prudences nécessaires a été posée, méritant qu'on la célèbre, qu'on la médite et peut-être qu'on l'imite. À l'échelle des générations, de leurs usages, interventions et inventions, un consensus avait imaginé l'invention d'un Conservatoire du littoral : de l'aveu de ses directeurs comme de toute l'équipe, après trente-cinq ans de travail visant à acquérir des dizaines de milliers d'hectares, on pouvait se permettre un regard en arrière sur le chemin parcouru, sur les tribulations et les ententes, on pouvait vouloir raconter comment le Conservatoire avait réalisé les acquisitions de ses sites, avec quels partenaires, au milieu de quelles raisons et de quel débat. Pour faire entendre que l'espace terrestre, et nommément celui des côtes, objet du « désir de rivage » depuis le XVIIIe siècle, n'est pas seulement une occasion de faire des affaires, une matière à rentabiliser, plus rapide et plus sûre que les machine à sous, il avait fallu faire admettre, faire reconnaître et désirer une autre attitude. La nature ne nous appartient pas. Elle a son sens en elle-même et sa vie propre, l'homme peut aimer s'oublier lui-même pour la contempler calmement. Comment l'équipe du Conservatoire a-t-elle prise sur le « désir de rivage » pour lui éviter l'emprise de l'accaparement humain ? Comment réussit-elle à élever le regard, à alléger la donne et à trouver une alternative au pillage ? Comment induire de nouvelles attitudes ?

Inventant un dispositif et recrutant des hommes, une mission était née, celle de négocier la protection en se portant acquéreur de certains biens, en en transférant le statut de la propriété privée à la propriété publique, ou bien en marquant le passage d'un usage à un autre quand la propriété d'un radar ou d'un fort passait de la marine ou de l'armée de terre au Conservatoire du littoral, c'est-à-dire au ministère en charge de la protection de la nature. Pour transformer des lagunes, des dunes ou des corniches en sites protégés, un travail de longue haleine a été entrepris. Il s'agissait d'identifier des sites, de négocier un achat puis de mettre en place un processus de gestion selon des règles claires.

Il y a longtemps qu'en accompagnant le travail de l'équipe au fil des réunions du Conseil scientifique, j'avais été frappée par la dimension romanesque du destin de ces biens, souvent à l'abandon, que le Conservatoire sortait de leur torpeur pour leur redonner vie : sur l'île Tristan, en face de Douarnenez, à Serre de la Madone, au-dessus de Menton, aux jardins du Rayol, dans le Var, une maison, un jardin méconnaissables avaient perdu leurs maîtres. Effaçant la trace des soins patients, une végétation ensauvagée avait gagné partout. Quand arrivait le nouveau propriétaire, il enfermait dans le parc enchanté un jardinier diligent, souvent très jeune, un botaniste passionné qui passaient des mois à enlever la broussaille et observer le maquis, disciplinant et notant, ensuite on reconstituerait les plantations.

La Conservatoire se trouvait aussi acheter des lieux très fréquentés devenus méconnaissables par trop d'amour des foules, trop de zèle curieux : à la Pointe du Raz, à la Pointe des Poulains et à l'Apothicairerie à Belle-Île, les pieds des adorateurs avait dévoré le sol et désossé les sites, laminant les plantes de lande et faisant disparaître l'humus qui en autorisait la croissance. À Giens, dénudé par un excès de promenades plantigrades, la flèche de sable du tombolo partait à la mer, menaçant de submersion l'aménagement des salines. Avec ses techniques de génie écologique, le Conservatoire entreprenait de restituer une dynamique à ces espaces sinistrés. Il les arrachait à la déprise et montrait comment l'alliance d'un statut de propriété publique et des volontés locales pouvait redonner des chances d'évolution à des biens à l'abandon. La propriété en était éparpillée en une myriade de descendants ou bien, à l'inverse, attachée à un grand nom appartenant au passé, à une famille dotée qui avait aménagé avec succès des cultures ou des pêcheries aujourd'hui en déshérence. « Pour tous et pour toujours », le devenir de ces sites intéresserait désormais le plus grand nombre.

J'avais parlé avec François Letourneux, directeur du Conservatoire de 1992 à 2004, de la dimension balzacienne de ces destins. Des biens passent de main en main, de figure sociale en acteur nouvellement institué, tandis qu'un monde chasse l'autre et que se façonne une société sans précédent. Moyennant un moment d'interprétation et de réflexivité, les yeux du chroniqueur ou de l'essayiste d'aujourd'hui pourraient-ils tenter de fixer les allures de ces mutations matérielles et sociales? Balzac décrit les turbulences qui, au tournant des années 1830, lancent les «parvenus de la richesse» à l'assaut de la société nobiliaire, de ses grands domaines et de ses châteaux. En une génération, l'Ancien Régime a sombré, la Révolution cédé la place à l'Empire puis à la Restauration. En visitant l'un ou l'autre des sites acquis par le Conservatoire, j'étais frappée par la façon dont l'institution menait à bien, si l'on peut dire, la suite de cette histoire en ouvrant au public la jouissance de biens dont il offrait à tous la beauté remarquable comme une source de vie, comme un horizon et un élément où chacun puisse inscrire la sienne. Je pressentais l'idée qu'à travers la dimension vécue de ses confrontations d'acteurs, de figures et de personnages, l'histoire des sites, ses épisodes et ses empoignades revêtaient finalement une sorte de dimension morale, une morale pour notre temps. Protéger un site! Chaque fois situées dans la singularité d'un cadre géographique régional et finement articulées avec le réseau invisible de croyances et de mœurs qui fait notre histoire nationale, les actions menées par le Conservatoire s'inscrivaient dans les processus de transformation des biens, des usages et des comportements d'une société en quête de nouveaux équilibres.

Un préjugé me faisait parier pour l'existence d'une logique de l'action humaine. Nombreux sont les grands esprits et théoriciens – Kant, Hegel, Toqueville, Marx, Norbert Elias, plus récemment Raymond Aron ou Alain Touraine – qui ont nommé le processus de démocratisation à l'œuvre dans les sociétés modernes. Tandis que je m'ennuie dans le métro qui tangue, en route vers l'aéroport de Roissy, la tête encore saoulée par une nuit écourtée et les mains posées sur ma valise, je pars avec l'équipe pour vérifier ce processus. Nous sommes les acteurs d'une évolution sociale et politique qui a lieu sans que nous en soyons expressément conscients.

L'échelle lente de la vie de chacun, les gestes partout distincts et partout similaires tissent des durées de vies prises dans ce qu'on appelle l'histoire des sociétés, des civilisations.

Sortant de l'arène universitaire, je pars pour jointoyer les évidences de l'esprit avec le quotidien de l'action. Pourquoi, dans une société, n'arriverait-on pas à se comprendre entre gens de culture et gens engagés dans un faire ? Année après année, je me suis efforcée de saisir l'esprit d'actions qu'on nous montre partiellement quand, en tant que Conseil scientifique, nous descendons à dix ou quinze dans le Var, en Camargue, au Pays basque, dans l'Aude, à Granville ou dans le Pas-de-Calais pour poser une expertise dans un débat local parfois houleux. Aucun fleuve tranquille, aucune mer de la sérénité dans les affaires humaines. Bien sûr, la capacité diplomatique de certains, l'esprit idéalisant d'un directeur et, plus généralement, l'époque faisaient sentir l'urgence de stratégies nouvelles, utiles au bien commun et désormais durables. La mission une fois validée par l'équipe du Conservatoire comme par son Conseil scientifique, le défi était de réunir une myriade de faits, patiemment recueillis auprès des délégués puis sur le terrain. L'enquête comporterait une centaine de rencontres avec les témoins d'une époque. Il s'agirait d'organiser ces éléments en un récit attrayant et vérifiable où les acteurs pourraient se reconnaître. En décidant de faire portraiturer le Conservatoire et ses aventures dans un esprit de liberté critique, Emmanuel Lopez donnait suite aux commandes successives par lesquelles ses directeurs ont communiqué sur son action et assis une bonne part de son succès sur une image culturelle constamment réaffirmée et travaillée. Partie prenante de l'aventure, l'équipe avait souscrit à l'idée qu'une étude puisse établir la chronique des échelles et de certaines étapes de son action en décrivant les contraintes et les processus d'un métier qui, comme toute pratique, peut faire l'objet d'un archivage comme d'un savoir qui en décrypterait le fonctionnement.

⋆

Chasse au trésor

Et maintenant que s'ouvrent les oreilles de ceux qui veulent saisir le temps des choses humaines. Que s'ouvre l'esprit de ceux qui croient qu'une politique se mène dans la solitude. Jules César, Napoléon, de Gaulle ont écrit leurs mémoires pour dire le maniement des leviers, l'animation des équipes et la chronique des guerres. Lisons Saint-Simon, Tocqueville et la vie de Colbert. Pourquoi parler du Conservatoire à notre époque inquiète, qui cherche un nouveau style d'existence et d'autres relations internationales pour limiter pillage et gaspillage au temps où certaines ressources sont devenues rares ? Une histoire se joue à petite vitesse autour de nous, un changement radical à prévoir sous nos pieds et partout alentour, et aussi sur notre peau et à l'intérieur de nos poumons emportés par le cours du monde. Ce changement concerne nos vies, nos envies, et plus généralement, peut-être, la survie physique et aussi morale non seulement de notre espèce, mais au-delà, nous le savons, de la biosphère elle-même, qui est en question. Le Conservatoire a été fondé en 1975. Sans me faire d'illusions sur la nature des institutions, des êtres ni des sociétés, en fréquentant les sites du Conservatoire, en m'habituant à observer ses actions, il se trouve que mon esprit et mes sensations peuvent reconnaître sans mal le lien qui existe entre certains comportements, certaines règles par lui pratiquées, et les interrogations de notre présent qui œuvrent, ici et là, pour induire des attitudes nouvelles, propres à devenir plus tard, qui sait, les habitudes d'un monde différent.

Dans tels gestes, dans telles postures, mots prononcés, dérobades, regards et positions de la plante des pieds, qui ne verrait la profonde diversité humaine des êtres et des provinces, qui tisse et trame notre existence sociale, ses émotions et ses valeurs ? En face, une déléguée ou un délégué qui ne sont ni anges ni bêtes, mais incorporent un certain rythme, une certaine patience, dans leur relation avec les autres. La chair des choses humaines est faite de temps. En un demi-siècle, la durée de notre vie, la forme de notre corps, les maladies dont nous mourons ont changé. Nos figures, nos expressions, le ton de nos voix ne sont plus les mêmes. Ouvrons les livres d'histoire, regardons les vieux films, les images de la Libération et la face des agriculteurs des années 50, celle des ouvriers du textile et de la métallurgie, puis celle des Beatles et d'Alain Delon, du général de Gaulle et du général Challe. Modernisation. Paix franco-allemande. Face à l'image de nos pères, la futilité cède. Il faut remonter dans le temps, laisser parler les choses vécues, les choses dites et les « choses vues » (encore Victor Hugo). Admettons que le ressenti, les images mentales et leurs symboles constituent un moment du processus, une échelle de sa réalité. On ne parlait pas de droits de l'homme, d'éthique ni de mariage homosexuel mais de prêtres ouvriers, de l'abbé Pierre, de Dien Bien Phu. Les femmes ne portaient pas le pantalon. Tout le monde allait au catéchisme. Mon récit commence au XXe siècle. C'est un récit de mœurs, de gens et de vie des gens, qui forment, façonnés par les inventions de gouvernement, la matière des courbes de résultat. Je raconte l'histoire des vacances à la mer, une invention du XXe siècle, sans précédent sur la planète bleue. Je veux en dire la matière, regarder la façon dont les choses ont été ressenties, appréhendées et accompagnées par des cerveaux complexes avec les représentations, les croyances et l'aveuglement propres à chaque époque. L'histoire du sable est celle des rêves, celle aussi des niveaux de vie et des chiffres de l'épargne. En France, on redressait la tête. C'était l'après-guerre. Une génération montait pour raviver la face de la société française et régénérer ses tubulures. Passer au stade industriel, alphabétiser les masses : on allait travailler, pendant trente ans de croissance économique, à moderniser la nation, dans ce pays placé à mi-distance de deux modèles qui s'affrontaient dangereusement, la menace nucléaire au bout d'un téléphone rouge : l'Aigle impérial des States et l'Ours russe, sentinelles d'une paix du monde à l'époque introuvable. L'Amérique nous a appris la liesse légale des sociétés citoyennes. Avec la Russie soviétique, l'écho des fiertés collectives et l'épopée industrielle en marche flambaient sur Billancourt. En France, un président nommé Pompidou pilotait avec adresse la barque commune, encore emplie de détermination gaulliste.

Un nouveau venu lui succède en 1974, il est jeune, il a noble allure. Depuis l'année précédente, le monde est entré dans une crise pétrolière qui sonne en Europe la fin des Trente glorieuses. On le sait dans les cabinets ministériels, le style de pouvoir change. Peu à peu, on n'ambitionnera plus d'alimenter l'emploi industriel en urbanisant de façon géométrique. Les mythes de l'après-guerre ont vécu, le progrès s'essouffle, la désindustrialisation s'annonce et avec elle le chômage de masse. Sous le signe d'une excellence hexagonale à maintenir, le président Giscard d'Estaing va nuancer le modèle français, il assouplit la technocratie et fleurit les centres-villes. Beau comme on doit l'être pour passer à l'image, le président Giscard affiche une fraternité courtoise. Dans le pays de Colbert, il module un nouveau dirigisme qui tiendra compte de mai 68 sans attenter à la pyramide sociale. Le privilège des rois est de pouvoir aimer l'humanité sur laquelle ils règnent. Par la culture, par la recherche d'un art mieux partagé de verdir la vie, le président Giscard ouvre une ère prometteuse pour l'esprit des classes moyennes. C'est là que nous entrons en scène. Regardons de plus près, distinguons, sur les rives de mer, une distribution des rôles entre gens d'ici et gens de là-bas, entre les petits pêcheurs et les chasseurs, entre les actionnaires et les visiteurs, entre les ministres, les résidents et les notaires, les agents de biens, les promoteurs et les banquiers qui, aidés par les préfets et par la Mission Racine, préparent cent mille lits pour les voyageurs. Le décor est planté. Comme dans un film de Claude Chabrol, de Hitchcock ou des frères Coen, des silhouette vont s'animer, ce sont des personnages confrontés dans des histoires.

En France, il y a des dunes, des marais, des calanques sur lesquelles certains agents économiques, souvent amis de gens compétents et de notables, ont jeté leur dévolu depuis les années 50. Servis par une époque de croissance qui attire vers l'emploi urbain et améliore la vie quotidienne – Moulinex, formica, télévision –, de nouveaux quartiers de ville, des ZAC, des ZUP et des «villes nouvelles» ont surgi dans les alentours des anciennes et plus particulièrement sur les plaines côtières. Les entrepreneurs équipent les littoraux en creusant des ports et des marinas, en disposant des usines, des entrepôts et des raffineries. Ils créent des stations balnéaires pour les familles et pour les gens de diverses catégories de fortune, donnant aux corniches inaccessibles, aux landes stériles battues par les vents et aux lagunes une nouvelle jeunesse productive. Les agents économiques sont soutenus par la puissance publique. Ils déploient sur les rivages une civilisation nouvelle sous le signe du béton, ce matériau d'art grâce auquel le crayon des architectes peut désormais concrétiser l'envol des temps nouveaux.

1950, 1960, 1970. La forme physique des Françaises s'affine, Brigitte Bardot succède à Martine Carol, Gérard Philippe n'est pas mort. En France, Sacha Distel fête ses trente ans. L'énergie du rock, les Stones, les punks écartent la voix rocailleuse de la môme Piaf sur les ondes écoutées dans les faubourgs. On a construit de beaux HLM autour des villes; dans leur centre, des concierges gardent les immeubles, des bonnes élèvent les enfants. Pour en finir avec cent cinquante ans de convulsions, le plan Marshall a convaincu les dirigeants européens de parier sur la croissance. Et si on tentait de liquider la dureté de la vie? Si on essayait de croire au bonheur? On construit en France les premières autoroutes. Sans effacer les distinctions sociales qui façonnent les destins dans les pays européens comme ailleurs, une société nouvelle bourgeonne à l'ombre de la crise, en attente de la fin des castes. Sur l'hexagone encore meurtri par les opérations de guerre, une vie nouvelle a été reconstruite. Pour les nombreux ouvriers employés par l'industrie nationale, l'été, le repos des vacances est une nouveauté que l'on découvre. Autour des villages bretons, autour des stations de l'Atlantique et des Landes, sur les côtes pyrénéennes et varoises, de jour en jour s'inscrit à bas bruit le début du bonheur. Face au large, face à la vue, face au soleil. Face aux brisants et sur le sable. Des tentes et des bicyclettes. Et aussi des villas, des immeubles. Des stations, des quais, des marinas. L'État veille aux équipements qui doivent transformer le territoire et le conduire vers l'avenir. Des Missions ont réuni les préfets, les énarques et les ingénieurs pour dessiner le nouveau visage du bonheur. En 1975, l'État a décidé la fondation d'un Conservatoire d'un nouveau genre, ce sera une instance qui, sur le terrain, achètera des surfaces de rivages et les rendra inaliénables.

Il s'agit de vouer des sites merveilleux à un respect durable du fait de ce qu'ils signifient pour nous, Français, Européens, Occidentaux. La valeur des littoraux. La valeur d'un littoral préservé, sauvage, vierge, ou tout au moins maintenu en l'état, voire amélioré, dans sa dimension d'espace naturel et de lieu de délectation pour les hommes. La France, l'Europe, les pays occidentaux fournissent des modèles au monde entier depuis plusieurs siècles. Pour garantir la valeur de ces espaces de liberté, la France invente en 1975 un nouveau genre d'action publique. Quand un propriétaire veut se défaire de sa villa, de son parc, de sa forêt ; quand l'État désaffecte un fort ; quand une ville souhaite patrimonialiser une lagune, une zone humide, ou tout bien qui s'effondrerait du fait de la carence de ses propriétaires : un Conseil de rivages, formé d'élus des collectivités locales, a identifié des périmètres d'intervention pour le Conservatoire. Le Conseil d'administration national les a validés. Si le bien en fait partie, le Conservatoire se met sur les rangs pour tenter de l'acquérir : il a priorité sur tout autre acheteur dans le cas où un périmètre de préemption a été défini, ce qui est souvent le cas. Il arrive aussi qu'un site remarquable s'offre à l'acquisition hors du périmètre : dans ce cas, le Conseil de rivages puis le Conseil d'administration du Conservatoire, formés en grand partie d'élus, délibéreront sur le bien fondé de cette acquisition dans la stratégie à dix, à vingt ou à cinquante ans, mise au point avec la tutelle, et retoucheront en conséquence le périmètre d'intervention. Les uns ont réfléchi à la cohérence d'un scenario, ils ont organisé un plan de vol qui sera mis en œuvre par consentement et par engagement. Aux autres de se saisir de cette possibilité, elle a été votée par les députés unanimes, par tous les sénateurs. La règle du jeu? Pour réfléchir aux temps qui viennent, pour orienter les transformations, les élus du peuple ont tracé une loi, un pari, un vœu. Forêts domaniales, réserves naturelles, sites classés, «espaces naturels sensibles» des départements, propriétés du Conservatoire du littoral: un tiers du territoire des bords de mer restera naturel ou «sauvage» en France. Il sera dévolu, par volonté humaine, à ce qui entoure l'homme et le domine, à ce qui vient de plus loin et durera plus longtemps. Les députés et les sénateurs ont pour mission d'arbitrer les défis, les énigmes, de trancher les situations délicates, de dire un droit qu'ils inventent. Connaissant les territoires, ils ont pour charge d'en organiser les évolutions. Ils ont fondé le Conservatoire pour pouvoir, le moment venu, engager les littoraux dans une voie nouvelle et se permettre d'opter: pourquoi ne pas convertir ce bien en terre patrimoniale? Pourquoi ne pas faire acheter cette dune par le Conservatoire? Elle sera géré en partenariat avec les volontés locales pour servir à des usages «libres», à des moments du temps individuel et collectif qui forment un poumon, une matrice ou une traversée du miroir, appelle-les comme tu veux, tu sais, lecteur, de quoi je parle. Si cette dune n'est pas transformée en boulevard maritime, en institut de thalassothérapie ou en hôtel, elle restera garrigue, colline, lande odorante où te promener, où te régénérer, redevenir un vivant parmi les autres et vivre une aventure sensible et aussi mentale. Un grand territoire préservé pourrait s'ouvrir sous tes pas, si des élus décidaient qu'il serait dévolu à la part rêveuse de ton cerveau comme aux avocettes, aux vers de terre et aux champignons.

Venant interagir avec les forces du marché foncier et immobilier, le Conservatoire peut être missionné pour se porter acquéreur. Tu vois, lecteur, quels consentements, quelles adhésions collectives soutiennent le délégué quand il s'engage dans la mêlée pour négocier, quand il part, missionné par une hiérarchie complexe d'adhésions collectives et individuelles, dans le taillis des intérêts privés afin de faire sentir ce qui a animé les députés et les sénateurs, les poètes, les aquarellistes, les compositeurs de symphonies, les marquises et les pêcheurs à pied. Le Conservatoire du littoral a été doté de moyens pour constituer un nouveau patrimoine national de biens publics. Le délégué est missionné pour chercher à acquérir un bien et le transformer en un espace commun accessible à tous. Il fut un temps où les cathédrales auraient pu être vouées à la démolition, comme tant de châteaux-forts décapités par les rois. Certains souvenirs ne deviennent pas des patrimoines. En 1975, formulant une distinction entre les droits de l'humain et ceux du non-humain sur le sol national, notre République cartésienne, notre nation de sang-mêlés des provinces se lançait dans une politique inspirée par un partage de valeurs qui est commun aux nations de la terre et que chaque civilisation tranche à sa façon : qu'est-ce qui appartient en propre aux humains, ou bien leur échappe ? Qu'est-ce qui revient aux hommes, aux dieux, aux autres peuples ? Entre l'humain et la dimension cosmique, souvent sacralisée et déifiée, l'Europe a repoussé la relation de tutelle, elle a écarté la soumission des fatalismes, inventé un individualisme moderne et fondé un « droit des gens » au moment des Lumières. Oubliant le droit divin et l'esprit des castes, les peuples se gouverneraient eux-mêmes, réglés par des constitutions. Victor Hugo, Zola et Jules Verne ont célébré l'épopée de l'histoire humaine. L'homme libéré par le droit et par les machines investirait une planète immense, vouée à la paix et à la prospérité.

Notre époque a à baliser un autre genre de bornage, à fonder une autre dimension du droit. Jusqu'à quel point la nature appartient-elle à l'homme, à ses usages privés, à ses inventions gouvernées par l'imagination et aussi par l'intérêt ? Face à la question des ressources en espace, de leur usage et mésusage ; face, plus généralement, à ce qui fait bien commun et échappe de ce fait à l'accaparement individuel de la propriété privée ; les légistes ont, dans chaque nation, défini un droit du sol et du sous-sol, des usages pour régler le prélèvement de l'eau des rivières et des lacs ; pour gouverner les espaces publics, les monuments, et régler les vies individuelles, qui sont elles aussi soumises au droit. Aujourd'hui, il existe un droit européen pour les martres et les abeilles, pour certaines fougères, certains insectes. Entre les nations, l'air qui circule, l'eau de mer et le plancton forment un bien commun qui n'appartient à aucune d'elle. Les Anciens respectaient les bois sacrés ; en Asie, autrefois, on reconnaissait aux sources, aux montagnes et à certains arbres une valeur supra-humaine qui faisait frissonner. Quand les deux Chambres ont voté debout la loi qui instituait que la surface du sol ne serait pas dévolue partout aux occupations humaines, à la production ni aux échanges ; quand ils ont décidé de laisser une place pour les forêts, pour les lagunes et les trous de martres, ils tentaient de tracer un bornage qui solidarise les hommes, qui les règle face à une dimension de ressource vouée à échapper à l'échange économique pour former une réserve vitale. Qu'est-ce qui est échangeable, quantifiable, commercialisable, et qu'est-ce qui ne l'est pas et doit rester un bien commun ? La question des ressources, apparue récemment dans le domaine de l'espace – est-il à vendre, est-il achetable dans son intégralité ? –, se pose désormais, et instamment, à propos du milieu terrestre dans son ensemble dont les différents biens, parfois appelés patrimoines, sont sans doute monétisables et commercialisables pour satisfaire aux divers usages des plantigrades parlants que nous sommes. Mais comment partager l'usage des biens communs et des ressources rares ? Pour ce que même les hommes d'affaires savent ressortir de l'ordre culturel, politique ou éthique dont relève le mariage de leur fille et leurs mœurs privées, des régulations sont à inventer pour intégrer les contraintes de la finitude terrestre. Des individus aux groupes, aux nations et aux civilisations, elles viendront harmoniser le jeu des intérêts bien composés en donnant des limites à l'intérêt particulier, sur lequel on affecte de concentrer aujourd'hui la considération.

On est à l'époque de l'invention de Saint-Tropez, des centrales nucléaires au bord de l'eau, des villes portuaires environnées de quartiers qui poussent comme des champignons pour loger les dockers. L'époque des générations nouvelles de gens ingénieux, ambitieux et efficaces qui hissent le pays hors de l'archaïsme : ingénieurs, bureaux d'étude, architectes, promoteurs et agents de biens. La France sort de sa léthargie. À quoi ressemble-t-elle ? Sur la carte des zones côtières, la part occupée par l'homme croît d'année en année. Poursuivant un mouvement engagé depuis la fin du XIXe siècle, mais décuplé, démultiplié, exponentiel, les villas en nombre, les immeubles, les cités commencent à s'aligner autour du rivage, elles vont escalader peu à peu les falaises, les vallons, les dunes. Ceux qui ont connu les côtes de leur enfance le disent : « Il n'y avait rien ». Rien que les marais, les forêts, les ajoncs et le sable sur des kilomètres et des kilomètres, territoires du rouge-gorge et de l'huîtrier-pie, de l'alouette, de la mouette et des blaireaux. Martres, cormorans, ortolans, chevêches, petits museaux, poils, taupes tapies, insectes. Odeurs de genêt, vent léger, silence et grande lumière. Dans les années 50, nul poison répandu par l'homme ne chasse les vivants des champs cultivés. Les haies exhalent les senteurs d'aubépine respirées par Marcel Proust. Nos enfances campagnardes ont entendu l'alouette, célébrée par Charles Péguy. Nul lisier, nuls drainages. Pour la biosphère, une Bretagne, une Charente, des Landes, un Littoral varois et un Nord dont l'immensité géographique est là, traversant les âges et invitant à des pensées de liberté, de vol d'oiseau. On se croirait un matin de juin, quand la lumière est douce. Découvrant la vie, tu es sorti sur la lande, tu as marché sans fin et cru te perdre loin de tout établissement humain. La campagne de l'après-guerre est peuplée de journaliers industrieux, de bergers, de gardeuses d'oies. L'emprise de l'anthroposphère reste encore discrète. Le monde de la nature, ici et là travaillé par les hommes, déploie partout une échelle géographique dont l'immensité échappe à l'homme aussi bien que le font l'orage et la tempête, le destin, la volonté divine. Dans la plupart des cultures, un sens des hiérarchies a porté les sociétés à révérer ce qui les dominait. Dans les années 60, on rit, on danse en découvrant une liberté de mœurs. Inventé par l'ingénieur du même nom, le moteur diesel dort dans les cartons. Autour des villages, la lande prospère, et avec elle les bêtes des territoires dits stériles, encore intouchés par les hommes : autour des cités balnéaires que l'on va bâtir sur la côte démoustiquée près d'Agde et de Sète, on a l'idée de prévoir des enclaves, des lieux qui resteront tranquilles, voués à la vie sauvage et à la contemplation.

Les urbanistes, les économistes, les sociologues et les hommes de culture qui entourent la décision publique ont vue sur l'évolution qui doit fixer deux millions de touristes dans l'Aude et dans l'Hérault. On a planifié la sortie de guerre. On a crée une DATAR. La volonté de l'État sera intelligente, elle se donnera les moyens de son ambition. Tout autour des espaces dévolus à l'implantation humaine, le choix s'impose de garantir une place pour le milieu terrestre, pour une nature ambiante dont on souhaite favoriser l'existence : landes et garrigues, forêts, vallons ombreux où se perdre en explorant parmi les vols d'hirondelles, le hou-hou du hibou et les écrevisses. C'est pourquoi, dans la Méditerranée restée vierge de l'Aude, de l'Hérault et des Pyrénées orientales, on configure un ensemble d'espaces en en distinguant les différentes fonctions. Deux tiers des surfaces pour les usages humains ; un tiers pour les ortolans et le vent de mer. La Reconstruction est portée par un esprit et par des ambitions. Depuis 1917, le bloc de l'Est parie sur l'Homme Nouveau socialiste, qui dominera la nature et dispensera la justice sociale. À l'Ouest, Georges Pompidou engage la modernisation par l'industrie, Chaban-Delmas dessine une « nouvelle société ». Et tandis que tous partagent une idée du progrès matérialisée par des acquis tangibles – eau courante et Simca 8 des années 50, Moulinex, jeans et minijupes des années 60 –, un Conservatoire contribuera à protéger un tiers des surfaces sur les façades littorales. Pour ce faire, la République française invente une nouvelle sorte d'acteur qui sera présent sur les rivages et sur les côtes, missionné par la puissance publique pour que des pans de surface terrestre échappent au jeu des intérêts humains. Par le fait de l'acquisition, il s'agit de soustraire telle colline, telle anse au libre destin de la spéculation foncière pour leur en donner un autre : par un travail invisible, les délégués de rivage œuvrent afin que certains espaces littoraux restent géographiquement intacts. Des lieux où règnent surtout la mer, le sable, les dunes, le vent et les étoiles de mer. Des espaces où il y a de l'espace. Où le regard se noie, où la couleur domine, où il y a du silence et ces bruits particuliers aux parages vierges de la présence des hommes, livrés aux seuls éléments naturels qui y règnent avec leur puissance et leur étrangeté stupéfiante. Au début, ils sont trois jeunes trentenaires pour faire ce travail, plus un directeur qui leur dit «Achetez, achetez», sentant qu'il y a du pain sur la planche et que la mer Rouge ne s'ouvrira pas toute seule.

Les premières années, la mission du Conservatoire consiste à repérer les biens à acquérir. Ici et là, les services de l'État ont souvent commencé à classer les zones, à prioriser et à scénariser. Arrivant après les autres, le Conservatoire valide ces orientations, il leur donne de la netteté puisqu'il est missionné pour acheter «pour tous et pour toujours» les biens privés qui se trouveraient à la vente ou seraient susceptibles de le devenir, en particulier lors de successions, comme pour communiquer sur l'ambition d'une telle programmation qu'il importe de faire comprendre et d'accompagner par une mobilisation des esprits et des cœurs. Les gens sont attachés à leurs lieux, à un «chez nous» où s'est illustrée l'histoire de leurs ascendants. Une époque qui bouleverse la forme matérielle comme les valeurs et modes de vie des différents groupes sociaux, qui déracine les attaches, bouleverse les assises et dissout les cohésions du passé doit savoir aussi rassurer, fixer des buts et retrouver un sol. À des gens accoutumés à des pratiques, des usages, une intimité de rythmes et de familiarités légitimes, et dont les intérêts sont en jeu, le délégué vient proposer un devenir pour cette colline, cette dune ou fraction de dune anciennement familiale. Elle pourrait voir préservée «pour tous et pour toujours» sa richesse naturelle en biodiversité. Pérennisant des moments de libre aventure, de silence et de contemplation sereine, sa beauté traverserait les époques.

Comment faire sentir le fondement d'actions qu'on n'envisage pas d'imposer dans un bruit de bottes, par des dragonnades ou des bataillons de CRS ? Comment envelopper la volonté d'un but, afin qu'elle soit comprise et acceptée ? Les députés, les sénateurs ont senti l'attachement des Français pour leur littoral, ils ont institué un Conservatoire qui en transformera des pans entiers en bien public. Posant une limite à l'accaparement humain, un espace sera voué à la liberté des choses. À l'époque de la généralisation du mode de vie dispendieux qui souille et gaspille à l'échelle planétaire, nous savons qu'une frontière va devoir être marquée, une limite pour l'emprise de notre espèce et ses différents modes de vie. Comment la définir ? Depuis l'enfance, nous apprenons «ce qui est à moi» et «ce qui revient aux autres». Traversant la chair des choses et recomposant l'immédiate existence de chacun, notre époque accaparée par la considération du mieux-être individuel œuvre à présent à matérialiser un «en-dehors» de l'intérêt monétisé et du chacun pour soi. Il s'agit, pour cause d'urgence vitale, de remanier les options fondatrices qui ont privilégié le droit individuel. À présent, l'urgence est de mieux prendre en compte la dignité de tous et le ménagement du milieu qui nous fait vivre. Pour préserver les ressources, une dimension de bien commun ressuscite à l'intérieur du libre individu, la ligne de partage a changé de place.

Depuis trente-cinq ans, cette institution improbable qui achète du sable et des forts, se voit affecter des phares et des poudrières, classe les chardons, repère les frayères et mesure la force des vents a donc engagé une expérience de survie qui est aussi singulièrement culturelle. En laissant une pointe rocheuse, une lande ou un estuaire dans leur déploiement propre, en soignant une tour ou une abbaye, le Conservatoire place les choses dans un horizon qui relie l'humain et le non-humain. Ce faisant, il rencontre le pouvoir chimérique que maints poètes ont reconnu émaner, pour l'homme, d'une confrontation avec ce qui n'est pas soi, avec ce qui fait peur ou inspire le respect. Le Conservatoire a fait œuvre unanime en posant la part de l'espace, de son altérité propre. Au-delà de la chaleur casanière et du «chacun pour soi», l'espace mirobolant des bords de mer.

Parfois, c'est une poudrière endormie depuis Vauban, parfois un radar désaffecté que l'armée pourrait rétrocéder au Conservatoire. Quand il s'agit de biens privés, le Conservatoire est lent, il sait la part des fidélités, des émotions dans les familles, il a le temps de se faire connaître et de ne rien brusquer. Au début, le travail des délégués est fait de vigilance, c'est un flair et une sagacité pour repérer des biens à proposer au directeur et au Conseil d'administration: faut-il déclencher l'acquisition? Comme des limiers, les délégués sont à l'affût, aux avant-postes d'une attente collective. Les délégués sont à la recherche de lieux convaincants, adéquats à la mission. Ils les présentent à leur tutelle. Quand ces lieux paraissent dignes d'éterniser leur forme, les instances dirigeantes du Conservatoire optent: il faut les acquérir afin qu'ils donnent une image des choses à l'esprit humain. Sur ces sites, on va protéger la nature et dresser un cadre pour la beauté du monde. Ce travail collectif fondé sur l'intuition est nourri de conventions et de règles. Comme celle de leur tutelle, l'inspiration des délégués naît d'un empilement de règlements. L'État a ses rouages, ses marches à suivre et ses étapes obligées. Il met en forme des procédures et exécute des protocoles. Il s'agit d'incarner l'esprit d'une époque et de donner forme à des élans. Dans les années de l'après-guerre, l'État reconstruit, bâtit, aménage pour façonner un pays nouveau. La protection de la nature fait partie de ses intentions. À cet effet, il existe des directives plus anciennes qui protégeaient, en même temps que les châteaux et les dolmens, certaines cascades, certaines vues sur des paysages (loi de 1906, loi de 1930). L'esprit des lois se transforme et s'ajuste au fil des époques. La notion du patrimoine est née en France en même temps que les révolutions qui affectaient la propriété des églises et des palais. Admettons que la piété identitaire puisse changer de forme, qu'après avoir inventé le sentiment national, les hommes de notre époque soient en train de renouveler leurs perspectives, leur assise et leur intention.

Dans les départements, on a donc établi des cartes qui définissaient des zones à équiper et des zones à protéger. L'action du Conservatoire se fondera souvent sur ces premiers travaux. Mais il ne s'agit pas seulement de classer un site, comme on le fait depuis le XIXe siècle, de l'instituer comme remarquable en le mettant sur une liste permettant sa notoriété : c'est une protection plus active puisqu'on achète le terrain. Le Conservatoire est un outil foncier : cela veut dire qu'il est acquéreur et vise à devenir le propriétaire. Le Conservatoire recrute alors quelques jeunes gens formés en géographie, en urbanisme, en économie, droit et sciences politiques, leur travail sera d'observer, de réfléchir et de négocier. Des notaires rédigeront les actes. Une fois les terrains achetés, le Conservatoire veillera à l'évolution des choses sur ces espaces identifiés par leurs caractéristiques favorables à la vie des plantes – des estrans, des dunes blanches, des forêts primaires – et des animaux – la migration des oiseaux, la nidification – ainsi qu'à la contemplation humaine. Car ce sont presque toujours des endroits enchanteurs, médusants de beauté. Des lieux immenses dont l'ampleur inspire un sentiment de liberté. Le vent souffle, l'âme se dilate. Sur ces lieux où domine l'ordre des éléments, sinon la sauvagerie elle-même, l'homme des villes se ressource, il subit un choc qui le désoriente, le stimule et le ranime, brassant son âme, massant son corps et vivifiant ses énergies. L'homme des villes aime, douce ou âpre, la nature pure où s'absentent les signes humains. Un attrait l'incite à goûter l'apparence de l'immensité et des couleurs, le contact du vent et des masses d'eau. Comme si la contemplation des paysages maritimes et côtiers formait une manière d'activateur psychique et une diversion opportune au régime de l'efficacité né avec le travail sédentaire, l'homme des villes a appris à choisir un cadre pour son besoin de récupérer. Face au large, c'est comme si d'autres zones de son cerveau se mettaient en action, reposant les premières, comme si une sorte de cure de sommeil au grand air ou un électrochoc doux décongestionnait sa masse cérébrale et nerveuse, attisée par l'effort et bandée parfois, au risque de la tétanie, par le travail immobile, au long des jours, dans les cellules de la ville.

Sur les rives de mer, des générations industrieuses sont passées depuis Cro-Magnon. Avec des bêches et des pics, avec des nasses et des filets, l'homme a arpenté les plages, les dunes et les estrans. Le sable est bien public depuis Colbert, pas la côte. Au cours du temps, ces estuaires et ces roches étranges ont été appropriées, elles ont été reconnues comme appartenant à des villes, à des communes ou à des individus. Au fond du Moyen Âge, la terre est le bien des seigneurs féodaux, de l'Église ou des villages. En même temps qu'elle tendait à multiplier les propriétaires issus de l'enrichissement des villes, – grands négociants sur la voie de l'anoblissement quand ils achetaient un fief, entrepreneurs des manufactures, bourgeois de toute échelle –, la société occidentale a affiné ses cadastres et multiplié les notaires. L'exploitation des terres et la rente foncière restent l'assise essentielle de la richesse et du prestige jusqu'à la fin du XIXe siècle, particulièrement en France. Avec qui négocie le Conservatoire ? Quelquefois de grands possédants, qui ont acquis depuis longtemps des domaines pour y vivre et y chasser, pour cultiver leurs terres ou y installer des stations balnéaires. Beaucoup de ces lieux remarquables ont appartenu à des personnages célèbres, riches et cultivés, qui choisissaient leurs lieux de résidence avec talent et y coulèrent des heures divines avant la guerre de 14. Sarah Bernhardt avait acheté un fort près d'une des plus merveilleuses pointes rocheuses de Belle-Île. Elle y construisit une villa et y invitait ses amis. La Pointe des Poulains et la villa de Sarah Bernhard font désormais partie du patrimoine protégé par le Conservatoire. De grands espaces lagunaires, sur la Méditerranée, avaient été aménagés en salines par des compagnies industrielles. Des sites enchanteurs ont pu appartenir à des sociétés d'assurance, à des mutuelles qui cherchaient à valoriser les fonds qui leur étaient confiés. Plus couramment, le sol des rivages appartient à une poussière de propriétaires de toute taille qui les possèdent comme depuis la nuit des temps, il faut les convaincre un à un de vendre leur bien à l'établissement. Ces lieux ont été parfois propriété de l'armée, des communes, de grandes sociétés portuaires.

Chaque site a une histoire, celle de son acquisition par le Conservatoire est elle aussi diverse : batailles et conflits parfois, le plus souvent une entreprise de persuasion menée dans le temps long de l'obstination douce et de la ténacité en posant ici et là des contre-feux par des appuis ou des contacts pour signifier des interdictions et des limites, introduire un contre-courant, signifier une perspective péjorative qu'on pourrait esquiver ensemble en se rapprochant d'une entente autour du but. Ce ferraillement qui vise l'adhésion et la noblesse a ses stratégies et ses règles et aussi ses coups de Jarnac, coups fourrés, bâtons dans les roues et croche-pieds diversement cuisants. L'un possède quelques sillons revenus à la friche, l'autre une propriété agricole submersible. L'un a exploité une saline aujourd'hui désaffectée, l'autre préférerait installer un camping sur sa parcelle. Chacun a joué au Monopoly, au jeu de l'Oie, au Moulin. Dans toute partie, il y a des cases qui mènent à la fortune et au gros lot, d'autres pour le retour à la case départ, les oubliettes ou le pendu. Le vendeur peut espérer trouver mieux. Il cherche à échapper par la ruse. Parfois il est porté par une conviction qui l'apaise, parfois non. Celui qui vend va être dépossédé d'une jouissance. Comment le convaincre ? Pour acheter, on doit finir par s'entendre dans un jeu où chacun entend marquer des points. Tout dompteur, tout dresseur et père de famille, tout formateur et dirigeant d'entreprise, tout époux, toute épouse connaissent la logique des affects dont on doit savoir contrer à tout moment la capacité de dissension. Quelle envie, quelle assise dans le désir portent à privilégier pour finir l'attachement au littoral et l'idée du bien commun ? Comme face à un petit enfant dont il faut capter la confiance et susciter la gentillesse, comme dans toute réunion humaine naturellement hantée par les énergies dissolvantes de la rébellion, l'équipe du Conservatoire œuvre sur une scène complexe dont elle doit tirer les fils dans le sens voulu. Missionnée par une institution, elle œuvre en identifiant des émois et en cherchant à les respecter, au cours des ans ce sont parfois des alliances qui se cherchent, des engagements partagés et puis des replis stratégiques avec coalitions et menaces ; ce sont parfois des échanges subtils à la frontière de l'indicible, parfois des coups de théâtre et des coups de force avec des ententes en sous-main, des plans d'action payants ou pas payants, de la subtilité toujours, c'est une action faite de fermeté, de douceur et de respect d'autrui qui comporte ses bluffs et ses rapports de force ; pour finir, on partagera un enthousiasme au moment de signer l'acte, la convention paraphée dans la joie au bout de dix ans d'atermoiements et parfois de détails difficiles à raconter. L'achat des centaines de sites que possède le Conservatoire s'est fait parfois spontanément, par donation, par conviction ou par idéal. Le plus souvent, la négociation a pris des années, l'entente à trouver avec les vendeurs cherchait son équilibre, les incitations à une décision laborieuse restaient diverses, multiples, parfois délicates à identifier.

Il y avait d'autres offres en présence, d'autres scenarii possibles, d'autres tentations. Le Conservatoire cherche une entente avec les maires des communes concernées, il attend par principe leur avis favorable pour décider la transaction. Comment ces maires ont-ils compris le changement qui allait se faire chez eux avec l'arrivée de ce nouvel acteur au début mal connu, que l'on regardait parfois avec suspicion ? Il y a trente-cinq ans, une France inimaginable vivait sur l'hexagone.

– Entre Rochefort et Royan, il n'y avait rien. Aujourd'hui, deux cent cinquante mille touristes sur l'île d'Oléron.

Les jeunes générations sont avides d'une « sauvagerie » de nature immaculée, désertique et un rien menaçante au sortir des espaces de la ville moderne. Comment se représenteraient-elles le pays de Balzac, il y a trente ou cinquante ans, son état de pauvreté relative – sans eau courante, sans chauffe-eau ni tout à l'égout jusqu'aux années 60 –, de dureté relative – aucun saumon fumé, aucun foie gras sur les tables –, avec souvent une cordialité familière entre paysans courbés, entre mineurs noircis au charbon et ouvriers à l'œuvre dans les fumées industrielles ? Pour transformer un vieux pays en nation cultivant une sorte de bonheur, un long chemin, dont fait partie l'histoire du Conservatoire.

Dans chaque province, la délégation du Conservatoire du littoral comporte une petite équipe. Au début, le délégué était seul avec sa mission. Les délégués connaissent la société avec et pour laquelle ils travaillent. Ils sont souvent installés dans leur poste depuis de longues années, visitant les sites, parlant aux gens, rencontrant les propriétaires, les maires et les préfets, et aussi les services techniques et les responsables des bureaux. C'est un métier varié, un métier d'affût et d'habileté pour convaincre, faire admettre et convertir. Les adolescents avides d'épopée, de magie et de vertige nourrissent souvent une piété tangible pour leurs grands-parents. Comment se déclenche la chasse au trésor ?

*

Zoom sur le but du voyage, et plus généralement sur la mission

On est trente-cinq ans plus tard, les premiers vont bientôt disparaître. L'équipe est d'accord. Il serait bon de transmettre l'histoire de la fondation du Conservatoire, l'esprit qui l'animait. De décrire l'histoire des littoraux, et la façon dont le Conservatoire a réussi à l'infléchir ou à la marquer. Voilà pourquoi nous entamons ce périple qui commence en Guyane afin de rassembler les éléments d'une histoire qui concerne tous ceux qui ont été un jour passer des vacances au bord de la mer et qui, pour avoir vécu des moments restés inoubliables dans un milieu foisonnant de vie, se sentent intéressés par la survie possible de tels instants, pour eux comme pour les générations qui leur succéderont. Une des mutations profondes, radicales, et toujours continuées de notre temps affecte les espaces littoraux, ce bien qui nous est cher à cause de son odeur de sable. Sur l'ensemble des pays du monde, 80 % de la population vit sur les plaines côtières. En France, l'urbanisation s'y développe trois fois plus vite que sur le reste du territoire. Cet accaparement des bords de mer par les échangeurs, les villes, les entrepôts, les raffineries et les ports peut-elle laisser une place à vie de la nature et à la poursuite de certains gestes : grimper sur les dunes, sentir le vent, se perdre dans les oyats ? Avec vue sur la centrale nucléaire, sur le bassin de plaisance, les immeubles, les centres commerciaux et les boîtes de nuit, vivra-t-on la perpétuation de ces sensations saisissantes où chacun a pu contempler le bleu, entendre le ressac, flairer le vent et le sel et se sentir dilaté, allégé, coloré, abasourdi, enivré jusqu'à un temps d'oubli délectable et planant ?

Dans le temps facile de voyages qui n'en sont plus, nous venons débusquer l'esprit d'une aventure collective moderne qui a commencé aux temps des Trente glorieuses et va se poursuivre encore longtemps pour ménager la part de l'homme et la part des choses autour de lui. Notre mission est d'enquêter sur certaines de ces histoires pour les raconter à ceux qui ne les ont pas vécues. À l'intention des générations futures ! Depuis un an, Catherine Marette et moi avons rencontré les délégués du Conservatoire et écouté leurs récits. C'était un choix de la direction, de faire parler les délégués de rivages, afin de recueillir une mémoire d'aventures en général mal connues et peu partagées, ne serait-ce que par l'équipe. Les délégués sont des négociateurs, ils ont en main une toile subtile de relations et d'informations qui tissent autant de possibilités stratégiques pour qui saura, avec patience et habileté, susciter certaines transitions mentales, certains déplacements de regard, une évolution des rapports de force puis un consentement et une signature. Comment communiquer ces arcanes, comment évoquer ces savoir-faire ? Les délégués sont naturellement réservés mais, depuis longtemps, une certaine tranquillité était née dans nos relations, un sentiment de pouvoir se comprendre, après une phase d'acclimatation un rien défiante de la part de ces hommes et de ces femmes énergiques, spécialistes de l'approche subtile comme des bras de fer, au flair communicationnel épris de règlements et de malice, artistes du travail bien fait et fiers de leurs victoires secrètes. Nous avons pour mission de raconter l'histoire de certains sites, de restituer les étapes d'une acquisition exemplaire, ses partenaires et tribulations. Sur la demande du comité de pilotage, chacun des délégués a commencé par proposer trois ou quatre de ses histoires les plus mémorables, évoquant des lieux et les hommes qui avaient contribué à faire entrer ces sites dans le domaine du Conservatoire. Une liste de soixante-douze sites remarquables fut actée, puis rangée par nous en colonnes, catégories, critères et grands tableaux. Au fil de deux sélections clairement argumentées, la liste se réduisit à vingt-quatre, puis à neuf sites, sur lesquels devait porter l'approfondissement final de l'étude. Après un an de travail à la table, nous avons donc rencontré les délégués pour qu'ils nous relatent l'histoire singulière de ces neuf sites. Pendant six mois, nous sommes restées avec chacun des délégués pour les entendre débobiner le fil d'épisodes compliqués, qui comportaient un nombre important de protagonistes et de partenaires, de noms et de retournements de situation. Au début des matchs de rugby, les équipes se disposent sur l'herbe en secouant leurs muscles, elles vont se partager une tâche, courir en tous sens, lutter, tomber par terre. Des combattants sont à l'œuvre, ils s'affrontent dans une partie complexe où chacun va jouer son rôle, aura son influence, sa part de décision et d'efficacité dans un processus étroitement contrôlé par des règles. Il en va de même du processus de l'acquisition des sites et de leur prise en main par la gestion. Nous avons mission de décrire neuf expériences, recueillant des récits et des regards, une mémoire partagée, diverse, avant qu'elle ne tombe dans l'oubli des provinces où rien ne s'oublie en fait.

Prenons une loupe, écoutons les délégués. Les uns ont été formés au droit et aux sciences politiques, ils s'intéressent aux logiques de l'action publique. Les autres sont des aménageurs, des ingénieurs plutôt carrés. Sur mon carnet de croquis, je jette des mots pour silhouetter un collectif diversement profilé, pour évoquer des attitudes et tracer des contours. Dans l'équipe, il y a quelques fous d'oiseaux et de faune sauvage, défenseurs, argumenteurs et sauveurs de pattes palmées, épris de la rareté des becs et des plumes, du vol et de la liberté aérienne qui migre de saison en saison entre la congélation du Nord et l'ardeur du Sud, à notre surprise ce ne sont pas les plus nombreux même si chacun des délégués connaît la nature. Leur domaine est plutôt le droit, la règle et la négociation, ce jeu prenant qui ressemble à une aventure car, chacun en convient, le travail au Conservatoire appelle une certaine implication personnelle, il la suscite par ses enjeux comme par l'initiative qu'un tel travail exige. La recherche d'un trésor a une dimension captivante. L'issue en est une sorte de victoire pour une cause qui concerne tous ceux qui, de près ou de loin, connaissent la part du non-humain et la respectent, la part de ce qui unit les hommes et les fait agir de concert. Quel que soit le maître du jeu finalement, et le climat dans lequel se fait cette négociation au fil des circonstances, nous savons qu'il s'agit d'un jeu républicain, son enjeu est le territoire, bien commun de la nation. Les délégués travaillent par expertise de l'action publique et une sorte d'amour pour elle, un souci de l'intérêt général, ils sont fonctionnaires parfois, pas toujours. C'est pourquoi l'un ressemble à un prélat, tandis que l'autre a la profondeur secrète d'un vieux méditerranéen qui en sait long sur les ténèbres humaines. Certains sont un peu distants par pudeur et sans doute aussi par prudence. Ils doivent nous initier aux avenues écartées de leur cervelle subtile, à leurs souvenirs avec les choses à dire et ne pas dire. Ironie, silences et neutralité maintenus entre nous. Celle de l'astuce et de la connaissance des hommes. Je sens chez l'un une innocence volontairement maintenue malgré les embruns, chez l'autre un peu de fatigue, un rien de désamour pour notre espèce. Nous comprenons peu à peu quelle habileté, quelle générosité les gouvernent. Certains en ont tant vu que leur dignité souriante se présente avec un peu de ce recul qui protège, une cicatrice dont ils ne sont pas dupes. Certains d'entre eux sont des rêveurs d'idéal, des hommes de bien qui ont vu souvent la lumière se faire dans les esprits quand, avec ténacité, avec douceur, ils en avaient appelé à une décision libre, guidée par le meilleur, où le vendeur et les élus pourraient choisir en conscience un destin dont ils seraient fiers. Leur subtilité est grande. Leur optimisme aussi. Les pieds pris dans la contingence et la pesanteur du quotidien, son absurdité parfois, dans la dureté de ses affrontements d'intérêts et de mentalités, ils ont fait le pari d'une capacité des hommes à se comprendre et à savoir coopérer quand il s'agit de préserver certains sites plus grands qu'eux, certains lieux qui ont de la beauté, où une société, un pays trouveront leurs moments de rêve. Avec rigueur et beaucoup de patience, ils doivent savoir faire prévaloir le meilleur, validé par les élus du rivage et par la tutelle à Paris, ils doivent le faire comprendre et partager sur place pour qu'une décision intervienne. Avec ténacité, l'esprit froid, sachant calculer, attendre, avec l'obstination de ceux que le temps ne menace pas. Jouer la durée. Savoir parler clair, user d'arguments sans réplique, et parfois en appeler à la dignité humaine, au sens de la continuité des sociétés. Nous voyons qu'ils sont fermes, et aussi malins, durs, réalistes. Ils éventent les chausse-trapes. Savent placer des contre-feux. Respectueux des lois, ils savent eux aussi prévoir des parades pour neutraliser les sans vergogne, les abuseurs et les avides. Ils parlent à des propriétaires qui sont vieux, à leurs héritiers qui sont jeunes. Alors leur affabilité est grande, leur capacité à entendre le tréfonds des sensibilités dynastiques, des noms et des images de soi dans les clans. Épargner la fierté humaine. Négocier comporte un respect, signer reste un partenariat. Le propriétaire, le maire garderont la tête haute. Drames des affaires humaines, confiances et trahisons, palinodies. Nous constatons que sur ce théâtre veille un guide, une loi, celle de la folie du monde et de l'humaine capacité à choisir de se régler. Parfois, les délégués viennent apaiser des déchirements, des impasses, un sentiment de dignité perdue, le besoin de garder la face, de ne pas perdre un nom, un honneur et une lignée. En face d'eux, il peut y avoir des industriels rigoureux et habiles, des hommes qui font fructifier la terre. Des investisseurs audacieux, ambitieux, hardis. Des hommes de poigne et des hommes de secret. Des agents doubles aussi, des spéculateurs sans scrupule, prêts à vendre leur veste à Judas. L'énergie du Conservatoire est énorme. Il a le temps et l'intérêt public pour lui, il use des subsides et des moyens de la République pour agrandir la valeur et le poids d'un trésor qui soit à tous, une collection de sites merveilleux que le citoyen, les familles, les jeunes et les vieux puissent découvrir pour jouir du spectacle d'une planète heureuse et matinale, dans la tiédeur doucement colorée des aubes, quand on se prend à rêver aux temps originels, aux civilisations disparues, à l'ancestralité qui nous abrite et nous guide.

Au-dessus des délégués, un directeur, un Conseil de rivages et un Conseil d'administration, un ministère de tutelle auxquels exposer les choix qui se présentent, les atouts, les raisons, le prix des sites identifiables comme des biens dignes d'acquisition dont, en suscitant le rêve, le miroitement va pouvoir convaincre. Quand toutes les instances instituées par la loi ont examiné le dossier et décidé d'entamer le processus, les délégués se mettent en branle pour négocier. Prenons notre loupe. Ils sont les ouvriers patients d'une négociation complexe, parfois ardue, et le plus souvent longue. Bras armés d'une institution qui règle leur course, leurs buts et leur allure, ils sont chargés de repérer des biens puis de venir, en livrée de paix, afin de parvenir à une entente.

Entre eux ou en réunion avec des tiers, il arrive que les délégués se battent pour faire valoir un argument ou un critère, régler un débat ou faire mûrir une décision, ainsi en va-t-il dans la famille humaine qui a ses chefs et ses lois, et aussi une diversité interne d'intérêts et de genre de culture. À force de se parler et de travailler à la fois ensemble et chacun dans le pays où ils sont seuls à représenter le Conservatoire, nous comprenons que les délégués ont élaboré une culture commune avec leur tutelle, une façon d'être réglée par la loi et en même temps mûrie au fil des expériences, ajustée époque après époque par leur pratique de terrain. En charge d'une mission publique qui les investit d'un plan de vol, d'une méthode et des savoir-faire qui sont le capital collectif du Conservatoire, ce sont aussi des individus dont l'engagement prend une dimension d'ardeur légitime. Ils se battent pour réussir une œuvre. Ils sont portés par une cause. Que nous disent-ils ? L'enjeu qui les excite est noble, il a une face lumineuse qui emporte vers l'avenir et peut susciter l'adhésion, même si la mise en vente d'un bien résulte parfois de l'effondrement d'une fortune familiale ou d'un village. Telles sont la finitude des vies et des sociétés, leurs lentes et continuelles métamorphoses vers des mondes différents. Les délégués nous le disent : les tribulations humaines trempent parfois dans une obscurité passionnelle, lourde d'une pesanteur incompréhensible qu'il s'agit de dépasser. C'est pourquoi leurs combats les dynamisent et parfois les apaisent comme c'est le cas quand, par-delà soi-même, on gère une intention collective ou une continuité institutionnelle. Tenir un référent, un ordre de mission porte à la rigueur, dans le respect de ce qui a été convenu comme légitime. Le miracle existe de ces réunions républicaines où les haches de guerres sont enterrées, les passions assagies et les rivalités apaisées. C'est la fonction des groupes humains, que de pouvoir s'entendre et agir ensemble en posant des règles, en redisant un plan de vol propre à ranimer en chacun une capacité de cohésion. Les négociations entre sociétés ont lieu tous les jours à l'échelle planétaire. Ces belles histoires du Conservatoire ont eu lieu dans nos provinces, elles sont réelles et nous rassurent à leur façon sur la capacité d'entente du genre humain.

La fonction du guide ou de l'intercesseur, dans un groupe ou un rassemblement, est de faire mûrir un ordre de marche attendu. Nos sociétés se transforment. Pour gérer des ressources raréfiées, il faudra aiguiser leur capacité d'entente, le ressort de cohésion et d'entraide qui les aimante en cas d'urgence. Elles en sont capables. Assemblées médiévales, réunions d'Iroquois autour du feu, grands jours où les hommes sont venus de leurs palais comme de leurs chaumières pour signer un pacte sous les yeux de tous : d'autres traités de paix, conventions et accords vont surgir pour une planète nouvelle, aimantée par d'autres lignes de conduite dans la cathédrale de l'intérêt commun.

Dans le groupe des délégués, nous avons rencontré un Normand subtil et raisonneur, deux Bretons ardents, un citoyen du Nord plein d'audace, trois femmes habiles, riches de rigueur et d'astuce, des Gascons, des Latins. Ensemble, ils ont trempé dans les vasières, pris le vent dans la figure, ils ont téléphoné au préfet et parfois obtenu des miracles. Un sourire les unit. Une sorte de paix, parfois rageuse. Quand ils nous racontent leurs histoires, le romancier perce chez certains d'entre eux, car les délégués chargés de négocier les acquisitions pour le Conservatoire sont avertis d'une multitude de dimensions de la vie, celles sur lesquelles ils doivent trouver des prises pour orienter l'échange de vues et parvenir à la décision. Nos sociétés doivent prendre égard à ce qui n'est pas elles. Elles auront à choisir entre l'utile, l'agréable, le nécessaire et l'indispensable. Oubliant qu'une époque a vécu dans l'éblouissement du rentable et du prestigieux au point de dilapider des ressources qui s'avèrent finies, les élus abandonneront-ils les séductions de l'intérêt matériel, les mauvais exemples, les pratiques discutables et indiscutables qu'ils voient autour d'eux et qu'ils sont tentés d'imiter ? Donneront-ils peu à peu la priorité aux exigences de la survie comme aux principes qu'ils ont appris à l'école : le bien public, les liens qui forgent la cohérence d'une société, les valeurs que l'on partage, qui font agir et s'engager, à partir desquelles un avenir est possible, un avenir que l'on veut construire ? Nos sociétés auront à accoucher de nouveaux possibles. Au ras de l'évolution de ce fort, de cette île, de cette dune qui aurait pu devenir une marina, une centrale atomique, un parc d'attraction, un lotissement de luxe ou pas de luxe, le Conservatoire du littoral a veillé à ce qu'émerge un nouveau type de projet, le projet de transformer ce site en un bien public garant de ce que les hommes peuvent partager : des moments de calme, de beauté, dans un lieu où la nature s'exprime, où elle peut être observée et contemplée afin que, animant le ressort secret de son corps et de son esprit, le tumulte s'apaise tandis que se régénère en nous une capacité d'invention et de réinvention.

En enquêtant sur ces neuf « belles histoires », nous n'avons pas rencontré des hommes de cabinet, des experts, des spécialistes de la belle ouvrage administrative, mais plutôt des négociateurs, des hommes d'habileté et de patience, faits aux rêves et aux contingences de l'existence, des hommes d'expérience qui en savent long sur les lois et sur l'esprit des lois comme sur la société humaine, ses replis et ses fantômes parfois drôles et pas toujours dicibles. Adossés à la cohérence d'un tissu de dispositifs juridiques, ces hommes œuvrent pour acheter des arpents de terre lagunaires, des côtes rocheuses, des dunes, des phares et des forts afin de déplacer la ligne de partage de l'intérêt individuel, afin que surgisse un autre sens des choses.

Sur le champ de bataille où s'affrontent un projet d'usine de ciment, un camping, une collection de piscines avec vue sur le large, le Conservatoire sait aimanter les esprits autour des valeurs de l'idéal naturel, de la beauté originelle et du silence. Comment unir les hommes, comment raviver leur capacité d'entente ? Comment leur apprendre ou réapprendre l'enthousiasme, le plaisir de « faire du beau » ensemble ? La culture est l'arme favorite des directeurs du Conservatoire, leur cour réservée et leur sagesse. Sur les rivages, nous rencontrons chaque fois un cortège de tentations déjouées, de projets et de calculs discutables qui existaient pour le site avant son acquisition par le Conservatoire. Ces projets évitables, il fallait en écarter la tentation, en asphyxier l'attrait. Par une politique de communication audacieuse et payante, les directeurs du Conservatoire ont su diffuser des images de beauté, de sérénité, de rêve, ils se sont adressés à l'âme humaine, terrain de jeu des peintres et des écrivains qui ont découvert et exploré la capacité de régénération que l'homme moderne a trouvée sur le rivage depuis le XVIIIe siècle. L'époque de l'individualisme démocratique avait besoin d'horizons fédérateurs. L'époque de la liberté de conscience, de la liberté de culte et d'expression restait en quête de symboles communs, de respects et d'enthousiasmes partagés pour fondre les individus, pour les unir au-delà de leur seul moi. Depuis trente-cinq ans, avec ses règles, ses savoir-faire et sa loi du bien public, le Conservatoire a su réunir et faire rêver ensemble des groupes humains jusqu'alors partagés entre intérêts contraires, entre individus qui ne se supportaient pas, entre pensées et sensibilités irréductibles, pour parvenir au bout d'un long temps de maturation, en coalisant beaucoup de talents, de volontés, en unissant des connaissances, des désirs et des idées, à inventer un nouveau destin pour différents lieux.

Comment fait-il ?

Dans nos valises et dans nos têtes, vingt-quatre histoires nous ont été particulièrement détaillées par ceux qui ont négocié ces « plus belles histoires ». Après plusieurs rapports et réunions pour en délibérer, Emmanuel Lopez, alors directeur du Conservatoire, nous a confirmé la liste des neuf sites que l'équipe souhaitait voir étudiés de plus près par un entretien approfondi avec le ou les délégués qui en avaient négocié l'acquisition. Ensuite, nous visiterions ces sites et rencontrerions les différents protagonistes de l'aventure. Nous avons à relater l'histoire de ces neuf sites pour éclaircir une question générale, cuisante dans notre époque désillusionnée. Depuis un an, les entretiens avec les délégués nous ont fait accumuler dans le coffre de nos mémoires une foule de personnages que nous devons apprendre à identifier pour distinguer leur rôle dans les intersections d'actes qui décidèrent du sort de la dune, de la zone humide ou de la corniche. Peut-être vais-je leur mettre des costumes pour les distinguer dans le récit : robes rouges de procureurs, robes noires pour les experts et bonnets d'âne pour ceux qui projetaient de déployer un lotissement de villas là où, aujourd'hui, un site insigne est ouvert « pour tous et pour toujours » ? Je dois écrire un récit attrayant pour communiquer sur une action, sur sa rigueur et sa réalité. Comment l'homme sait-il parfois se rendre capable du meilleur ? Comment sait-il, parfois, oublier son intérêt privé pour agir en commun avec ses semblables ?

Pour remplir cette malle ou ce coffre dans lequel puiser la matière des neuf récits, nous avons recueilli sur place une masse de données sur les sites, leur situation et leur aspect. DDE, DIREN, règlements d'urbanisme, les catégories et les formes sont le domaine de Catherine Marette, architecte, qui connaît l'histoire des stations balnéaires, du tourisme et des équipements de tourisme. Il est bon de pouvoir ordonner en tableaux la complexité de matière humaine dans laquelle le Conservatoire nous demande de nous plonger, d'arrêter ensemble des catégories et des critères. De mon côté, j'alimente ma capacité de récit par la fréquentation de mille romans d'aventures anciens et moins anciens, d'ouvrages de culture, d'art, de politique et d'histoire de l'art. J'ai pour charge d'apprécier, mesurer et restituer la gerbe humaine bigarrée que notre enquête a collectée sur place. Il s'agit d'évoquer des compositions de forces, des mentalités, des rôles. La boîte où puiser les bonbons s'épuise. Qui s'est servi avant les autres ? Nous avons appris, compris et supposé. Je mets à présent les mains dans la robe des marionnettes. Les cheveux étaient noirs, les peaux jeunes et colorées. Les convictions, les illusions n'étaient pas les mêmes. Remontons le film. Rembobinons le temps. On avait construit des ports, des usines et des raffineries de pétrole. Sur toutes les côtes, un afflux de vacanciers posait sa tente, son cabanon, sa villa de dix pièces. Une troupe d'acteurs est missionnée pour mettre un peu d'ordre. Ils ne pensent pas à rester dans les mémoires, mais à réaliser. Formant une équipe, ils combattent pour que la part de l'homme trouve une mesure et les sociétés humaines, une entente autour de certains buts.

Il importe que les affrontements d'intérêts, dans les sociétés, ne s'aveuglent pas sur la réalité des ressources au point de tout mettre en danger.

– Raconte, allez raconte, disent les plus jeunes dans leur hâte de vivre.

Chapitre II.

Guyane

Limbes

À ma descente d'avion à Cayenne-Rochambeau, je tombe dans un aéroport moderne en acier blanc qui a été construit récemment, comme à Bastia en Corse. Dans l'aéroport vide, je suis impatiente de découvrir une réalité exotique qui me fuit depuis hier car, en traversant l'Atlantique, nous sommes restés en France, au milieu de compatriotes. On part pour éprouver des sensations saisissantes et sentir le choc de la découverte. Avoir à déchiffrer des énigmes, saisir l'inouï, se fatiguer sur les routes steppiques, endurer l'épreuve de la distance. À Paris, je me suis trompée d'aéroport, les autres étaient partis d'Orly et moi, prête à l'exotisme, j'avais filé vers l'international en choisissant Roissy. En attendant l'avion suivant qui passait par la Martinique, je suis restée plusieurs heures dans cet espace sans qualité qui décolorait le voyage, cherchant dans un livre la clé savoureuse des proches découvertes et engrangeant des noms pour ce que j'allais voir. J'observais dans la queue plusieurs Français arborer un air d'importance métropolitaine sorti des oubliettes. Comme prisonniers d'attitudes qui n'ont plus cours et avec cent ans de retard sur Lyautey, des experts et des techniciens durcissaient leurs mâchoires. Leurs épouses se sentaient capables d'afficher un air de supériorité. À l'ère des élites mondialisées, une telle dureté de ton, griffée par un style « années 50 », semblait une machine à remonter le temps. À Paris, je vis dans un quartier plein d'étudiants qui attendent de leur formation des perspectives de fierté. Leurs mères charentaise, annamite ou camerounaise n'ont pas appris le latin et ne parlent pas toujours le français. Eux boivent de la tequila et sifflent du pop'corn au cinéma. En attendant la navette à Fort-de-France, les connivences entre mâles avaient une brutalité plus franche qu'en métropole et un restant d'âpreté militaire, comme si s'arborait ici une culture de l'autorité surannée, pas trop républicaine. Mon quartier peuplé de jeunes experts du XXIe siècle est plus bigarré. Habituée que je suis à leur look étudié et naturellement multiculturel, je suis désorientée par ce voyage en province.

Arrivée à Cayenne. Je mets le pied en Amérique du Sud. Les gens sont presque tous blancs dans les allées et les escalators de ce palais silencieux, dessiné comme un aéronef, qu'on dirait atterri préformé sur le territoire des hommes. Cela ne se passe pas comme dans les aventures de Tintin à l'époque de *L'Oreille cassée*. Ce matin, tandis que je décollais laborieusement d'une Martinique en grève, Catherine Marette a honoré un premier rendez-vous avec la Guyane.

Nous sommes cinq pour ce voyage : Bernard Gérard, directeur adjoint de l'établissement, et Marc Duncombe, délégué à l'outre-mer, viennent cette année signer une convention qui classe un grand marais. Ils vont aussi repérer une zone que le Conservatoire pourrait acquérir dans l'intérieur des terres, sur les rives d'un lac de barrage. Jade Isidore, une jeune agronome qui s'occupe des missions scientifiques du Conservatoire, nous accompagne sur certains sites car le directeur tient à ce que la mémoire de l'institution se transmette aux talents de l'équipe. Bernard Gérard est un homme qui vit à cent à l'heure, une pile d'énergie à la rapidité parfois coupante. Breton d'origine, carré et incisif, il appartient depuis toujours à la maison et se rappelle, site par site, l'histoire de chaque acquisition. C'est un organisateur, technicien de l'action, il a l'esprit toujours occupé et vit dans un perpétuel sentiment d'urgence. Marc Duncombe, le délégué chargé de l'outre-mer, porte une quarantaine vigoureuse sur un grand corps solide. Méditatif et déterminé, il s'engage profondément dans l'appréhension des choses.

– Je veux vous faire comprendre la Guyane, nous dit-il en listant les sites où le Conservatoire « est intervenu ».

Nous avons dix jours pour découvrir une réserve au fond des forêts, explorer, à Cayenne et tout autour, des mangroves, des îlets, un grand marais mondialement célèbre, partout où des sites acquis par le Conservatoire sont devenus des lieux peu à peu entretenus et aménagés sur ce territoire immense de forêt primaire à peine entamé par les établissements humains. Par le soin donné à un sentier, à des panneaux d'explication ou à une maison de site, ce morceau d'Amazonie un temps marqué par le passé colonial se convertit peu à peu aux perspectives du nouveau siècle, avec et pour une société différente qui se construira de génération en génération. Nous, c'est le tandem de dames que nous formons avec Catherine Marette, l'une philosophe, l'autre architecte. Le croisement de nos attitudes, compétences et démarches nous permet d'aborder les sujets et les gens avec une certaine souplesse. Catherine en impose aux uns par sa connaissance des règles et des styles. Au fil des questions prévues par notre cahier de mission, je cherche à entrer dans une certaine intimité avec les trajectoires vitales, les postures et les valeurs qui ont nourri l'histoire des sites et leurs acteurs.

Du fait des quinze ans de travail collectif avec notre Conseil scientifique, j'ai développé, comme les autres, une certaine familiarité avec les situations auxquelles l'institution est confrontée. Notre Conseil est régulièrement missionné pour donner, sur ces situations, le recul que permet la mise en mots techniques, il les clarifie par l'exercice partagé de la réflexion. Le fait de décrire et de formuler met en débat certains aspects, certaines dimensions apparues dans l'analyse à plusieurs. Par la discussion permanente et une libre confrontation des compétences, notre Conseil scientifique a mûri un certain accord des esprits entre gens de formations et d'exercice dissemblables. Au lieu de nous méconnaître et de rivaliser, nous avons appris à nous écouter. Courantologie, sédimentologie, érosion, trait de côte, frayère, mangrove, récifs coralliens, agro-écologie, droit, gestion, sensibilité sociale, responsabilité, beauté, nous avons chacun notre domaine et nos catégories. Assis dans nos compétences et objets mentaux favoris, nous nourrissons notre capacité d'analyse à plusieurs du fait de ces modèles intellectuels différents qui contribuent chacun à éclaircir une part des réalités sur lesquelles le Conservatoire nous consulte. Notre Conseil a trouvé un mode de fonctionnement jugé fécond par les directeurs et par leur équipe. Passant au crible de nos perspectives professionnelles les composantes extrêmement variées des défis auxquels le Conservatoire doit inventer des solutions sans précédent, notre Conseil scientifique apporte le poids de ses expertises indépendantes aux protagonistes des confrontations locales, permettant aux parties en présence de revenir à la réalité, de la prendre en compte en trouvant de nouvelles configurations au débat.

Les yeux écarquillés, l'esprit en alerte, Catherine et moi sommes des expertes extérieures missionnées pour transcrire une poussière de faits que l'équipe nous a donné les moyens de recueillir. Avec nos cerveaux formés à l'histoire et à la géographie, à la conduite de projets et au droit, nous sommes plus généralement compétentes en matière de recherche des « mots pour le dire » pour les affaires humaines. À cet égard, notons que le tandem formé par une philosophe et une architecte a été missionné pour cette collecte sous la conduite étroite d'un dispositif d'accompagnement qui a donné en permanence une dimension de travail collectif à notre effort de mise en forme. Depuis plus d'un an, nous archivons des informations, nous les classons et les ordonnons en ajustant les étapes de notre mission avec le comité de pilotage. Nous voici dans un moment de vérité pour notre enquête, lâchées dans la nature pour la phase de « terrain » comme Dupont et Dupond en Amérique du Sud.

Matthieu, stagiaire juste arrivé à la délégation de Guyane, doit venir me chercher à l'aéroport de Rochambeau, les autres ont été à Kourou ce matin. Il m'attend en souriant dans ce cadeau insonorisé que la République a donné à ses enfants sous les tropiques et sous l'équateur, formant un sas entre le monde international et les réalités locales sans doute plus colorées, plus singulières, que j'attends pour sentir le pays. Ici, des entrepreneurs cherchent à implanter des activités productives en défrichant la forêt. Y a-t-il moyen d'extraire l'or sans polluer les rivières par le mercure ni détruire les poissons, nourriture des Amérindiens ? Matthieu a signé un contrat de quatre ans avec le Conservatoire, il est heureux de travailler à la protection de cette nature immense dont, de l'avion, j'ai aperçu les cimes vertes, pommelées à l'infini. Nous survolions à base altitude la masse végétale de la forêt équatoriale qui s'étend sur toute la largeur du continent en laissant dégagée, sur les rives de l'océan atlantique, une frange côtière de dix kilomètres de large. À la sortie de l'aéroport, la forêt verticale dresse son mur dense au milieu des échangeurs routiers. J'aperçois la forme des lianes, l'ampleur décorative de leurs feuilles m'est inconnue. Matthieu sourit :

– La route à quatre voies vient d'être achevée. Elle est posée sur le sol spongieux d'un plateau légèrement déclive qui finit dans la mer par des surfaces mi-terre mi-eau, les marais de mangroves.

Ici l'homme a posé quelques signes de sa suprématie, surfaces commerciales, immeubles de bureaux, panneaux routiers. Dès qu'on quitte ces franges, des friches inhabitées, reliquat d'investissements qui n'ont pas débouché ou d'opérations de mise en culture sans lendemain, et puis du vert et encore du vert, partout cette forêt qui n'a pas été plantée par l'homme.

– En Guyane, me dit Matthieu, il n'y a pas de « békés » ni de société blanche. Les fonctionnaires passent, la société locale est noire.

Les traces de pénétration humaine remontent à douze mille ans. Avant cela, nulle sarbacane, nul galion, nulle base aérienne mais une dynamique pure de la nature, des arbres inconnus et des reptiles. Dans ces parages amazoniens baignés, nappés, rincés par la quantité d'eau monumentale qui tombe sur le bassin du plus grand fleuve du monde et, en amont, sur les pentes aiguës de la chaîne des Andes, toute cette eau, en nappes, en vagues, en chutes à la masse presque océanique glisse vers l'Atlantique dans un élan de trombe perpétuelle, à l'échelle pour nous gigantesque des choses du Nouveau Monde. Sur tout le bassin de l'Amazone, une forêt sans équivalent trempe les pieds dans l'eau, royaume de l'alligator, du tamanoir et des papillons couleur d'émeraude. Il ne fait pas chaud, seulement un peu moite. Je m'attendais à une ville moderne et verticale avec un centre d'affaires comme il en pousse à certains endroits de la planète : bientôt, des rues bordées de maisonnettes en bois alignées le long des trottoirs évoquent plutôt un village de western, n'était l'atmosphère humide.

Dans les jardins, des daturas, des bananiers, d'autres plantes colorées dont je ne sais pas le nom, un pittoresque assez pimpant bien que les couleurs ne soient pas franches dans la lumière saturée de brume, à 28° ou plus. Décalage horaire, un rien d'hébétude après ces tribulations. Je suis dans une partie du monde que je viens de découvrir sur la carte et que d'abord, je peine à identifier. Les autres vont revenir tout à l'heure de Kourou. Hier soir, pour fêter l'arrivée de notre peloton, ils ont festoyé et se sont couchés très tard. Nous logeons à l'Hôtel Patagonia, le plus moderne de Cayenne, où défilent les délégations du monde venues voir décoller Ariane : des caravanes de ministres et d'experts, décideurs de la classe politique et industrielle de la planète. J'arrive en même temps qu'un groupe de pilotes russes athlétiques aux uniformes bardés de badges « Aéroflot ». Avec leurs yeux clairs, ils viennent surveiller le prochain lancement d'un Soyouz. L'hôtel date des années 60, il n'a pas changé depuis OSS 117.

– La Guyane, ce n'est pas l'Amérique du Sud, a précisé Marc.

Demain à la première heure, nous partons pour Kourou embarquer vers les îles du Salut, à quarante-cinq minutes de catamaran. Il va falloir donner une consistance à notre enquête, identifier les lignes du récit. Quelle merveille découvrir ? Quelle aventure, quel lieu ?

⋆

Un site en Guyane

Au milieu des années 80, Christophe Lefèbvre, délégué des rivages pour le Nord-Pas-de-Calais, était chargé en sus d'engager une action outre-mer où, comme en métropole, il s'agirait de protéger certains sites en les achetant à leur propriétaire. Christophe Lefèbvre est fait d'un mélange intéressant de facultés intellectuelles et de volonté tranchante. C'est un maître de l'analyse politique et territoriale ; en même temps, un homme si occupé qu'il en est devenu inaccessible. C'est lui qui, dans le Nord-Pas-de-Calais, a fait avancer au rythme le plus soutenu l'acquisition des sites littoraux par le Conservatoire, contribuant à la métamorphose de cette région comme à son renouveau européen.

– En Guyane où 90 % de la terre appartient à l'État, la situation était simple, nous dit-il à toute vitesse.

Au côté des Anglais et des Hollandais, nos ancêtres ont pris possession, il y a plusieurs siècles, de l'empire de la forêt amazonienne peuplée ici et là d'autochtones amérindiens. Les Espagnols et les Portugais avaient débarqué plus tôt et reconnu les terres du Brésil et de l'Argentine pour leurs couronnes respectives. Pan résiduel d'un empire colonial qui n'a pas duré trois siècles, la Guyane est donc faite d'une bande littorale fangeuse derrière laquelle s'étend une forêt difficilement accessible. Nul Eldorado, nulle Terre des miracles en Amazonie, mais un gisement de bois précieux et de plantes médicinales à découvrir, et quatre cent tonnes d'or qui dorment dans les veines des terres autochtones. Territoire gigantesque, humide et globalement intact, l'Amazonie française trempe dans une humidité perpétuelle derrière un front presque continu de mangroves. Marécages remplis d'ibis rouges, empire de légende pour la rêverie, quand les courlis et les iguanes font entendre des sons étranges et que s'apaise soudain la grande rumeur des bêtes sauvages dans la lumière qui tombe : des espaces protégés, des parcs vont se construire peu à peu sur les terres d'un département qui n'a pas été encore trop altéré par les arracheurs de forêt et que la société des siècles à venir, avec ses équilibres en gestation, apprendra à soutenir en imaginant un monde nouveau.

– En Guyane, il est difficile de parler de nature comme on le fait en métropole, nous a dit Marc Duncombe, premier délégué pour l'outre-mer du Conservatoire du littoral.

La forêt reste un adversaire, ou bien un terrain de chasse gigantesque. Que protéger plus spécifiquement, dans ces départements aux équilibres en gestation ? Aux îles du Salut, Christophe Lefèbvre a été séduit :

– C'est pour nous, conçoit-il dans une intuition immédiate.

Ce site pourrait faire l'objet d'une acquisition. On est aux premières années du Conservatoire. En métropole, les zones humides s'effacent les unes après les autres, l'urbanisation galope : il s'agit de sélectionner un patrimoine en négociant les acquisitions qui fonderont un Conservatoire de la nature pour épargner la vie des rivages marins, leurs sites et leurs paysages. Quels bien insignes, quels territoires remarquables acquérir pour les transmettre à la postérité ? Au début, le plus souvent, il s'agit d'arracher tel site aux griffes de la spéculation immobilière qui n'est pas en reste quand il s'agit d'inventer des chantiers. Tel Bois joli devait être transformé en institut de thalassothérapie, tel marais creusé pour abriter un port de plaisance, telle dune transformée en résidence pour les ingénieurs de la centrale atomique. Enlever les arbres, tracer des routes d'accès, remblayer, forer des puits en prévoyant l'évacuation des eaux usées. Où et comment faire intervenir le Conservatoire ? En visitant une citadelle abandonnée, une lagune dégagée par la marée qui leur avaient été signalées par les maires, les services de l'État ou les notaires, les délégués se disaient :

– Cette anse magnifique, cette colline pourraient entrer dans le domaine du Conservatoire.

Des périmètres avaient été définis par les élus des Conseils de rivages et le Conseil d'administration. La stratégie une fois approuvée, le travail des délégués était de chercher à acquérir des sites à l'intérieur de ces périmètres et, pour cela, de venir les identifier sur le terrain. Sur l'île Royale, la plus grande des îles du Salut, le Conservatoire du littoral acheta donc la Maison du directeur sur une surface de 0,22 hectare. On la voit sur les photos commandées par le Conservatoire, superbe et exotique dans la lumière nimbée qui baigne l'horizon d'une maison de maître en surplomb sur une crique aux rives foisonnantes. L'eau est calme, une épaisseur volubile de bouquets de palmes luit dans l'atmosphère immobile. Alanguissement, contemplation, quel fonctionnaire a espéré ici les ordres de l'Empire en ce lointain comptoir ? Quelle station de paix va s'installer ici, sous l'aile du Conservatoire, pour ménager un avenir prospère au département et signifier une entente raisonnable entre l'homme et les espèces vivantes ? Nous sommes, avec Catherine, les oreilles des « plus belles histoires du Conservatoire ». Au début de notre périple, nous venons rassembler les linéaments de la mémoire de ces îles sans savoir encore à quel point le site que nous visitons est atypique dans l'histoire du Conservatoire. C'est un site minuscule, pris dans une propriété que l'État a concédée au Centre National d'Études Spatiales (le CNES). Les activités satellitaires de la France sont transportées en Guyane depuis 1968. Elles étaient installées dans le Sahara algérien jusqu'à la guerre d'indépendance. Ariane, à partir de 1979, est le plus connu des lanceurs mis au point par l'Agence spatiale européenne.

Une des singularités de la Guyane est d'héberger un des plus performants centres mondiaux de lancement de satellites d'observation et de communication, que le CNES met en orbite pour tous les pays du monde. Le Centre National d'Études Spatiales, premier employeur du département, se trouve propriétaire à Kourou d'une zone de sécurité de 60 000 hectares de forêt, un rectangle de 60 kilomètres sur 30. Mille satellites, dans l'éther, assurent silencieusement la bonne marche du réseau des téléphones portables, des télévisions et des observations de la guerre industrielle. Un relais mondial pour diffuser les matchs de foot et le cours de la bourse, surveiller la carte des déserts, les mesures de densité des polluants et la surface des terres agricoles. Les fusées portent aux limites de l'atmosphère les satellites des nombreuses nations partenaires qui utilisent l'expertise française et européenne. Comme les îles du Salut sont placées sous la trajectoire des fusées et susceptibles de se trouver sous le vent d'un accident éventuel, le CNES est propriétaire de l'archipel. Sous ces latitudes inconnues de nous, la haute technologie a installé sa bulle sécurisée autour de secrets industriels à l'enjeu économique et commercial majeur. En face, sur l'île Royale, un instrument appelé théodolite suit la course de la fusée, chaque mois, lors des lancers qui la propulsent vers l'éther. On évacue l'île lors de chaque lancer. Les habitants de la Guyane fêtent le spectacle en se mettant aux bonnes places sur le rivage, emportant un pique-nique et couronnant le tir de leurs applaudissements.

– L'activité économique de la Guyane reste modeste, nous dit-on à plusieurs reprises. 200 000 habitants, quelques centaines d'ingénieurs en mission pour trois ans. Kourou concentre le quart de l'activité économique du département.

Sur le territoire des îles, les contraintes de la sécurité civile imposent leur rythme à un lieu qui est par ailleurs la première destination touristique du pays. On vient aux îles pour oublier, respirer l'écume de mer, contempler les cocotiers. Sur la grande terre, il fait humide, le ciel est embrumé, la mer glaiseuse et brune, saturée des alluvions qu'emporte l'Amazone. Aux îles, on retrouve le bleu de la mer et le bleu du ciel, dans l'air brassé par les alizés. Les vagues éclatent, le ressac scintille, la verdure des cocotiers enchante le regard quand, du haut de la colline de l'île Royale, on aperçoit le profil des îles couronnées de palmes, le chenal tumultueux et la roche noire, sur la rive, éclatée en blocs. Les gens du CNES y passent volontiers le week-end. L'histoire de ces îles est courte : les Amérindiens s'y sont installés en descendant de l'Alaska, il y a quelques milliers d'années. Le nom des îles vient de leur climat salubre. Lors d'une des successives expéditions venues coloniser la Guyane, l'impréparation et les fièvres décimaient les colons, laissant cette terre que l'on croyait prometteuse à l'écart de toute prospérité. Une poignée de rescapés se réfugièrent dans les îles. C'est là aussi qu'on mettait les bagnards les plus durs, à l'abri de toute possibilité d'évasion. Sur les îles du Salut, il reste un bon nombre de bâtiments, vestiges du bagne. La Guyane a abrité depuis 1851 un système pénitentiaire alors en vogue dans les pays occidentaux : une peine de travaux forcés pour les condamnés de droit commun et aussi pour les « politiques », ensuite une relégation dont on ne revenait pas. Épuisés par la malnutrition et les fièvres, cent mille prisonniers ont ici laissé leur vie. Jusqu'en 1946, on a déporté en Guyane les meurtriers, les faussaires, les voleurs à la tire et les anarchistes. Dreyfus, Seznec, Papillon. Parmi eux, une certaine quantité de malades mentaux et puis des escrocs, des petits déviants parmi les vrais durs du *milieu* criminel de l'époque. Pour avoir volé un pain, pour se trouver suspects d'idées républicaines, des ouvriers, des paysans ont été envoyés à Cayenne. On leur faisait défricher la forêt, construire des routes sous le soleil de plomb. Devenant fous sur place et mourant de maladies des tropiques, les durs portaient un surin aiguisé dans leur pantalon et s'entre-égorgeaient pendant la nuit. Les derniers survivants ont disparu. La Guyane d'aujourd'hui ne semble pas se ressentir de la cruauté du système qui transporta ici des générations de révoltés et de misérables. Les îles du Salut forment un archipel de trois îles : l'île Royale, Saint-Joseph et l'île du Diable. Sur ces îles, le directeur a contrôlé la vie et la mort de six cents forçats. Des îles bien tenues où poussaient des légumes. En cas de punition, le cachot et ses jeûnes tuaient aussi sûrement que les camps nazis.

Quand nous prenons le catamaran pour aborder aux îles, nul doute que le spectre du bagne ne plane sur nos esprits et, avec lui, celui de l'esclavage qui a peuplé ces contrées. Actuellement, on parle de développement pour les pays du Sud, on dit multilatéralisme, éducation, avenir planétaire. Cent mille bagnards sont morts ici d'épuisement, de faim et de maladies, morts comme le monde englouti des esclaves marrons, de la colonisation et du colonialisme. Quels loisirs imaginer sur une telle île, quel avenir pour la mémoire de ce passé? En Guyane, on restaure au titre des monuments historiques les nombreux bâtiments construits pour l'institution du bagne. Ils sont chargés de souvenirs de plomb, on les ravive comme si leur ancienneté justifiait un soin. Quelle mémoire portent-ils, quelle forme de sentiment de la vie pour les habitants? En admirant l'habileté des architectes du patrimoine, Marc Duncombe s'interrogeait sur ce poids d'amertume, resté dans le silence. Notre espèce peut-elle s'enfermer dans la tranquillité et affecter de ne pas savoir? Peut-elle tourner la page à l'île du Salut?

Un souci patrimonial apparut à un certain moment dans les rangs des décideurs du CNES. Possédant un ample domaine à vocation scientifique et industrielle, le Centre avait besoin d'un partenaire pour mieux gérer les îles. Deviendraient-elles un jour une destination touristique de masse? Elles restent pour l'instant un abri de nature qui fut aussi un lieu pour la honte. Depuis un an, nous avons recueilli un attirail de récits, de points de vue, de propos et d'analyses que nous ont livrés les délégués et nos mille lectures pour en savoir plus. Sur place, nous venons vérifier et approfondir en tentant de comprendre ce qui s'est joué.

– Tout ce qui regarde le foncier est émotionnel, nous a dit chacun d'eux.

Les îles du Salut sont propriété du CNES. Nous venons y recueillir les images, les mirages et les visages de leur histoire passée et présente, en attente de l'avenir durable que sauront leur donner les générations.

★

Bientôt sur l'île

Le soir de l'arrivée, nous avons dîné dans un restaurant chinois un peu moite où, à travers les brumes du décalage horaire et les volutes peu à peu pesants des verres de rhum que tous buvaient, sauf Jade et moi, nous avons parlé de la réunion du matin que j'ai manquée en ratant l'avion.

– On a vu dix responsables du CNES et évoqué les étapes d'un partenariat, dit Bernard Gérard.

Une convention a été signée, en 1990, entre les deux administrations de l'État, suivie en 1995 par la vente de la maison du directeur. J'aimerais comprendre ce qui se jouait dans ces formalités administratives et sans doute politiques mais la conversation est lente, la tension monte, si on allait se coucher ? Demain, nous partons avant le jour pour passer sur les îles. Les rues sont vides à onze heures du soir, dans la nuit sur Cayenne. Autour de la place des palmistes, plusieurs épiceries tenues par des Chinois ont tiré leur rideau de fer. Le jour, elles proposent des cartes postales, des draps de plage et des souvenirs fabriqués à Hong-Kong. Peu de magasins. Un marché couvert pour l'alimentation. La ville de Cayenne, avec ses cinquante mille habitants, garde une structure dessinée au XVIIIe siècle, un quadrillage de rues bordées de maisons en bois. Quelques grands bâtiments jésuites ont été reconvertis en Préfecture, en Conseil régional ou en banque. Une voiture rutilante, que l'on devine conduite par une belle femme derrière les vitres fumées, longe silencieusement le trottoir. Y a-t-il des gens riches, ici, en l'absence d'affaires et d'hommes d'affaires ?

– Ici, les fonctionnaires portent des lunettes noires et de beaux habits.

Sur un talus rocheux dominant la plaine de dix mètres à peine, les restes d'une forteresse veillent sur le destin de cette ville aux parages inabordables, trempant dans la lagune sitôt passé les ruisseaux qui en font une île. L'île de Cayenne.

Demain, réveillées dès cinq heures, nous courrons sur les routes au-devant de la Guyane. Catherine est excitée. Elle reste fumer dans le patio de l'hôtel en humant une moiteur qui lui fait du bien.

Il ne fait pas jour à notre réveil ni quand nous nous retrouvons autour des voitures. Nous sommes à jeun. Marc est le plus solide, c'est lui qui va conduire sur les soixante kilomètres de route recouverte d'un velours de bitume. Une image de la Guyane «de demain» qui sécurise, dès aujourd'hui, le trajet entre l'aéroport et Kourou pour les ingénieurs d'Europe et les députations chinoises, russes ou d'Azerbaïdjan venus assister aux lancements d'Ariane. Le long de la route, le mur de la forêt se dresse, parfois les pieds dans l'eau. Puis commencent des savanes avec parfois des vaches. Pas de camions traînant des grumes ni de grandes plantations comme en Afrique de l'Ouest. Nous nous disputons à propos d'un champ d'ananas : le fruit pend-il comme une mangue, est-il posé comme les pommes de pin ou bien dressé tel un artichaut ? Ici, on a essayé la canne à sucre, les rizières, le coton, les bananes et les oranges qui poussent dans l'État d'à côté, au Surinam ex-hollandais, mais les affaires ont mal tourné. Les entrepreneurs subventionnés sont partis, personne n'a pris la relève.

– C'est ce qui a permis à cette région, couverte à 90 % par une forêt équatoriale primaire qui appartient à l'État, de se maintenir presque à l'état sauvage, avec de considérables enjeux de protection pour nous, précise Marc.

Nous traversons plusieurs fleuves, larges comme l'estuaire de la Gironde, dont le flot plat et fangeux descend du bouclier proche de l'Amazonie et de ses forêts difficilement accessibles. C'est le petit matin, nous avons soif. Étrange pays. Il est connu pour ses gendarmes et ses fonctionnaires, j'aimerais en comprendre mieux la société composite et le climat. Nous nous trouvons à Dégrad-des-cannes pour embarquer à huit heures depuis ce port fluvial aux rives glissantes, mi-terre mi-eau, que recouvre périodiquement la marée. À cause de l'humidité et de certains récits qui hantent la Guyane – le bagne, les fièvres, l'étrangeté de cette colonie silencieuse – je regarde sans confiance les rives au sol incertain qui peuvent engloutir un homme. Dans son roman, Papillon évoque les glaises suceuses happant ses compagnons d'infortune. Sous un ancien ponton, de minuscules oiseaux *limicoles* butinent la surface de vase. Loin sur le fleuve, un long homme noir posé au bout d'une embarcation plate glisse dans le sens du courant sur ces eaux épaissies par la terre arrachée des pentes et des sommets des Andes. Comment apprivoiser les crues du Nouveau Monde, les échelles de ce continent immense? Nous nous sommes levés trop tôt. «Dégrad» ne signifie pas *dégradation*, mais dit la pente graduelle de l'embarcadère. Nous achetons de la vache-qui-rit, de l'eau et des crackers italiens, puis montons sur un catamaran éblouissant de blancheur qui nous emporte à toute vitesse en franchissant la barre puis en attaquant avec sûreté une succession de vagues assez fortes. Nous ne sommes pas dans un roman des années 60 mais au siècle des amateurs de nature, nous en faisons partie avec la quarantaine de passagers du catamaran, une société à l'allure sportive. Jade a le mal de mer. Bernard, toujours déterminé, nous taquine tandis que Marc, enfoncé dans une méditation, semble occupé par ses pensées. Il est en charge de l'outre-mer aux quatre coins de la planète. Il nous l'a dit, l'avenir n'est pas joué.

Le catamaran aborde les vagues par le côté et chaque fois qu'il se trouve suspendu en l'air pour retomber dans un flot d'écume qui nous asperge, une bande d'enfants, dans le bas du bateau, pousse un cri de peur et d'excitation. Notre bateau cingle vers les îles. Comme enrubanné par cette écharpe de juvénilité, de folie joueuse et de gratuité, le catamaran traîne derrière lui ce son frais et drôle qui teinte notre aventure. Nous aussi, nous commençons à rire et nous mettons à l'abri. C'est une partie de plaisir. Le matin est beau. Nous sommes entrés dans la mer bleue, le vent a nettoyé le couvercle de brume. À mesure que nous approchons des îles, nous laissons derrière nous la chape de grisaille et de moiteur du continent. Les îles grandissent sur l'horizon. Approchant au ralenti l'histoire du monde, allons-nous rencontrer quelque reste des millénaires amérindiens, des siècles de la conquête et des affrontements entre corsaires ?

⋆

Au bagne

Les abords de l'île sont enchanteurs dans l'air calme. Le bateau réduit sa vitesse en direction de l'anse creusée au bas de la colline, un môle est là. L'île est posée sur l'infini comme un hâvre. Elle n'est pas défendue par les brisants d'une ceinture de corail. Sur notre droite, l'île Saint-Joseph est séparée de l'île Royale par un chenal large de deux cents mètres. Univers silencieux : quelle vie ici, quels habitants ? À mesure de l'approche, le plateau de l'île Royale prend sa hauteur d'une quarantaine de mètres. L'île compte en tout vingt-huit hectares. Elle a la forme d'un chapeau posé sur la mer. Les passagers s'égaillent avec leur pique-nique sur le chemin qui traverse une petite prairie. Derrière, une forêt de cocotiers se dresse jusque sur les bords du plateau. Une anse « de rêve » sous l'équateur, un monde en réduction pour s'abriter, pour s'éjouir et oublier. Derrière nous, les étendues indescriptibles du continent, ici, le calme d'un domaine dont on peut faire le tour. Mais il fait trop moite pour que je ressente un sentiment de premier matin du monde. Ma chair, accoutumée aux latitudes tempérées, attend ses impressions de liberté d'un air habituellement plus tonique. Mes gènes se rétractent. Inconnu géographique. Ouvrons les yeux. Un peu sonnée, notre troupe regarde un moment un panneau qui présente les îles comme « un domaine de nature, protégé par des classements patrimoniaux ». Ce territoire a été occupé par un bagne. Il appartient à une société spécialisée dans la haute technologie spatiale dont le logo est placé en bas, à côté de celui du Conservatoire. Bégayant ses intitulés réglementaires, ce panneau liste en langue administrative une flore et des tortues. Dans ce pays qui ne regorge ni de touristes ni de fonds à dépenser, où sommes-nous sinon dans une période de transition ?

Les bâtiments du bagne ont été transformés en auberge pour accueillir les techniciens du CNES et les touristes débarqués des croisières venues de Floride. Sur la jetée, nous attend Madeleine, une dame de fer qui tient l'auberge, gère l'île ainsi que la société de bateaux qui la desservent. Madeleine nous regarde sans curiosité. Que savons-nous des choses d'ici ? Au lendemain des lancements, c'est elle qui organise les fêtes données par le CNES, après le tir, pour les chefs d'État et les ministres. Homards, champagne après l'émotion du compte à rebours et le spectacle du lanceur qui s'est arraché du sol dans un bruit d'enfer. Un tourbillon de feu monte dans le ciel. Il n'éclate pas en gerbe comme un feu d'artifice, mais disparaît en quelques instants dans le ciel noir. Quelques secondes plus tard, un satellite tourne à trente-six mille kilomètres au-dessus des têtes. Applaudissements. On se serre la main dans la salle de contrôle.

Sur la rive de l'île, nous montons voir la Maison du directeur par un escalier plutôt raide dont les marches sont faites de grands blocs de lave hérissés d'aspérités. Une lave que les bagnards ont appareillée partout sur l'île en dressant des murs de soutien et des parapets aux proportions cyclopéennes. Ces fondations formidables sont désormais recouvertes par une jungle de cocotiers. Étrangeté de ces murs, de ces pavements et de ces voies perdus dans le néant de la mer. Un empire et des cris ont régné ici, avant le vide présent de cette île. Enchantement ou devoir de mémoire pour ce lieu où s'exerça une violence de l'espèce humaine ?

– Un camp où a été matée la lie de l'humanité !

Le vieux monsieur qui assure la visite du bagne est un ancien commercial. Il évoque avec ironie les sévices d'antan, ses histoires de zoo humain ne nous font pas rire. La Maison du directeur a été restaurée par le Conservatoire, c'est une jolie case de maître dans le style du XVIIIe siècle. Comment raconter la vue merveilleuse avec des palmiers, au premier plan, qui ont poussé depuis l'époque du bagne où l'île, presque nue, était peuplée de sous-off beuglants et de fantômes humains dont Arthur Londres a donné une idée parlante dans son texte de 1923? Au rez-de-chaussée, des panneaux gondolés posent les grandes dates de l'histoire. En haut, plusieurs salles vides. Prisons et esclavages, terres à l'encan, civilisations disparues: en haut, sur le plateau, la grande caserne transformée en auberge est séparée par une fosse à crocodiles d'une vaste clairière plantée d'arbres, une manière de place d'armes ombragée où s'étagent des villas repeintes en rose. L'une appartient à la DDE, l'autre à la gendarmerie, la troisième au CNES. Théâtre d'anciennes rudesses, ce plateau est aujourd'hui une zone désaffectée où des fonctionnaires, en mission loin de la métropole, peuvent venir passer leurs congés. Les forts perdent leur usage comme les anciennes prisons, les couvents, les châteaux en ruine. Ici a vécu une époque du système pénitentiaire français avec ses violences et son absurdité. Digues qui lâchent, voûtes qui crèvent, toits qui se fendent: à leur secours, souvent, arrive le Conservatoire, porteur d'autres valeurs et d'autres perspectives. Il rachète des prieurés, des domaines palustres, des marais endigués, des dunes. Au début, les murs de l'abbaye, l'usine détruite apparaissent pleins de lianes, ce sont des lieux mystérieux, enfouis sous une végétation qui s'est développée sans frein en effaçant les portes. Les traces peuvent avoir perdu leur sens. Il s'agit de redonner vie à un lieu. L'île Royale est en bon état d'entretien. En balance entre oubli et aveuglement, elle reste en attente d'un destin à définir. Les maisons des gardiens du bagne sont louées aux touristes. En face, la chapelle a été aussi restaurée. Le grand hôpital, au fond, n'a pas retrouvé d'usage. Plus rien, ou presque, ne semble visible de l'ancien monde des rixes, des sanctions et des pensées affreuses. Madeleine a introduit des petits singes et des kangourous pour distraire les visiteurs. Catherine photographie Bernard Gérard sous le théodolite. Nous longeons ensuite les hangars où dormaient les bagnards enchaînés pour la nuit, et entrons dans une geôle rouillée, souillée et noire où on mettait les réfractaires: les cellules sont des puits graisseux de deux mètres carrés, avec un bat-flanc et un trou de tinette. Ces bâtiments sont restés intacts depuis 1946. Ponctuant une avalanche de détails cruels par ses rictus complices, le guide commence à nous peser.

– Ah ça dérouillait! commente une dame avec gourmandise.

À la Pointe du Raz, le Conservatoire gère un haut lieu patrimonial que l'on visite en foule en frissonnant face au vide, l'esprit nimbé par l'esprit de ce cap devenu symbole de l'unité civile les jours d'été, quand une société apaisée fête ensemble le temps de ses loisirs. Aux îles du Salut, dans ce lieu encore peu aménagé et peu transformé, persiste un résidu de la France de 1950. L'île est restée à l'écart des grandes destinations mondiales, elle ignore la société planétaire aujourd'hui enrichie et démocratisée. Bernard Gérard:

– Le Conseil général a prévu ici un important pôle touristique.

– C'est une halte pour les bateaux de croisières américains, continue Marc.

Nous voici donc atterries dans ce lieu du Conservatoire qui entame un parcours symbolique entre les décombres d'un passé et des horizons proches qui restent à construire. Un très grand oiseau s'élève sur le ciel et plane haut dans les airs, immobile face au vent. Il décrit une orbite lente au-dessus des palmes. On dirait une mouette géante, mais ses ailes immenses sont cassées d'un angle aigu, il a une queue fourchue. Sur nos pensées en désordre, cet oiseau pose la beauté de son vol noble et dégagé.

– C'est une frégate, dit le guide.

La frégate traverse les mers et accompagne les marins. Un moment de poésie allège un instant le poids de ténèbres et d'inaboutissement de l'île. Sous de grands arbres, une ombre tamise la lumière sur les mousses d'une clairière restée à l'écart, réserve de calme à la proue de l'île. Des murets partiellement en ruine, de grandes stèles posées de guingois donnent à ce lieu une touche de romantisme. Notre groupe s'indigne du laisser-aller, de l'abandon visible dans lequel est tombé ce lieu.

– Les gens partent en emportant des pierres sculptées, dit le guide.

C'est le cimetière des enfants des gardiens et des militaires qui vivaient avec leurs familles dans les maisonnettes aujourd'hui converties en gîtes d'étape par Madeleine. Ce monde disparu a laissé derrière lui un signe de deuil qui concerne des innocents. Du temps du bagne, on jetait à la mer les corps des prisonniers morts. Les eaux, autour des îles, étaient infestées de requins attirés par les cadavres. Avec les courants de ces parages difficiles, la présence des requins rendait l'évasion des rétifs à peu près impossible. Pleurerons-nous les assassins, les escrocs, les violeurs, les schizophrènes et les petits voleurs qui sont venus pourrir ici ? Aurons-nous une pensée pour les matons et les sous-offs ? La mort a saisi le monde des « durs » tatoués des pieds à la tête, des militaires et des bonnes sœurs envoyés en Indochine et en Nouvelle-Calédonie. L'époque de Violette Nozières, du knout et des servantes appartient au passé. Au déjeuner, Bernard reprend avec nous le fil de cette histoire. La cession de la Maison du directeur a fait l'objet d'un accord entre le CNES et le Conservatoire du littoral parce que le Centre était conscient de sa valeur patrimoniale et soucieux d'un avenir des îles. En choisissant le Conservatoire, il s'est donné une pierre d'attente pour un partenariat, gage d'une gestion pérenne à imaginer. Ici, pas d'espèces rares, mais un souci de gestion rigoureuse de l'archipel des îles.

– Les cocotiers envahissent tout.

– Il faut entretenir les chemins, éviter la divagation des visiteurs, veiller à ce que la fréquentation de ces lieux écartés ne les dégrade pas.

Difficile d'imaginer aujourd'hui la période où des centaines de passagers déboulent des catamarans pour venir camper.

– Il faudrait relancer le projet, disent ensemble Bernard et Marc. On devrait engager une réflexion avec le CNES pour définir une nouvelle tranche d'interventions.

Catherine aimerait qu'on parle des Amérindiens, de la conquête de l'or aux siècles de la découverte. Les Amérindiens sont établis en Amérique du Sud depuis douze mille ans. Beaucoup plus ancienne, sur son socle rocheux primaire, la forêt restée vierge au long des millénaires. De notre table, la vue plonge sur l'île du Diable, la troisième et plus petite île de l'archipel actuellement interdite à la visite. On y reléguait les «politiques», anarchistes de la bande à Bonnot, «terroristes» et supposés espions. La capitaine Dreyfus y a passé quatre ans enfermé entre les murs d'une cour, frôlant la folie comme, à leur façon, ses gardiens qui craignaient qu'un sous-marin allemand ne vienne enlever le «traître». L'après-midi commence, nous avons une heure avant de rembarquer sur le catamaran. Après avoir beaucoup parlé, nous nous dispersons: je prends l'escalier cyclopéen qui plonge vers la rive sud. En dessous, une crique sur laquelle viennent se rompre les vagues. Dans le contre-jour encadré par les troncs des cocotiers qui s'étagent sur la pente, la lueur réfléchie par la mer, les embruns, les palmes qui luisent et le retour des couleurs peignent dans mon cerveau un tableau splendide. J'ai en face de moi un spectacle qui m'absorbe. Où sommes-nous? Pour nourrir notre enquête, Catherine et moi nous promenons en essayant de comprendre, d'identifier et de nommer jusqu'au moment où se composera dans nos têtes une cohérence née, en général, d'un moment de beauté apparue dans le spectacle déployé d'un lieu. Un instant où le calme se fait, où se décante le tumulte irrésolu des paroles. Comme si je devais fixer dans mon esprit des images-types qui seraient des fils conducteurs, comme si j'établissais des repères pour peindre cet endroit et me laisser guider par son évidence. Nous sommes en présence d'un lieu que le Conservatoire a acquis, nous avons à le mettre en perspective selon un angle pertinent d'histoire humaine. Souvent, nous peinons un moment avant de capter ce qui va faire évidence et nous happer soudain en un moment de bonheur sensible dont la signification nous excitera comme une page nouvelle qui s'écrirait là, en ce moment, nous permettant de comprendre et de convier les autres. Je fais un tour dans l'île Royale, suivant un sentier de terre qui est doux sous mes pas.

Sur ma droite, le mur aux moellons gigantesques. Au fond de l'anse, une bâtisse basse : hier atelier pour les prisonniers, aujourd'hui local pour les groupes, avec une aire de pique-nique au bord de l'eau. Je m'assieds sur la rive. Catherine est déjà là, absorbée dans sa contemplation. Nous sommes en face de l'île du Diable. Un treuil et un filin y acheminaient la nourriture. S'absorber dans les éléments, toucher la réalité autour de nous. La rive est pavée de gros blocs sur lesquels reposent des noix de coco et un semis de palmes mortes. Ces palmes sont les dépouilles de la plante invasive. Elles tapissent de signes couleur d'argent cette rive où sont passés tant de pas sans espoir. Les noix mortes sont autant de têtes coupées, posées sous les arbres. Les palmes ont été décernées à un mérite invisible, à des têtes oubliées de tous. Le chant des bagnards ne s'élève plus, ni le râle, ni les injures échangées. Cette douleur a fait naufrage, elle est engloutie dans la mer insondable qui bat nos pieds de son écume puissante.

⋆

Exploration

Le reste du séjour multiplie les buts de visite. Les chefs sont partis dans les terres découvrir à Petit Saut un lac de barrage construit pour EDF : il est question d'un contrat avec cette institution, qui permettrait de créer une réserve considérable à l'intérieur des terres. Tandis que les hommes sont partis pagayer dans les cimes des pans de forêt immergée dont les frondaisons surnagent autour d'eux de façon fantomatique, de notre côté, nous avons trois jours pour comprendre la Guyane avant de retourner aux îles du Salut. Nous espérons rencontrer Yann Pennec, le responsable du CNES avec qui s'est faite la négociation. D'ici là, Marc nous expédie dans les endroits remarquables où un programme de mise en valeur est en cours, engageant les Guyanais à regarder le monde qui les entoure, à le considérer comme un royaume riche de ressources à découvrir.

– Ici, on tue les tatous et on les mange. Ce gibier n'est pas protégé.

On mange aussi les alligators classés comme « espèce remarquable », leur viande est fine. Ici se côtoient des gens différents. Pour les jeunes comme Matthieu, la Guyane représente une immensité intouchée qui déploie, sous ses millions d'arbres, les habitats de milliers d'espèces connues et inconnues au long de fleuves à peine pénétrables. Ici, les femmes sur les marchés, celles que nous prenons en stop ne parlent pas français.

– Ce sont des Haïtiennes, nous apprend Marc.

Les forestiers, les chercheurs d'or viennent du Brésil, des Caraïbes, et puis de l'Inde, du Vietnam, de la Chine. Les frontières sont poreuses : un nombre considérable de clandestins, en attente d'un sort meilleur, peuple le département.

– Le Brésil sera bientôt une nation opulente. À terme, le développement de ces régions est assuré, nous a dit Christophe Lefèbvre.

Généralement, les acquisitions du Conservatoire ont ajusté les gestes et les actes de multiples responsables, décideurs et acteurs de base qui ont mis du temps à se comprendre et dont nous avons à restituer les tâtonnements, tribulations et prise de tête mais voilà, le 0,22 hectare des îles du Salut a été cédé au Conservatoire au terme de décisions, dans les bureaux, entre services de l'État. Il n'y a pas eu de débat entre gens venus d'horizons différents, seulement des décisions techniques à arrêter entre responsables. Sur place, la société locale va inventer un projet quand une économie touristique se sera installée ici, et plus généralement quand le Sud planétaire aura trouvé ses marques et peut-être son unité de destin dans une période plus résolue. Qui sait si ce moment n'est pas en gestation, prêt à de nouveaux défis, à des attitudes plus amples et à des révisions qui auraient déchiré les générations précédentes mais, souvent, sont abordés sans drame par des descendants plus ouverts ? Princesses russes, mariages mixtes, destin des peuples et croissance durable. Nous sommes mal placés pour apprécier la fécondité de nos époques pionnières. Tout est à définir. Une économie va naître. Les nations du monde vont mettre au point des dispositifs de protection pour le principal puits de carbone de la planète. C'est pourquoi, avant de rencontrer Yann Pennec, avec qui s'est organisée cette inflexion significative pour le destin des îles, nous sillonnons les routes qui s'enfoncent dans les formes végétales pour nous inconnues de la forêt, découvrant la profondeur et l'ampleur de ce monde déployé sur tout un continent, les pieds de troncs énormes dans la demi-obscurité et les sons merveilleux, limpides, que distille le couvert végétal – est-ce que ce sont des batraciens ou des oiseaux qui chantent ainsi, des insectes ou des colibris ? – ainsi que plusieurs sites aménagés par le Conservatoire autour de Cayenne : un sentier qui grimpe dans les bois ; un marais *rétrolittoral* que l'on traverse sur un pilotis, un parcours dans l'épaisseur de la mangrove. Les jours passent vite, nous sommes impatientes de revenir aux îles. Un après-midi, nous regardons un instant les vagues avec Jade. L'énormité du bruit qu'elles font, les brassées d'embruns qu'elles lancent devant elles sur plusieurs mètres, la couleur de l'eau et le sentiment de cette mer infinie qui s'étend devant nous entre la Guyane et le lointain de notre Europe, cette puissance, ce gigantisme nous dissuaderaient d'entrer dans l'eau pour nager et, a fortiori, tenter de passer la barre si nous en avions le temps. Jade vient du Pays basque. Elle connaît la mer. Avec elle, nous avons aussi été voir les vestiges du bagne des Annamites, presque entièrement mangés par la forêt. Au zoo de Cayenne, nous avons vu de beaux tamanoirs.

Marc nous a envoyées sur les routes et dans la forêt. Pour apprécier le futur des îles du Salut, nous aimerions en savoir plus long sur la société guyanaise.

⋆

Épilogue

À l'aube de nouveau quand nous nous retrouvons sur la rive en face de l'île, le dernier samedi, il y a deux bateaux et nous ne comprenons pas si le responsable du CNES va prendre ou non l'un de ces bateaux. Le mystère demeure : nous a-t-il donné rendez-vous ? Nous traversons, la chaleur monte. Descend du deuxième bateau un monsieur élancé, assez bronzé, une expression indiscernable sur le front. Il est en short, son tee-shirt décoré d'un faciès stylisé de Mao. Ce dignitaire à la tenue décontractée porte un prestige silencieux sur sa stature à la tranquillité sereine, un rien dégagée du présent. Nous partons sous les ombrages, j'entre sans cérémonie dans le vif de mes questions. Je voudrais mieux comprendre l'histoire du lieu, qui sont les gens du CNES, quelles perspectives sont prévues pour les îles. Habitué aux rigueurs de l'action, Yann Pennec a accepté de passer un jour avec ces enquêteuses : il n'occupe pas un poste de chercheur, il a géré longtemps « le patrimoine du CNES », soit les 60 000 ha de forêt, le pas de tir, les laboratoires et les bâtiments.

– Ariane est un lanceur européen, rappelle-t-il avec sérieux, le CNES un organisme français.

Quel avenir pour ces îles, à présent principalement dévolues au tourisme des « expats » et aux fêtes qui célèbrent les lancers d'Ariane, lors de réunions entre partenaires internationaux des marchés de la puissance technique ?

– Sans doute 25 % de criminels et 75 % de malheureux ont été enfermés dans le bagne.

Yann Pennec connaît l'histoire des lieux, même si les considérations morales ne sont pas son cœur de métier. Il est ami avec Madeleine, cette femme énergique qui veille sur l'économie de l'île.

– Ici, tout est cher et compliqué : les travaux d'entretien, les aménagements, la définition des droits et devoirs de chacun entre la municipalité de Cayenne, dont dépendent les îles ; le gestionnaire qu'est Madeleine, et les propriétaires : le CNES pour les trois îles, le Conservatoire du littoral pour la Maison du directeur. Attention, ces petits singes peuvent mordre.

Ce haut responsable accepte de réfléchir avec nous. Il évoque les délégations, les cortèges et les banquets. Le ministre chinois, emporté par une lame, qui s'est noyé un lendemain de fête. Quand il parle d'Ariane, je sens que le précieux tuyau de tungstène, alliage de métaux rares qui résistent à la fusion au retour dans l'atmosphère, représente quelque chose de mirifique et un peu sacré pour lui. Ce tuyau vaut des milliards. On a mis des années à le dessiner, à l'ajuster et à l'essayer. C'est une réussite technique, scientifique et industrielle des ingéniosités nationales, dans un montage européen aux enjeux politiques et commerciaux planétaires. Sur notre planète durable qui envoie dans l'atmosphère des milliards de tonnes de CO_2, de méthane et de phytosanitaires, ce tube qui monte dans l'éther et lâche au-dessus de l'Équateur des objets bizarres, truffés de haute technologie, représente la face de maîtrise et de puissance de nos sociétés.

– Les Américains et les Russes nous envient ce site de lancement, idéalement situé par rapport aux paramètres terrestres.

La Russie y installe en ce moment une base de lancement pour Soyouz, plus sûre qu'en Asie centrale. Prestiges des rêves virils, balises Argos, SIG, téléphones portables et *Google map*. Attachés-cases, avions spéciaux, tables de négociation et transferts de capitaux, que peuvent comprendre de ces enjeux deux souris blanches qui n'ont participé à aucune conférence internationale ni conseillé aucun chef d'État? Sous nos pas, Yann Pennec n'évoque pas les arbitrages politiques ni les financements de la haute technologie: les enjeux portés par le Conservatoire du littoral nous engageraient plutôt dans une méditation sur notre modèle de croissance. Ariane traverse l'éther impalpable. Nous savons peu des industries, des armes et des partis. Comme si la densité réservée de ce monde du pouvoir industriel, économique et politique se mettait discrètement en travers de notre conversation, Yann Pennec sait notre incompétence mais n'ignore pas les travers de l'époque. Nous repenserons souvent, avec Catherine, à l'épaisseur de non-dit qui faisait l'énigmatique climat de cette conversation. Madeleine nous invite à boire un punch. Elle avale de travers quand je parle de compostage des végétaux, je n'ai pas à me mêler de son pouvoir sur l'île.

Au lieu du récit que nous attendons, elle dresse la liste des gens qui se sont noyés, ont glissé sur les blocs de lave ou bien se sont trouvés arrachés par une lame.

– Huit en dix ans, insiste-t-elle.

Les journées sont calmes sur l'île, le temps passe vite. Nous parcourons à nouveau les bâtiments du bagne en continuant à chercher le terrain pour un échange qui nous dépasse. Notre interlocuteur nous fait observer la poulie qui ravitaillait l'île du Diable et «la piscine des bagnards», un enclos de blocs posés en mer sur lequel explosent les vagues. Dans le chenal, il nous montre la tête d'une petite tortue qui respire à fleur d'eau.

– Les courants sont terribles. Souvent, on ne peut pas desservir Saint-Joseph.

C'est le cas aujourd'hui, nous ne visiterons donc pas le quartier disciplinaire où les prisonniers étaient mis au secret pendant des mois. Les hallucinations dont ils étaient visités étaient si colorées que certains demandaient à y être enfermés pour s'y perdre. Papillon les évoque, Albert Londres aussi. Faute d'informations plus caractérisées, la situation des îles du Salut plane pour nous entre les eaux du rêve et celles du possible. Ces îles racontent la conquête et la colonisation d'un continent avec ses roches, sa forêt primaire aujourd'hui remplacée sur des millions d'hectares par des cultures de soja transgénique que l'on importe en Europe pour engraisser les veaux. Quel horizon raisonnable pour réunir aujourd'hui les hommes de la planète? Avec sa réserve quelque peu hiératique, Yann Pennec incarne une excellence dirigeante et nous, gens de paroles épris de la beauté du monde et en attente du temps long de l'entente humaine, nous ne sommes pas venues pour rien. Verrons-nous ce monde en instance? Les derniers jours, il s'était mis à pleuvoir, une averse lourde tombait continuellement en colonnes d'eau qui éclataient en violent tintamarre sur les toits de tôle. C'était le carnaval, tout était fermé. Nous croisions donc dans Cayenne en nous mouillant les jambes, visitions des musées, le marché et le zoo où admirer la faune royale de la forêt amazonienne.

Chaque soir, un ram-dam considérable montait dans la ville. Frappant avec ardeur des fûts de pétrole portés en bandoulière, des musiciens envahissaient les rues, leurs tambours et leurs fanfares battaient le rappel des groupes qui défilaient en dansant. Chaque soir, des milliers de personnes costumées animent ainsi les rues de la ville, d'autres milliers regardent leurs tourbillonnements sinueux, leurs pas rythmés et leurs gestes. Un groupe d'une centaine de femmes arborent des robes de dentelles « imitation XVIIIe » ; un groupe d'une centaine d'hommes en rouge sont déguisés en femmes et minaudent, athlétiques sur leurs talons aiguilles. Un groupe de Brésiliennes presque nues dansent merveilleusement, le corps peint de paillettes dorées. Il n'y a pas de folie d'ivresse ni d'excitation. Les gens regardent. L'attraction du carnaval, ce sont les *touloulous*, des femmes masquées qui invitent qui elles veulent pour des « coïts chorégraphiques », selon une expression de Yann Pennec. Le style de beauté de la Guyane a changé depuis Papillon. Les feuilles merveilleuses de la forêt équatoriale, les nectars, les poissons colorés, les perles sur fond d'outremer et de peau heureuse cèdent la place, cette nuit, à l'attente d'un jour qui va venir, dans la veille de laquelle cette société s'agite en cadence, fêtant avec une certaine gravité, sans joie excessive, le moment le plus fou de son année.

Nous visitons neuf sites emblématiques du Conservatoire du littoral afin d'enquêter sur les ententes qui se sont créées entre partenaires à l'intérieur de la diversité culturelle nationale. En revenant dans l'hexagone, nous avons en attente huit autres belles histoires de débats et de tracas, de tribulations au long cours, mûrissements, rencontres et heurts d'arguments, échangés entre gens de bon droit dans une quête qui, depuis trente-cinq ans, trace à même le corps de la nation une voie qui n'est pas faite d'individualisme, de cynisme, de sottise ni d'aveuglement, mais d'un style d'échange réglé, en quête d'un intérêt général. Pour comprendre comment un pays se gouverne et réussit à faire prévaloir un certain style d'entente, il nous reste six mois.

CHAPITRE III.

Retour dans l'hexagone

L'aventure continue

Après une semaine pour souffler, nous repartons vers l'arc méditerranéen où nous attendent trois sites. Il s'agit de batailles dont personne ne s'est encore fait le chroniqueur. Des batailles concernant un domaine, une étendue d'espace à propos de laquelle des hommes se sont affrontés.

– Quelle valeur pour ce pan de sable, ce maquis, cette corniche ?

– Quel nouvel usage lui trouver, quel destin lui prévoir ?

Certains auraient imaginé une marina, un lotissement de luxe. D'autres auraient préféré un parc, une étendue libre ouverte sur l'horizon. Les gens s'étaient mis à prendre des vacances. L'État lançait des politiques. Équiper ou protéger ? Afin de définir un avenir pour certains lieux, une pyramide d'individus, de puissances et de compétences entrait en lice, un pays s'était mis à vibrer pendant de longs mois, pendant des années parfois. Le monde changeait. Des idées nouvelles surgissaient. Des individus se dressaient les uns contre les autres, le débat pouvait tourner à la bataille : le Conservatoire s'engageait et proposait un choix, il ouvrait une direction à l'évolution des choses et s'était fait entendre. Pourquoi et comment ?

Au sud, c'est déjà printanier sans doute, l'air est réveillé, la lumière vive. Nous avons choisi d'aller vers le tiède, de visiter en premier les rives du sud en attendant que la saison se fixe. Nous remonterons d'étape en étape en même temps que le soleil. Nous avons huit sites à reconnaître, beaucoup de gens à voir. Nous commençons par la côte du bas de la carte, le cercle bleu qui nous attend entre les Pyrénées et les Alpes du 7 mars au 7 avril. Ensuite, nous allons en Corse.

On vient généralement sur les côtes pour aller à la rencontre de la mer. Où est-elle ? On court vers le rivage à travers les dunes et le maquis jusqu'au moment où, les pieds embarrassés dans le sable qui s'effondre, on l'aperçoit qui s'étend devant nous, radieuse et claire, bleue et presque métallique ou bien verdâtre et tourmentée. Les odeurs changent, l'air a passé sur les eaux un jour brunes, un jour grises, parfois d'un bleu profond, claires et sereines. Un chant répétitif monte de la surface de l'eau à mesure que roulent puis s'effondrent les crêtes écumeuses des petites ou grandes vagues dont l'humidité saline nous enveloppe. Au gré des souffles et des respirations du monde, c'est le territoire de l'eau, de l'espace vaste et des départs infinis. On vient pour contempler la mer des heures durant, pour sentir en soi le calme que suscite cette respiration, ce suspens apporté par le libre infini coloré, au bord de la terre, de cette nappe scintillante, un peu moirée et toujours respirante qui ondule au gré des vents. On part pour donner congé aux ancrages mentaux qui vissent aux obsessions industrieuses, pour se perdre, s'oublier un moment tandis que se lèvent la folie du lointain, l'amplitude des ailleurs, les signes de l'aventure. Ce bleu scintille légèrement, il est changeant, intense, parfois violet, parfois clair et presque blanc. Le reflet du soleil s'étale sur la surface calme ou bien explose en mille éclats d'une luminosité violente, redoutable aux yeux. La lumière tourne, le vent se lève ou tombe. Observer ce bleu, se nourrir de lui. Respirer l'air tiède, sa sécheresse de dune qui sent le pin et l'eucalyptus. L'innocence des choses, leur douceur offerte. Congédier *sweet home*, dire adieu aux habitudes.

Nous n'allons pas au Kenya ni aux Maldives, mais dans notre pays familier. Laissons l'inconnu des lointains, le prestige des images fortement exotiques et les tarifs élevés des destinations rares! Sur les pages des catalogues archivant tous les antipodes, des vols long courrier irriguent les points les plus distants du globe. Foin de Tahiti ou des îles Vierges, nous visons les précieux trésors du pays le plus visité du monde à cause de son climat délicieux, de sa beauté incontestable et de sa riche histoire. Libérons-nous de la convoitise des ailleurs, éludons les lointains prestiges, restons en France pour contempler les beautés avérées de notre pays et creuser l'exotisme de son quotidien. À nous l'étrangeté des choses normales. La lenteur des affaires humaines, leurs travers, peut-être leurs turpitudes. À Paris règne encore l'hiver. Dans ce sud, apercevrons-nous ce que viennent voir les autres, la mer et son bleu immense? Nous sommes là pour retourner notre regard vers l'intérieur des terres, vers l'intérieur des hommes. La passion du bleu a engendré un cortège de transformations sur les rivages. Devant les pins parasols, les eucalyptus, les myrtes et les arbousiers, il y a l'eau. Derrière, des routes se sont construites, des barrières enclavant des villas, et puis des immeubles, des usines et des docks.

Au bord de l'eau, le sable exhale une odeur de résine, la chaleur monte des trous d'eau dans les rochers violets. Le temps passe, la rive est devenue station. La lande, une suite de maisons déployées sur de nombreux hectares. Comme des animaux qui reviendraient sur un territoire où sont leurs souvenirs et leurs habitudes, comme un cheval ou un chien heureux, les hommes ont été nombreux à venir voir la mer. Ils ont appris l'océan qui s'offre, le rivage qui se déploie dans toute son étendue, une beauté saisissante par laquelle on se laisse habiter, laver, régénérer avant les courses au supermarché. Autour des littoraux, une fièvre s'est emparée des hommes. Un tumulte de passions et de volontés s'est levé pour accompagner des émotions nouvelles. Des villas sont apparues, des lotissements qui font des bords de mer des zones densément construites, trois fois le reste du pays. C'est pourquoi nous venons visiter certains sites du Conservatoire du littoral, qui furent acquis à force de négociations et de réflexions. Dans ce sud, il s'agit de trois domaines à propos desquels un accord a fini par se conclure, un consensus, une entente. Ils étaient convoités par des entrepreneurs. On aurait pu les lotir. Ces sites désormais entretenus, aménagés, parfois recomposés, s'offrent à présent dans leur magie retrouvée, leur merveilleux souvent amélioré, parachevé, réinventé. Trois bijoux, trois joyaux pris sur la continuité de ce rivage captivant, envoûtant, célèbre et célébré entre tous par les peintres, les récits, les mœurs et les dépliants touristiques. Nous venons pour voir et pour comprendre comment s'est opéré ici un changement de cap, une inflexion dans la métamorphose progressive du rivage en zone construite, aménagée pour des usages de l'été qui ont dévoré la sauvagerie. De volontés dispersées en unanimité, de privilèges sélectifs en jouissance partagée, la civilisation des loisirs a repeint les étendues autrefois vides et inactives, peu prisées et peu utilisées, de ces rivages aujourd'hui investis par les désirs et les volontés du plus grand nombre, une fois équipés par des opérateurs et des bâtisseurs que mandataient des décideurs et des financiers. Ici le sable a été institué en valeur délectable, la chaleur et la lumière sont devenues l'objet d'une passion. Jusque-là évitées par l'habitat humain, les rives tempétueuses et inhospitalières de la mer, ses corniches hérissées et dangereuses se sont révélées lieux du bonheur. Toujours sous la menace des rapts et des razzias, obsédée par le bruit des canons, le fracas des naufrages et l'odeur de la poudre et du sang, la présence de la mer est devenue sereine. Son immensité apaisait. Elle n'était plus synonyme d'affrontements démesurés.

Un vent nouveau s'était emparé des esprits et des portefeuilles. Des idées naissaient, des habitudes, des opportunités financières. Des volontés et des intelligences s'aiguisaient, des puissances, des habiletés se développaient. Des batailles d'avocats se livraient, de décisions d'architectes et d'ingénieurs prenaient corps. Des débats locaux surgissaient parfois entre différents partis, différentes options, entre les impératifs de volontés diverses, leurs visées et leurs urgences. Alliances, renversements de situation, accords qui se faisaient subitement, chausse-trapes. À nous deux l'histoire de France. Nous entrons dans le vif du sujet. Ces histoires exemplaires se sont passées ici, dans l'hexagone, durant la période récente. Elles ont confronté des acteurs puissants et impuissants dont nous tenons la liste. En attente dans la coulisse de notre esprit, ils entreront en scène les uns après les autres à mesure que nous les rencontrerons et chercherons à comprendre leur rôle, leur figure, la façon dont se sont partagées les répliques, les attitudes et les actions dans une partie jouée à plusieurs. On se passait le ballon sans toujours savoir qui jouait quel jeu, pour quel avenir, et pour répondre à quelle urgence.

Fallait-il construire des équipements pour le plaisir du plus grand nombre, inventer des villas que chacun désirerait et attirer les amateurs de navigation par des ports artificiels où viendraient se poser des carènes de toutes tailles comme un vol de cygnes au repos, tandis que rutileraient dans le coin des yachts les hors-bords et les gros calibres serrés en files prodigieuses tels des étalons au repos le long des coursives ? Sur les passerelles en bois exotique marcheraient des gens à lunettes noires, habillés en blanc, qui affecteraient l'air détaché de qui revient des grands espaces.

Fallait-il implanter une activité économique ou bien prévoir de la beauté ? Modeste ou mirifique, chacun avait imaginé un projet pour équiper les lieux.

Ces histoires ont eu lieu à la même époque, au moment où l'idée d'équiper les côtes s'est affinée à mesure que surgissaient sur leurs étendues jusque-là désertes des ports plus grands, des usines plus vastes et des stations plus nombreuses qu'un afflux de ressources financières et de puissance technique vint déployer sur la surface du pays à partir de la fin des années 50. La ferveur des ingénieurs rêvant de ports industriels, de centrales atomiques et de raffineries de pétrole avait dessiné de larges emprises faites de nouveaux objets et de nouvelles activités à Antifer, au cap de la Hague, à Fos-sur-Mer. Pour le plaisir du plus grand nombre, on avait mandaté des architectes afin qu'ils imaginent le demi-luxe et la beauté innovante de stations de loisir qu'ils inventeraient de toutes pièces en disposant le long des plages des urbanisations dressées pour les vacances. Une Mission mandatée par l'État avait étudié, dit et recommandé. On avait délivré des permis de construire. Personne ne l'a voulu mais tous l'ont fait. Des blocs ouvragés, des tours discrètes, des pyramides montèrent vers le ciel des bords de mer, des routes posèrent leurs surfaces de bitume sur les sables et les rochers en dessinant des accès, canalisant des flux qu'elles avaient créés et qu'elles étaient vouées à développer sans qu'aucune limite identifiable ne les contingente. Captant le potentiel d'initiatives et d'affaires que cette nouvelle richesse pouvait permettre aux habiles, aux industrieux et aux volontaires, partout des entrepreneurs, des juristes et des techniciens ont imaginé l'élan de nouveautés dont la richesse petite et grande apprendrait à jouir. Partout, des maires inventifs ont autorisé l'agrandissement des villes et des villages pour poser au creux des plages, sur la face des collines et au sommet des falaises des maisons groupées ou pas, des villas environnées de terrasses et de jardins odorants, des studios posés par centaines au-dessus des parkings.

Balayés les hameaux de cabanes, l'errance des pêcheurs, la vie romanesque des grèves antiques, leurs brumes et leur vide. Les lieux immobiles attiraient l'agitation et l'intensité de gens qui vivent plus vite et plus fort. À présent, de nouveaux habitants et de nombreux visiteurs aspiraient à venir voir l'infini, à mettre des lunettes de soleil, à dormir sur le sable à midi, étendus sur des draps de bain colorés. Les villes balnéaires échangeaient leur front de mer à l'ancienne pour une ligne continue de balcons face à la vue sur mer. Au fond d'une anse sauvage dominée par les pins, un arrière-plan incoordonné accumulait un chaos de petits immeubles, de villas et d' « urbanisations » aléatoires.

Que de jouissance heureuse, de félicité et de beauté partagées! Un vent d'initiatives attirait les concepteurs et les entrepreneurs, convaincus par l'urgence du bonheur. Il était urgent de proposer aux actifs bientôt à la retraite et aux anciens marins un gîte, un couvert et une terrasse. Le passé actif de gens nombreux demandait un hâvre où s'établir, un endroit où jouir de la vie qui passe. Au terme de décades d'efficacité et de plein emploi, les ingénieurs, les commerciaux, les cadres et aussi les employés et certains ouvriers désiraient se donner la preuve d'une vie réussie. Ils organiseraient le temps mérité du bonheur perpétuel, le cadeau mérité d'une fin de vie occupée à jouir d'elle-même. Ils arrivaient avec des moyens financiers. On leur proposait où et comment investir. Autour des stations du XIXe siècle au faste minoritaire, d'autres casinos, d'autres hôtels, d'autres propriétés avec ou sans parc se sont construites, des maisons, des villas, des casettes et des cabanons ont grignoté, occupé et redéfini l'aspect des lieux, enjolivant ici une étendue autrefois déserte, ponctuant de nombreux toits et de nombreuses terrasses d'anciennes étendues de verdure, faisant tomber des arbres de maquis pour replanter des palmiers, densifiant les constructions, multipliant les grillages et engloutissant l'espace libre.

Celui qu'avaient dessiné et voulu d'autres générations s'effaçait au sein de la vague montante des blanches parois et des grandes façades vitrées des solariums. La Mission Racine inventait l'idée de bâtir des stations pour le plus grand nombre mais on n'allait pas dresser du béton partout, il fallait au contraire imaginer le cadre et l'écrin d'un territoire ambiant pour les nouveaux quartiers et leurs rues récemment tracées. On créa le Conservatoire du littoral pour intervenir autour et disposer un chapelet de zones libres et merveilleuses où les habitants et les visiteurs aimeraient venir pour leur délectation et leur détente, pour leurs jeux, leurs sports, piqueniques et déambulations gyrovagues. Comment ces orientations et ces choix se sont-ils effectués dans la réalité, dans le détail des décisions et des volontés? Nous sommes encore sous la grande verrière de la gare dont on part quand on va vers le bleu depuis Paris, elle s'appelle la « gare de Lyon » et est ornée de dorures et de fresques qui datent de l'âge où s'inventa le chemin de fer. Nous cherchons le quai sur lequel nous attend un TGV qui doit nous emporter vers Perpignan, au fond de l'hexagone.

– Qui a décidé que la rive de Plogoff resterait une falaise tranquille, reléguant au musée des échecs la centrale atomique prévue par les services ?

– Comment les pays ont-il composé leur nouveau visage ?

Décidées à essayer d'y voir clair dans le processus qui, en un demi-siècle, a embelli l'objet du désir en le surchargeant par des démonstrations de concupiscence et de délectation qui allaient jusqu'à l'asphyxier parfois, le raidir et le défigurer souvent, nous arrivons après la bataille pour découvrir l'aspect présent de sites qui ont été soustraits au processus de l'envahissement. On n'allait pas privatiser chaque centimètre et interdire l'accès à la mer. Il fallait ménager des « coupures vertes » et des « fenêtres » dans l'étendue immense du littoral pour éviter de le corseter, de le raidir par trop de constructions, qu'elles soient planifiées, concertées ou anarchiques : telle lagune, telle dune, tel estuaire, tel cap pouvaient être protégés, maintenus dans leur état d'origine. Ils pouvaient être voués à leur seule beauté, à leur survie à l'identique, calme, vaste, colorée au fil des saisons, ouvrant au seuil des cités la poésie des landes et de l'ajonc, la complexité des caps rocheux, le dos des collines moutonnant vers le couchant.

Qui n'a connu une pinède, une corniche ou un pré silencieux baignant dans le reflet des eaux et respirant au rythme des seules marées, dont il aimait visiter le destin immobile et patient, nimbé par l'alternance des saisons, de soleils rauques et de vents furieux venus du fond du ciel ? Il sursaute en les apercevant un jour enfermés dans des barrières de chantier. Un panneau décrit l'immeuble que l'on va édifier, les cinquante-six villas prévues sur plan. S'annonce un avenir radieux de banlieue oxygénée pour la joie pure des accédants à la propriété qui sont venus nombreux. Depuis trois décennies, de tels panneaux se sont installés dans les pinèdes, sur les corniches et dans les prés. Le long de la baie, un mur d'immeubles cuirassé de baies vitrées est venu s'étaler face aux flots bleus, amphithéâtre triomphant d'orgueil mérité et de beauté industrielle auquel, étrangement, nantis qu'ils sont de lunettes noires et de sourires immaculés, les propriétaires se sont mis à ressembler.

Tel est notre sentiment lui aussi pour partie égocentrique. Il est fait d'une sensibilité, d'un goût et d'un genre de culture venus de notre intérêt pour les choses visibles. L'émotion nous gagne quand nous voyons une maison et son toit. Quand il y a d'autres maisons posées sans suite alentour, ce groupe qui n'en est pas un nous rebute parce qu'il est dépourvu d'intention comme de dessein. Face à la mer, combien de collines sont aujourd'hui trouées de villas sporadiques, ou bien alignées les unes au bout des autres le long de la route d'accès ? Elles montent toujours plus haut dans le maquis loti année après année au gré des coalitions d'investisseurs et des dérogations consenties par les maires. La forme bafouée de la côte, les pentes gribouillées dans l'indifférence, inconscientes de la ligne rigoureuse des caps, nous donnent le mal de mer.

Comment voir cela comme un ensemble ? remâchons-nous tandis que le train s'ébranle. Il s'agit de nos pensées habituelles, mûries au fil d'expériences répétées qui nous ont contrariées car un tel barbarisme nous semble l'effet d'une impuissance et peut-être d'un ratage collectif. Pour mettre en œuvre le culte de la liberté, du soleil et de l'eau, personne n'a su dessiner une forme. Un paysage est beau quand ses éléments se composent. S'il comporte un établissement humain, nous aimons qu'une nécessité s'y lise, une sorte de propos que nous saisissons mal en traversant la banlieue récente et moins récente, posée dans tous les sens au sud-est de Paris. Il nous importe que la cité des hommes présente un style d'intelligence, d'astuce et de beauté portant comme un message que l'on recevrait. Une façade, tel un visage, peut dire un défi pour en imposer, ou bien une bonhomie pour accueillir avec largesse. Il nous importe qu'alentour, la campagne cultivée s'étale sous le ciel, déroulée au bord des villes, dont les formes attentives apportent un apaisement aux regards des urbains habitués à la géométrie des rues. Mais partout posées sur les côtes au bout des autoroutes et des lignes de chemin de fer, des villas et des rues sont venues établir leur présence jusqu'à l'indiscrétion. Les espaces plats disponibles sur les falaises, les creux où se nicher, les pentes à déboiser ont été investis par les entrepreneurs qui venaient partout broder des motifs identiques. Des cubes pimpants dans le sud ; en Bretagne, des maisons « bretonnes » avec un rhododendron. Chacun a voulu la sienne. Le maire était d'accord.

Nous sommes habitués à cela. Nous le voyons en France et dans d'autres pays. L'habitat humain multiplié sans fin ni respiration, couvrant les collines comme une nappe continue, oublieuse de son installation au bord d'autre chose. Nous sommes dans le train de nos pensées excitées par le départ, contemplant ces pays que nous envient nos visiteurs et dont nous apprécions, derrière la vitre, les configurations données par l'activité humaine et les aménagements où se lisent une sorte de soin, de foi en soi, une intelligence pour inventer la forme des parcelles, la disposition des arbres, le tracé des clôtures. Une volonté y a présidé, un savoir, un courage aussi, une capacité de sagesse. Les villes sont entourées de campagnes, toutes œuvres de l'homme inscrites dans un site et une nature qui les entoure, un ciel avec ses humidités et ses sautes de vent. La ville est posée au centre d'un espace plus grand sur lequel ouvre la broderie humaine : j'aime voir le port industriel de La Ciotat à l'abri sous son cap, ou bien le site d'Hyères escaladé par la ville ancienne qui surveille de loin l'entrée des lagunes et des caps. Le site de Marseille, son cirque de collines et sa rade à l'abri du Grand Rhône s'étagent dans les lignes du vent, sous le cercle du soleil, à l'horizon d'un monde plus lointain de sauvageries rémanentes et d'espaces qui seraient restés vierges. Notre époque nourrit parfois un amour pour les espaces âpres et difficilement accessibles, les immensités intactes parce que inhospitalières : des parois rocheuses gelées, les pentes de l'Himalaya, les quarantièmes rugissants avec leurs tornades. Une sensibilité à l'élémentaire, un intérêt pour les grands espaces, pour l'élan qui nous ferait quitter les villes et nous enfoncer dans leurs ailleurs.

Que se passe-t-il ? Mettant en péril les ressources et aussi l'espace même dans lequel vit notre espèce, nous avons déboulé sur les côtes et les avons transformées en y posant aveuglément nos rêves de beauté. Nous allons rencontrer des gens qui ont choisi d'œuvrer pour un destin différent, qui ont bataillé pour équilibrer les villes et les non-villes, pour mesurer les emprises, équilibrer les usages. On réfléchirait d'abord. Le projet était qu'un tiers du littoral puisse rester intact, voué au vert, au silence, à la contemplation. Quel tiers ? Pour chaque site ou presque, une bataille se livrait entre des intérêts divers, il y avait des hésitations, des oppositions et des fureurs.

– J'urbanise pour créer du bonheur, disaient les maires et les entrepreneurs. À quoi servirait cette lagune ?

– Il importe de créer de la richesse et de l'emploi, posaient les experts, les économistes et les banquiers.

– Une politique de protection ?

– … pour protéger la nature ?!

Certains étaient pour, mais pas chez eux. Les propriétaires attendaient que la cote monte. Elle montait. Chacun espérait une valeur toujours grandissante pour son bien, le temps la déposerait dans son escarcelle. Mais certains s'engageaient dans la protection du beau avec enthousiasme, avec amour. Certains aimaient cette forêt, cette corniche ou ce marais. La vue sur la lande. L'horizon calme, l'infini libre. Ils avaient appris à regarder les oiseaux migrateurs, assisté à l'envol de milliers de sarcelles et identifié les grues qui passent deux fois par an dans les airs, les huîtriers-pies qui courent sur le sable, les courlis, les puffins cendrés. Les amateurs de nature songent aux alevins nageant en bande, aux bébés-poissons qui gobent le plancton minuscule et remontent parfois dans l'eau des lagunes. Avec conviction et animés de la volonté d'un but à atteindre, ils ont demandé la protection d'un site que l'accaparement humain devait épargner. Ils ont coopéré avec un maire protecteur en s'inscrivant dans un mouvement d'opinion qui prenait corps. Ainsi se mettait en œuvre le projet imaginé dans les cabinets des ministères : un littoral où une partie de la campagne resterait campagne avec des prés, des vignes et des étangs. Un bord de mer avec des ports dont les bateaux partiraient à la pêche. Certains élèveraient des moules ou cueilleraient des coquillages. On établirait des stations pour l'été en choisissant des sites autour desquels laisser libres l'immensité intouchée des falaises, l'intimité verte des vallons et des forêts avec aussi des champs, des arbres au bord des routes et des haies entre les parcelles. Mesurant l'emprise humaine, le territoire se partagerait entre zones silencieuses et zones habitées, entre pans d'activité humaine et pans de maquis, espaces de taillis, de sous-bois. Sur les estrans, dans les niches des falaises, à l'intérieur du sable repose la vie turbulente, poétique et innocente des animaux à pattes et à plume, des animaux à coquille, des plantes rampantes et aériennes, des graminées, des algues dont l'homme tire sa subsistance. S'il envahissait tout l'espace, comment vivre ?

Cette histoire de mesure à trouver commença dans les années 60 et prit forme en 1975, à la fondation du Conservatoire. Il s'agissait de lancer des débats pour définir l'avenir de l'un ou l'autre site. Pourquoi ne pas le protéger « pour tous et pour toujours » ? Il en résulta des disputes, altercations, campagnes de presse, bruits de couloir, interventions, démarches, stratégies et alliances en un long chemin à parcourir pour le bien de ces sites en attente de leur destin. Des solutions patiemment et impatiemment cherchées étaient finalement trouvées pour leur usage et leur aménagement. Ils seraient dévolus à la vie et à sa beauté. Les sites acquis par le Conservatoire seraient voués à rester dans leur simple, immense et infinie splendeur. Dans leur présence étale et non humaine. Pas de traces, ou si peu. Ici tu entres dans un espace de nature intacte, on a mis un sentier pour que tu puisses admirer le fracas des vagues.

⋆

Une politique publique

En un demi-siècle, une nation engluée dans le XIXe siècle connaissait une nouvelle prospérité, expérimentait de nouvelles ressources et de nouveaux modes de vie. Le fils du paysan devenait ouvrier ou ingénieur. La France rurale migrait vers les villes et découvrait le salariat. Chacun était projeté dans le temps du travail collectif, il comportait des loisirs et presque tous se mettaient à convoiter un bonheur estival iodé, traversé de lumière et nonchalant. D'année en année, une migration s'est confirmée, l'humanité se rapprochait des côtes et y posait des maisons. Pour orienter une telle évolution, pour l'accompagner, la piloter voire l'anticiper, des orientations furent définies, des priorités identifiées, puis étudiées, argumentées et votées au Parlement. De grandes directions, une logique pour l'évolution des choses, pour une action de transformation qu'il fallait réaliser et faire comprendre.

Que sait-on, quand on fonde le Conservatoire en 1975, de l'évolution qui se confirmera au cours des décennies ultérieures dans un processus imprévisible et prévisible tout à la fois, d'histoire économique et sociale? Jacques Charrier avait vingt-cinq ans, il épousait Brigitte Bardot à la joie générale. Sacha Distel, beau gosse aux yeux verts, susurre «scoubidoubidou, ah!» à la radio car il n'y a pas encore de télévision partout. Planifiant avec largesse le devenir de territoires en mutation, des hommes d'État ont prévu des stations, des stations et encore des stations pour les plaisirs de l'été. En France, de vastes espaces encore peu actifs attendaient un geste d'intervention. Le Sud devenait à la mode. La montagne aussi. De même qu'ils avaient imaginé de grands ports, des centrales atomiques et des raffineries de pétrole, les décideurs publics vont construire les espaces du loisir pour une société nouvelle, arrachée au Moyen Âge des campagnes sans eau courante. Ces hommes sont nourris de visions politiques et sociales, imprégnés d'éthique et souvent d'une manière d'autorité morale bienveillante, encore théocratique.

Férus de théorie économique et de connaissances techniques, ils sont entourés de conseillers et d'experts aux convictions dynamiques dont les figures politiques bien dessinées, aux allures de statues, identifient clairement la dimension publique, presque impériale des choses de cette époque. La Ve République fabrique un nouveau modèle de grand homme. Prenant la relève des notables chapeautés et gantés, à l'expression parfois matoise des IIIe et IVe Républiques, ils empruntent un peu de leur noblesse à la beauté militaire pour affirmer une idée modernisée de la puissance. Un bouquet de personnalités au profil d'airain s'assemble autour du général de Gaulle. Drapé dans la réserve de grandeur un peu mystérieuse que lui inspirent les auteurs anciens, le général est entouré de stratèges militaires et d'hommes de lettres aptes à figurer la dramaturgie du pouvoir. En des temps d'effondrement des empires européens, l'éloquence du général sait décrire le destin réuni des peuples de la Terre. Chou-en-Laï et Kennedy forgent le siècle, les chefs se parlent à l'époque du téléphone rouge, c'est l'âge de la bombe, dans l'après-guerre qui dure. Les marchands, comme tenus en laisse, ne semblent pas faire loi, les financiers suivent. Au-dessus des ingénieurs et des juristes de haut grade qui forment le *staff* des ministres, on dirait que des hommes puissants dirigent les nations, dessinant de grandes politiques. Ils sont portés par une époque de prospérité qui, malgré les menaces de la guerre froide, permet à l'Europe de sortir du déclin. Le régime qui dessine le paquebot France et le Concorde, l'usine marémotrice de la Rance et les premières centrales de l'atome civil lance aussi des essais nucléaires à Mururoa et dans le Sahara algérien. Dans la foulée des grandes idées nécessaires, la France se donne une politique des espaces littoraux en fondant un Conservatoire qui ménagera un tiers sauvage entre les endroits accaparés par le bitume.

Nous sommes début mars 2009, telles sont nos pensées dans le train qui traverse à toute vitesse la gare de Satolas : comme d'autres aussi récentes, elle arbore une carène d'albatros en plein vol, fièrement dessinée par une France en déficit qui pose des gares et des aérogares pleins de souffle autour de ses Airbus et de ses TGV. Les gens du Conservatoire nous ont donné une mission, raconter l'histoire de leur action. Et nous, traînant derrière nous, comme autant de voiles immenses, des chaînes de pensées, de mots, d'impressions et de souvenirs, nous devons épouser le cours d'une histoire de France pour relater la façon dont cette politique nouvelle s'est réalisée dans les faits, grâce à qui, grâce à quoi. L'État avait cessé de se poser en donneur d'ordres en réglementant, il attendait une adhésion des territoires, une participation vécue et convaincue à des projets porteurs d'équilibre. Quels gens ont animé ces histoires, dans quelles intentions et convictions, par quelles volontés ? Il s'agit de l'histoire des sites que nous allons visiter, acquis par le Conservatoire au long des années. Lui-même est né d'une idée, d'une volonté politique portée par l'élan finissant des Trente glorieuses.

La société change. Le temps n'est pas loin où les gens saucissonnaient dans les trains, où l'émotion d'y grimper était palpable dans les compartiments où les longs trajets favorisaient la sociabilité. Aujourd'hui, tout coule sans heurt et sans mots : les flux de voyageurs, les trains cadencés, les vols interplanétaires. Aujourd'hui, presque personne n'est nerveux dans les gares, personne ne court, personne ne rit non plus.

Sur les côtes de l'hexagone, chaque saison a posé ses transformations sur les fronts de mer. Les campagnes se sont vidées, les plaines côtières remplies. Comme si on avait secoué un drap, les ruraux décrochés de leurs attaches ont déserté les campagnes et se sont transformés, dans les villes, en citoyens amateurs du plaisir de vivre au moins le temps des vacances. On voulait programmer ce bonheur : les initiatives successives, les milliers de décisions techniques engendrèrent un résultat imprévu. On avait dessiné un cap, le mouvement du bateau dépassa les espérances car les investisseurs se levèrent en masse, les maires surent sauter sur les occasions opportunes et se transformer en bâtisseurs. Des quartiers nouveaux, des lotissements s'édifièrent autour d'endroits flatteurs, sièges des premières stations balnéaires : à Deauville, à Biarritz, ou bien au long de la côte de la Méditerranée où la plupart des villes et des petits ports se voyaient déjà fréquentés par une vague non démentie d'Anglais et de gens fortunés depuis le milieu du XIXe siècle. Dans le Nord, en Bretagne, dans les Charentes, l'établissement humain plus ancien, encore sporadique et environné de sauvagerie s'était accoutumé à la présence des gens en vacances. Certains comprendront vite et agrandiront les stations. Des opérateurs naîtront : Merlin Plage, Pierre et Vacances, pour créer et occuper de nouveaux espaces.

Autour des tombolos sableux de l'Aude et de l'Hérault, sous les forêts récentes d'Aquitaine et des Landes s'étendait du sable, rien que du sable, une table vierge où dessiner un nouveau présent. La volonté publique allait y installer un laboratoire d'idées prospectives pour dessiner l'économie territoriale du futur. L'idée naquit. On créerait de nouvelles stations, alentour il resterait des dunes et des marais sur la surface des bords de mer. Ces lieux seraient achetés par un Conservatoire qui, partout en France, rendrait inconstructible un ensemble de sites remarquables dévolus pour toujours à la tranquillité. Il fallait prévoir et organiser. On n'a pas appris aux maires à dessiner un territoire, on leur a dit : vous ne toucherez pas aux espaces naturels. On n'a pas légiféré pour mesurer l'emprise de la civilisation des villes, on a prévu de dessiner un classement où les forêts, les marais, les dunes et certains pans de côtes, certaines perspectives, certaines vues seraient conservés intacts en tant que « patrimoines protégés ». Alentour on zonait, on aménageait des routes d'accès et des passages de réseaux. L'urbanisation gagnait opération après opération et maison après maison. Où était l'art de dessiner les villes qui aurait convenu pour en poser de nouvelles sur les bords de mer ? En l'absence de volonté commune, chacun voulait une villa, on laissa faire. Mais ici et là, des sites entiers resteraient « naturels », verts, en l'état. Des zones agricoles, des dunes et des lagunes. Sur les littoraux souvent pauvres et déserts de l'avant-guerre, un vent nouveau avait redéfini les espaces. Pour ménager des fenêtres de beauté entre les lieux de la détente humaine, le Conservatoire achèterait des pans de territoire.

Le Conservatoire va acquérir des sites très divers par l'aspect et l'origine. Sur les côtes, il existe des caps, des forts, des phares, de grandes emprises appartenant à l'armée, des poudrières désaffectées, d'anciens radars devenus sans usage dans l'Europe en paix. Sur les façades de la Méditerranée et de l'Atlantique, l'exploitation des lagunes salicoles était en déclin.

– Le Conservatoire achètera aux industriels. Paulilles était une friche en déshérence. Orx, une friche agricole.

Une économie chasse l'autre. Le Conservatoire, fondé pour protéger la nature, est souvent amené à la recréer en face des raffineries, des papeteries et des ports.

– Les marais, les embouchures et les baies sont bordés de roseaux et de prés-salés où naît une chaîne alimentaire qui va du plancton aux crustacés du *krill* en passant par les alevins des poissons petits et gros. L'homme pêche en bout de chaîne.

Le Conservatoire du littoral protège de vastes étendues de zones humides que l'agriculture intensive voudrait parfois annexer. Il les transforme en espaces de gestion durable ou en réserves naturelles.

– On en verra trois au printemps.

– Christian Desplats, longtemps délégué en Provence-Alpes-Côte d'azur, nous a décrit près de Fréjus, dans le Var, ces étangs aux rives peu à peu durcies par les campings sauvages et les usines à granulats.

Le Conservatoire du littoral y restaure le milieu naturel.

– En Corse et au Rayol, certains imaginaient la construction de villas de prestige, dignes de ces encorbellements magiques.

Au Conservatoire, on en sait long sur les « inventaires de richesses naturelles » et les « milieux remarquables », mais Bernard Gérard nous a dit qu'il ne parle jamais aux maires d'un objectif s'exprimant seulement en termes « d'espèces rares » ou « à protéger ». Comment se met en œuvre une action auprès de ceux qu'elle concerne ? Comment sera-t-elle ressentie ? Une politique de protection dessine un cadre pour agir, le sac plein de récits avec lequel nous voyageons est fait de matière humaine, d'intérêts, d'émotions et de pensées. Des lieux divers se partageaient entre le profit espéré des uns et les habitudes des autres. Il s'agissait de caps, de pierres, de sable et d'un amas de plantes : nous devrons appréhender quel tissu d'émotions, quels flux invisibles de pensées et quel socle d'attachements se sont confrontés en un feu de passions et d'intérêts humains qui se sont animés pour former une histoire. Le sol engendre chez ceux qui l'habitent une intensité d'attachements, de souvenirs et d'émotions qui animent en sous-main ces récits de sites et de rivages. L'époque a voulu s'enrichir, se récréer et jouir en bétonnant les collines. Il s'agissait de s'approprier les arpents, d'y mettre l'eau courante et des parasols. Les délégués nous ont raconté comment, sur ces sites, des maires, des associations menées par certains habitants se sont dressés contre un devenir qui dérangeait leur fidélité et bousculait leur sentiment des choses. Les propriétés littorales sont traversées par les énergies des marées, des courants et des crues, elles sont laminées par le vent des tempêtes, envahies par la végétation et peuplées par une variété d'animaux. Les hommes s'en emparent et s'y établissent. Ils en transforment la valeur, y montant des pêcheries, des champs drainés, construisant des fortifications, des usines ou des villas. Tout cela se brode et s'ajuste dans le creuset de l'histoire des provinces, de leurs mœurs et traditions non écrites comme dans l'actualité avide et aveugle d'une planète qui bétonne ses terres cultivables, épuise ses sols et ratisse ses fonds marins.

Qu'il s'agisse d'une fabrique ou d'une abbaye, comment entretenir un bien qui a perdu son usage ? Le propriétaire le laissait partir à la ruine, un repreneur voulait le réaffecter en hôtel. Comment les délégués du Conservatoire surent-ils deviner d'autres ressources et les convoquèrent-ils pour que s'effectue un changement de cap ? Le Conservatoire une fois fondé, il restait à plonger dans les passions humaines pour accompagner une disposition nouvelle, un désir et un choix, une identité s'exprimerait là où elle se tenait en réserve, quelque chose réunirait les hommes pour traverser les générations. Quels maires désiraient voir classer leurs lagunes ou leurs dunes pour qu'un beau jour, elles soient cédées au Conservatoire ? Pourquoi tel propriétaire souhaitait-il vouer au silence le pan de garrigue parfois immense qu'avaient acheté ses arrière-grands-parents ? Le Conservatoire était né. Posé en rempart entre un pays et certaines de ses tentations, il viendrait recueillir des traditions, fédérer des sensibilités, orienter des débats et des choix. Nous enquêtons pour essayer de comprendre ce mouvement de l'émotion, cette transformation de la sensibilité pour ces lieux qu'une volonté collective allait engager dans un avenir de générosité et de prudence. On aurait pu vendre, lotir et bitumer. On aurait pu faire comme partout ailleurs. En un moment du temps, un choix a été opéré, vouant ce lieu à une autre genre d'usage, un autre genre d'aménagement. On nous a raconté soixante-douze histoires. Elles sont là, à l'arrière-plan de neuf que nous te racontons, formant comme le chœur qui appuie, étoffe et enrichit le solo de la diva mais toi, lecteur, sache qu'il y a là une foison de cas qu'il te faut sentir, un fourmillement de l'époque et comme un soubassement intense et fort entravant la dérive d'égotisme et d'affairisme qui a l'air d'occuper à présent l'humanité car l'homme, quoi qu'il en soit, appartient à une espèce sociable, en quête d'une sagesse commune dont il est parfois capable. En trente-sept ans d'activité, le Conservatoire a protégé 150 000 hectares de propriétés sur près de 700 sites.

De réflexions en expertises, d'impressions en émotions partagées, combien de débats locaux nous ont été relatés, qui avivaient les esprits dans un département : presque toujours, la perspective d'un projet-phare de bétonisation aurait pu apporter plus de bonheur à plus de résidents, plus d'équipements à une côte, plus d'anneaux à plus de voiliers et plus de parpaings, plus de ciment, plus d'asphalte pour que certains voient mieux la mer. Une société s'alarme, se divise et s'affronte. Elle réfléchit au cours des choses et se défie des pouvoirs venus d'ailleurs. Au fond d'elle-même, certaines volontés, certaines intentions sont enracinées. Pourquoi pas le Conservatoire ? C'est le plus souvent au terme d'une lutte entre pouvoirs locaux et moins locaux que la perspective d'un achat par le Conservatoire vient apaiser un conflit et donner une issue à un affrontement. C'est alors que, pour réconcilier les parties en présence et poser une ambition plus ample, le site convoité par les uns et défendu par les autres tombe dans l'escarcelle du Conservatoire, dans ce domaine public protégé « pour tous et pour toujours » qui s'ouvre comme la perspective d'une richesse commune à partager. Une société y dira ses convictions et ses volontés. Elle saura y accueillir les visiteurs.

Pour l'équipe, cette issue signifie une victoire. De passe en passe, la balle est arrivée dans le but. Le Conservatoire peut acheter le site. *Target*! Ici ont œuvré ensemble des élus, des fonctionnaires et beaucoup d'hommes du commun dans la population. Des experts et aussi des gens normaux qui habitaient le lieu et connaissaient les usages. Leur attachement à ces espaces, porteurs d'un héritage venu de mœurs et de coutumes parfois lointainement enracinées, viendrait opportunément enclencher un tournant dans l'époque. Des individus sensibles et pensants ont joué leur rôle dans l'aventure, spécialistes et pas spécialistes, des personnalités puissantes et d'autres qui ne l'étaient pas, nous allons les connaître pour appréhender quelle part d'intérêt général a prévalu grâce à eux pour un résultat éclaboussant. Les Catalans de France. Les citoyens du Var et de la Corse et, plus tard dans la saison, la même logique où une population et ses représentants s'engagent dans un mouvement partagé sur chacun des rivages à l'ouest, dans le sud-ouest et au nord. Ces histoires sont portées par des sociétés, leur passé et leurs passions, par des intuitions et des urgences que certains ressentent à l'intérieur d'un moment des choses. Il s'agissait de protéger quelques hectares, parfois plusieurs centaines, de les extraire de la logique de l'intérêt particulier pour préserver une ressource commune pour les hommes, les plantes et la vie invisible. Dans chacun des sites que nous allons visiter, la bataille a été généralement âpre et longue. Des sociétés anonymes d'affairistes et d'équipementiers s'étaient portées acquéreurs de la lagune ou du cap : un maire dynamique envisageait de leur céder le site. Sur une ligne de départ imaginaire, des entreprises de béton et d'enrichissement piaffaient, des sociétés-écrans existaient sur le papier. L'argent allait couler. On allait faire arriver les riches pour qu'ils donnent du travail aux autres. Sur certains sites, l'affairisme a pu concerner des ressources d'argent occulte, liées à des pouvoirs souterrains, ou bien au lien que ces acteurs invisibles entretenaient, en partenaires et en amis, avec ceux qui fabriquent des affiches, organisent des meetings et soutiennent des alliances électorales. Les bénéfices des affaires peuvent alimenter des caisses privées comme parfois, dit-on, le financement des partis. Parfois la folie des saccageurs de pays a partie liée avec l'avidité des pouvoirs. Les forces qui gèrent la société et la pilotent, le système même de son intelligence et de sa volonté ont besoin d'argent, il peut sourdre de la destruction des lieux.

À l'ouest, au sud et au sud-est, une société se dresse contre l'opération prétentieuse et trouble qui s'abat sur le site. Elle se raidit et cherche à voir les choses en face. Doit-on respecter par principe ceux qui font des affaires ? On avait parlé de moderniser la France et de donner à manger aux hommes. Le pays devait faire naître un homme neuf, industrialisé et efficace. Désir de progresser, tentation du changement. On ignorait alors que les décennies qui, depuis la Reconstruction, ont cherché le bien-être de tous et l'enrichissement de certains ont contribué à un bilan menaçant. Outre le gaspillage de l'espace et son enlaidissement, il s'agit pour finir de l'acidification des océans, du réchauffement des masses d'air et de menaces sur la vie marine. La France de l'après-guerre sortait du Moyen Âge et entrait dans la croissance. Le mode d'action du Conservatoire contribue à un autre résultat. À Paulilles, on évita l'aménagement d'une marina parce que les temps changeaient et que la folie du chacun pour soi avait fait ses preuves de l'autre côté du Rhône. De même au Rayol ou aux Agriate, à Orx, à Moëze ou à Beauport dont nous te parlerons plus tard, c'est la menace d'une privatisation qui a fait basculer le site vers l'intérêt général. Tu le sais bien, lecteur : depuis les années de l'expansion, combien d'affairistes efficaces se sont alliés aux hommes d'influence pour s'octroyer le droit de bousiller les rivages. Accumulant les montages financiers, ils ont empoché les bénéfices d'innombrables chantiers qui leur permettaient de changer de femme et de s'acheter des voitures allemandes pour afficher une image de réussite radieuse. Brasser des affaires, jeter l'argent par les fenêtres. Sous cette histoire de clinquant, cherchons la subtilité de ces parties qui se sont jouées à plusieurs, la sagacité des règlements et des lois qui ont été utilisés par certains pour bloquer des situations, parer des risques et empêcher des abus.

– Le mot « biodiversité » représente-t-il une valeur pour les gens ?

– Jusqu'à quel point la patrimonialisation d'une lagune ou d'un étang fait-elle sens pour celui qui a l'habitude « ancestrale » de venir y pêcher ?

En engageant la location de plusieurs gîtes par téléphone, en janvier, c'était joyeux d'entendre le sérieux des gens du Languedoc, la fierté des voix du Var et le ton de courtoisie des Corses. Débats locaux, ordre et désordre mondiaux. Chacune de ces luttes bruyantes et ardues a animé des protagonistes, des antagonismes et des passions à l'intérieur de différences culturelles héritées, de singularités d'accent, de traditions et de savoir-faire d'hommes d'aujourd'hui pris dans les tourmentes et les mythes de notre époque de transition. Jusqu'à quel point fonctionne l'unité nationale avec ses règles et ses lois, jusqu'à quel point les nouveaux enjeux et les nouveaux défis qui attendent nos descendants rejoignent-ils des impératifs collectifs encore enracinés dans les nations et dans les provinces ?

Nos pensées se déplacent à la même vitesse que le train.

★

Regarder

Filant dans le TGV qui dévale le couloir rhodanien à une allure de météore, depuis ce matin nous avons avalé la Bourgogne, l'Ain, la Drôme, nous débouchons dans des parages plus secs, plus colorés, une Provence qui s'ouvre au sortir des gorges du fleuve et se déploie avec prodigalité autour de nous. Les reliefs se détachent avec netteté sur l'horizon clair. Des églises se nichent dans le rocher, parlant de guerres et de razzias, de pirates barbaresques et de guerres de religion. La lourdeur des terroirs de glaise et de froid, les paysages sans forme et sans fin du Massif central sont derrière nous avec leurs sapins, leurs plis de terrain mélancoliques et leurs fermes massives.

Ici, des haies de cyprès rigoureusement dessinées protègent les vergers disposés selon un ordre méticuleux. Au sommet des pêchers taillés tels des idéogrammes, un léger nuage de poudre rose irise, comme un toupet de barbe-à-papa, le rideau vert foncé qui les protège du mistral. Le cultivateur a planté des pêches jaunes et des pêches blanches, des brugnons blancs, des brugnons jaunes. Leur floraison rose est plus ou moins rose selon l'exposition et la variété des fruits, dont le printemps se déclenche décalé, *pink* intense presque fuchsia ou bien rose bonbon, rose pâle. La floraison blanche des amandiers, le déploiement doux et sucré qui annonce dès janvier une renaissance prochaine de la vie est déjà derrière. Le train change de régime, il se laisse glisser sur une courbe immense qui descend encore et toujours vers l'horizon bleu du sud. Le bruit rassurant des turbines marque un relâchement. Nous planons vers le soleil.

Derrière la vitre, en surplomb sur le panorama, une cité rassemblée au bord du fleuve comme sur une maquette, voici le Palais de Papes : je reconnais le Rhône et Avignon comme si j'avais sous les yeux un de ces plans-reliefs ou une de ces toiles par lesquels, au XVIIIe siècle, on représentait les villes nouvellement conquises, les ports récemment construits ou le système de fortifications qui garantissait désormais la puissance du royaume. Je vois cette France de l'histoire longue, sculptée à même les territoires et inscrite dans leurs paysages. Partis de l'Île-de-France, les rois ont arrondi leur royaume en cherchant à soumettre les féodaux par des guerres, des traités et des mariages : eux aussi convoitaient la terre, ressource et assise de l'existence, gage de force et symbole de majesté. À quoi ressemblera la planète des neuf milliards d'humains ? Qui possédera les sols ? Qui gérera l'eau et les ressources communes, les stocks de métaux, les gènes et les brevets sur les gènes ? Depuis le virage ample et inspiré, suspendu dans les airs, que les ingénieurs du TGV ont déployé à l'entrée de cette basse vallée du Rhône, nous surplombons un paysage immense, illuminé par un soleil encore bas sur l'horizon dont la clarté, de plus en plus éclatante à mesure que nous descendons vers le sud, suscite en nous une surprise joyeuse. Conquête du sud, promesses de tiédeur et de découvertes au pays de la verdure éternelle, dépaysement face aux allées plantées de très grands platanes, aux bosquets de chênes verts et plus tard devant les palmiers. Avec leurs brumes mystérieuses, leurs feuilles et leurs humidités, les latitudes plus élevées ont des couleurs subtiles : nous entrons dans un univers plus fortement teinté et éclairé qui nous excite et nous met en alerte. Les conquistadors et les croisés, les motards lancés sur les routes du grand Ouest américain vivent de tels moments. *On the road* ou sur la mer, cingler vers les ailleurs. Partir ! Au fond du paysage, la mer a surgi bleu foncé. Argenté, le feuillage des oliviers et luisant dans le contre-jour, le fin dessin des palmes.

Latitudes, latitudes ! Qui nous a dit l'histoire de France, qui saura celle qui nous attend ? Le train oblique vers Arles, les Saintes-Maries-de-la-Mer sont là-bas vers la gauche dans la lumière de mars. Nous passons derrière Montpellier, derrière Sète et Narbonne, au large des rivages et des plages où se sont bâties sur les grèves plates, sur les lidos et les flèches sableuses des stations que nous ne voyons pas. Immensités éblouissantes et presque toujours ventées, salines, marais, étangs paludéens jusque récemment : c'est là que l'État a lancé, à partir des années 60, une Mission d'aménagement qui programmait, à coup de statistiques et de traits de crayon sur les cartes, les établissements d'un bonheur du peuple. La Mission Racine a créé La Grande-Motte et ses immeubles en forme de pyramides aztèques pour fixer deux millions de touristes qui s'égaillaient en Espagne. On les rapatriait afin qu'ils deviennent propriétaires d'un bonheur chiffrable en mètres carrés. Argelès, Cap-d'Agde, Palavas-les-Flots. La Mission Racine est légendaire au Conservatoire puisque celui-ci est né des mêmes réflexions.

Pour aménager ces étendues lumineuses, ces plages immenses, ces cordons littoraux, ces tombolos et ces lagunes, les énarques, les décideurs et grands commis de l'État ont imaginé grouper les urbanisations. L'idée collective est encore vivace et il est plus simple de loger les humains les uns au-dessus des autres. On séparerait les zones urbanisées des stations par des espaces qu'on laisserait « naturels » pour la délectation des gens en vacances pour un temps oisifs : la contemplation les reposerait de leurs fatigues. Ils pourraient se promener, ramasser des lys de mer, observer la lumière et les moutons d'écume à la crête des vagues, les jours de vent. Pierre Raynaud a dirigé la Mission Racine, à l'origine de la politique d'urbanisation qui triomphe un temps sur cette côte. Il s'agissait de mettre des villes sur ces rivages encore vides et récemment libérés des moustiques, de créer de la richesse en modernisant même ce sud. Un rapport avait proposé la fondation d'un Conservatoire pour le littoral : une agence, un musée vivant qui rendrait inaliénables les zones où on ne mettrait pas de villes.

Pourquoi ne pas apprendre à mieux les bâtir ? Deux tiers appartiendraient aux hommes qui y développeraient leurs activités, leurs villes et leurs villas mais un tiers se trouverait à l'abri des puissances économiques, des intérêts privés et de l'aléa des interactions ordinaires et des pensées ordinaires. Soustrayant ces espaces à la volonté des particuliers comme des sociétés anonymes, un geste collectif amènerait la puissance publique à se porter acquéreur, à se mettre sur les rangs. Dans les cas heureux, elle supplanterait les forces du marché, s'établirait définitivement sur ce tiers et rétablirait une propriété publique sur les espaces côtiers afin que s'équilibrent les objectifs de l'aménagement sur les espaces littoraux.

Mue par une intention supérieure aux intérêts particuliers, une loi permet au Conservatoire de retirer du marché ces propriétés, de les rendre publiques et inaliénables. Il faudra rencontrer les propriétaires de chaque parcelle de terrain, de chaque grain de sable. Le Conservatoire pourrait lui acheter sa falaise, sa dune ou son estuaire s'il ne veut pas les voir partir en lotissements. Étrangeté nationale! La République respecte la propriété, née dans les sociétés en même temps que l'agriculture. Initialement réservée aux nobles féodaux, la propriété s'est diffusée peu à peu en Europe depuis l'abolition du servage. La surface des terres avait été défrichée et amendée. Souvent bien commun dans l'ancien temps, elle faisait désormais l'objet de transactions monnayées sur la base de cadastres précis, chaque lot appartenait à un propriétaire souvent sourcilleux, généralement proche de ses intérêts. Sans que nul ne songe à une éventualité plus citoyenne, le législateur, en France, créa donc un service de l'État dont la mission était de reconstruire un domaine public. La République s'adresse aux citoyens qui possèdent les domaines qu'elle destine à une pérennité tranquille, elle vient les leur racheter un à un. Au lieu de les déposséder par une révolution, par la guerre ou par une expropriation, elle leur propose un prix juste, posé par les Domaines.

En Russie, l'État socialiste annexa les grands fiefs nobiliaires, en France, la République négocie : le Conservatoire du littoral cherche à convaincre, à partager des objectifs. En Angleterre, le National Trust compte sur la vertu des propriétaires. Une conviction partagée anime quarante-trois mille volontaires et trois millions et demi de membres cotisants. La passion du patrimoine englobe les châteaux, les jardins remarquables et des domaines situés au bord de la mer. Le bien des grands propriétaires peut être transmis par don au Trust national, ou bien acheté par ce Trust riche de millions de cotisations. L'Angleterre nourrit une loyauté apaisée, un peu révérencieuse, pour son passé nobiliaire, elle respire et respecte du même pas la nature vierge, cette création divine où séjourne quelque aura de sacralité.

La France a congédié ces légitimités, elle respecte la richesse culturelle des patrimoines et la splendeur des styles de l'architecture. Une pudeur anime les guides touristiques et le discours des conservateurs. L'intérêt pour les mâchicoulis et les échauguettes, pour les donjons, les ponts-levis et le mobilier Louis XVI, comme vierge de tout enjeu politique, se croit animé par un intérêt pour les formes. En France, on aime la nature ou bien l'histoire, rarement les deux ensemble. À sa fondation, le Conservatoire n'a pas vocation à englober des biens patrimoniaux d'essence historique ou culturelle, il s'agit d'acquérir des surfaces de terre, en bord de mer, qui donneront leur respiration aux littoraux. Des zones vertes, on dit même «des fenêtres de nature» comme si un mur d'espaces privatisés devait, à terme, venir fermer la continuité du bord des mer, comme si les côtes étaient vouées peu à peu à devenir des surfaces partout bâties et appropriées et qu'il faille, dans ce mur universel, pratiquer quelques ouvertures pour accéder à la lumière et, de temps en temps, pouvoir descendre vers la plage, vers l'eau et la vue sur le lointain.

C'est l'époque où, sur les littoraux de chaque pays du monde, quelles que soient les mœurs et les traditions nationales, vont s'établir des politiques de routes et de cités nouvelles, des politiques de stations, de villas, d'hôtels et de *resorts*. Il s'agit d'aménager les rivages qui sont devenus une richesse convoitable, source de bénéfices pour les investissements. La prospérité se développe, les mœurs se libèrent. Semblant éluder leurs valeurs précédentes, les sociétés privilégient partout la libre entreprise et l'esprit de décision qui vont lotir, équiper et aménager les territoires de rivage en les ornant de mille et mille villas. Il s'agit de transformer les habitudes d'une société, d'utiliser le temps des vacances et l'espace mondial des côtes. La place du vide et de la beauté, la place de la vie et des étoiles de mer ne se négocie pas au prix de l'espace à bâtir. Comment chiffrer la valeur de l'infini et des couleurs, des pensées libres et du temps suspendu ?

Dans ce contexte, on invente une démarche étrange et habile, on fait comme si un autre langage existait. On va parler de la République et du bien commun, de moments poétiques et de liberté vitale. On va faire comme si des convictions et des sentiments pouvaient rivaliser avec l'efficacité des hommes d'intérêt. On fait comme s'il existait un langage que les hommes entendent. Comme si, derrière l'intérêt des familles, un sens de la valeur des choses pouvait asseoir la possibilité d'un consensus. En temps de guerre, on voit des hommes se lancer à l'assaut des positions ennemies dans un élan qui déborde leurs intérêts vitaux, leur égoïsme et leur bon sens. Parfois, les valeurs partagées d'une équipe de sport, d'une couleur ou d'un drapeau fusionnent des individus qui sentent leur vie provisoire traversée par des logiques plus amples. Nous venons voir si les gens ont compris un message, si l'intérêt pour une vie silencieuse et une beauté partagée a pu mobiliser leur âme et leur intelligence. Les habitants ont-ils compris que s'établirait sur ces espaces un projet public visant un bien commun dont ils pourraient jouir ? Jusqu'à quel point les gens d'argent, les hommes pragmatiques, les familles qui se respectent, les élus et les pêcheurs à pied peuvent-ils s'entendre autour d'un projet ? Existe-t-il un moment où l'intérêt particulier en vient à se dissoudre, où il peut céder la place à une disposition commune où les consciences, ordinairement figées dans l'opacité du chacun pour soi, partageraient soudain une ouverture à plus d'air, à plus d'espace ?

Sur les deux tiers de la surface des côtes, on faisait confiance au savoir des aménageurs et aux règlements d'urbanisme, imaginant que la terre était vaste et sagace la réflexion des hommes de l'art. Venue de l'esprit des temps nouveaux, une civilisation faite de béton, de temps libre et de maillots de bain allait s'édifier avec élan, sous le sourire du bébé Donge et de Martine Carol. C'était l'époque où, dans l'espace des villes et autour d'elles, de nouvelles circulations faisaient rouler les voitures, s'empiler les hommes et changer les métiers. L'État insufflait de grands projets de quartiers nouveaux, de blocs et de développement urbain. Sur les côtes, on tablait aussi sur l'intelligence des privés, sur le savoir des techniciens, des administrateurs et des élus. Catherine fait une mine longue en face de moi, elle aime l'architecture et l'esprit du temps qui a hanté cette côte. Je concède :

– Dans notre époque de génies au crayon novateur, rien ne permettait d'imaginer que, de POS en PLU et de maires en conseillers généraux, la coalition des intérêts finirait par dissoudre les compétences et appauvrir les idées.

On avait prévu des dispositifs, les faits débordèrent toute prévision. On avait dessiné des villes, bâti des immeubles et voulu un changement de société, il avait lieu sans que trop d'esprits chagrins ne raillent les formes choisies par le progrès social. La crise s'annonçant au début des années 70, le Président Giscard d'Estaing remit à l'honneur les centres-villes fleuris et l'habitat individuel. Luttant contre le collectivisme, les valeurs de l'individu libre s'affirmaient avec vigueur. Autour des mégapoles, dans le couloir rhodanien et sur les côtes, une ville presque continue chassait les feuilles, exterminant les passereaux et les lombrics. Comment piloter une évolution aussi rapide, une transformation aussi complète ? Qui parlait de dégradation du milieu terrestre ? Il s'agissait de dynamiser la France de papa par de grandes opérations d'équipement.

– Dans les années 60 et 70, l'État a voulu la transformation de côtes encore vides en donnant la main à l'énergie, à l'inventivité, à la fureur active des premiers promoteurs, me rappelle Catherine. Depuis, mille tours de trois cents mètres de haut ont été construites dans les pays émergents, forts de leur croissance à deux chiffres.

En France aussi, silhouette replète, sourcil rieur et intention à double et triple détente, le Président Pompidou règne sur une époque de verticalité. Pour mettre en œuvre les intentions gaulliennes, il a senti un vent venu d'Amérique : bâtir plus haut, dessiner d'autres autoroutes, d'autres aérogares et de nouveaux quartiers. On fera plus vite et souvent sans beauté, bien que des concepteurs géniaux entourent le président, des générations de techniciens hors pair dans les *staffs* qui montent des jetées, des ports et des cheminées d'usine. Une telle évolution abolit un peu de la poésie des rivages et avec elle la vie légère, mystérieuse et charmante qui s'y tapit en silence. Dans le sillage d'un changement voulu et programmé, les années Giscard privilégient l'essor d'intérêts peu instruits de savoir-faire ni soucieux de leur nécessité. Agissant souvent au coup par coup, chacun à sa manière et dans son style, les maires aménageurs, les équipementiers et les professionnels seront nombreux à rater la beauté inventive d'une ambition qui aurait su équilibrer les espaces de mise en scène et les espaces de contemplation, les boulevards maritimes et l'infini au bord de la jetée en ménageant la grande échelle du milieu terrestre.

– On vient sur les côtes pour retrouver l'immensité du monde, la générosité des choses, la prodigalité de la ressource en air et en espace.

Mercantilisant avec ardeur une part grandissante des surfaces disponibles au bord de la mer, les années Mitterrand insufflaient un heureux développement des villes portuaires autour desquelles l'urbanisation s'accélérait sur les plaines côtières et les collines avec vue, sur les hauts de falaises et dans les vallons. La fin du XXe siècle a crayonné partout sur les rives de l'eau des usines et des raffineries, des centrales atomiques, des routes à quatre voies, des boulevards maritimes, des rocades et plus tard des maisons, des maisons, encore des maisons. Noyant la radicalité de leurs gestes architecturaux dans un sabir où s'exaltait leur goût de faire au nom de l'homme nouveau prophétisé par les siècles, l'appétit de transformation des ingénieurs, des architectes et des grands décideurs se lançait dans une époque d'action.

– Avant la guerre, les architectes dessinaient des villes coloniales au Vietnam et en Afrique du Nord, reprend Catherine.

Leur goût au style réputé académique reste à présent dans les cartons car un nouveau lyrisme est né avec le béton, il s'inspire des formes libres inventées par les peintres. Je lance :

– De là ces immeubles en forme de nuage ou de paravent qui envoûtaient le public d'Édith Piaf et de François Périer ?

Le luxe ostensible de Marina Baie des Anges et un peu partout des chaînes d'immeubles plus sobres d'effets est posé sur des espaces où n'ont pas encore proliféré les maisons individuelles. Admettons qu'appauvrie par deux guerres et en recherche de ses mutations indispensables, la France soit restée un pays du XIXe siècle dans lequel une fureur de bâtir installait des conglomérats bizarrement assortis et des boîtes empilées jusqu'à R+9. Ils rompent un vide et sont installés pour stimuler une nouvelle économie industrielle. Dans les années 60, la promesse de nouveauté de Merlin-Plage s'adresse à des gens qui ont connu la faim pendant la guerre. L'élan des Trente Glorieuses ouvre une société nouvelle : au bout de vingt ans, les balcons fuient, les ascenseurs tombent en panne, on s'entend d'un appartement à l'autre car les isolations n'ont pas tenu. Au bord de la mer, on se lasse de l'humidité rampante, des cages d'escalier résonnantes et des fenêtres qui rouillent. Nous devons enquêter sur le montage et la réussite des politiques de protection, inventées presque en même temps que les politiques d'équipement dans la foulée de la Reconstruction. On prévoyait de garantir un « tiers sauvage » pour les algues et les bernaches, les lièvres, les avocettes et les cormorans mais, sur les côtes, le désir humain continuait à grignoter l'espace. Ce fut donc une lutte de vitesse. Au fil des années 70, la clientèle se dégoûte des réalisations modiques, elle souhaite désormais des maisons individuelles. L'ère du triomphe des tubulures de raffineries est close, on s'est lassé des symboles triomphants sur l'horizontale des côtes. Comme si on prenait peur de la modernité, de l'industrie et du volontarisme, on préfère désormais plus de beauté villageoise et de fleurissement, moins de constructions collectives et encore plus de bonheur. Peu à peu, une grande part des rivages se voit donc recouverte de maisons individuelles et ensuite, la plus grande part. Chacun n'a-t-il pas droit à l'expérience délicieuse d'une libre consommation de l'espace ? Il y trouve sa part de bonheur sans que ceux qui sont formés aux études d'urbanisme, d'histoire de l'art et de paysage participent de trop près au grand marché qui s'est ouvert. Au sein d'une mutation importante des sociétés européennes, une époque presque unanime équipe en gaspillant la terre.

– Le niveau de vie s'élève, la croissance est au rendez-vous, entend-on à la radio.

Éternelles étudiantes en quête de l'esprit du temps, nous savons qu'une sensibilité minoritaire a pris forme au Conservatoire du littoral, qu'elle y a conduit des combats et réussi à nuancer les choses en posant ici et là des réalisations exemplaires. Ici et là, les terres acquises par le Conservatoire l'ont été avec l'acquiescement des propriétaires, des maires et de la population. Un nouveau genre de projet se mettait en place. Une idée était née, un type de mesure pour vivre et pour faire qui traverserait les décennies. La sensibilité pionnière et héroïque des Trente Glorieuses, la fin de siècle cousue d'un or ostentatoire, minoritaire et d'autant plus miroitant ont donné jour à un flux remarquable de constructions en béton, en verre et en acier qui ne s'est jamais ralenti sur les côtes. Image d'une société disparate unie autour du mythe de ses différents modes de vie au grand air, un été perpétuel vit dans les têtes des riches et moins riches pareillement épris d'une liberté de l'air qui n'a cours que lorsque le soleil est haut dans le ciel, la lumière forte et les couleurs intenses. Cet été s'affirme toujours plus fort depuis la disparition des utopies alternatives, il avance à visage découvert ses valeurs de chacun pour soi. Le culte du marché devait arrêter l'histoire. Il fallait que la logique civile, industrieuse et enrichissante du profit particulier règne partout et singulièrement sur les côtes. L'échange marchand est rationnel, il unit les volontés libres des acteurs économiques. L'érosion de la biodiversité s'accentue. Les zones humides disparaissent, les oiseaux des champs meurent, certains poissons de mer se raréfient dangereusement.

– Enrichissez-vous! claironnait l'esprit du temps.

C'était la fin des utopies ravageuses et de la moralisation collective, des solidarités du travail et même de sa valeur.

– Entreprenez, lancez votre *start-up*, acceptez les capitaux étrangers, concentrez-vous, entrez en Bourse! entendait-on dans les années 90.

– Lotissez, vendez, aliénez ces parcelles rocailleuses, ces caps battus par les vents et ces vallées fertiles!

Bien conseillés par des gens en costume trois-pièces, les maires frayaient des routes d'accès qui desservaient les collines et les viabilisaient. Assainissement, talus, remblais : ferveur industrieuse dans les communes, *il se passe quelque chose.* Une grue, plusieurs grues, une forêt de grues se dressent sur le ciel, tels des symboles de vie, d'échanges monétaires et de poches qui se gonflent. Je l'ai déjà dit, les pays occidentaux et bientôt les touristes d'Extrême-Orient, de Russie et des États du Golfe prennent goût au séjour sous nos latitudes comme les cadres, les employés, les fonctionnaires petits et grands, les salariés et les ouvriers européens. Ils aspirent tous à passer du temps l'été, au bord de la mer, comme si un rêve unique traversait les campings, les studios, les appartements, les villas aux belles terrasses et les plages privées. Une seule mer est posée le long des côtes, avec ses caps rocheux, ses algues et ses poissons, et au-dessus un même ciel parcouru par un air tour à tour doux, aigre, suave, humide, immobile ou bien tempétueux.

À l'automne de leur vie, les gens souhaitent pouvoir résider au bord de la mer. Le soleil les réchauffe et les régénère. Le Sud est la patrie du bonheur, des chanteurs célèbres, des stars. L'Ouest vivifie, il est authentique. Dans l'aveuglement d'une universelle aspiration au bonheur, on peut prévoir le moment où le littoral se verra presque entièrement équipé, urbanisé, accaparé, investi et durci sous le béton des usages industriels, résidentiels et de loisir de « nos enfants » comme de leurs ascendants vieillissants. Certains, observant ces évolutions, ont remis au centre d'autres valeurs et façons de faire parce que le spectacle crevait les yeux. On avait équipé les régions, transformé les côtes. La fin du siècle désindustrialisait et délocalisait, la pauvreté revenait dans les pays riches. Dans une société unie par les mêmes droits démocratiques, la diversité des conditions s'accentuait.

– La crise est là mais les corniches sauvages se cuirassent chaque jour de nouveaux rangs de petits immeubles, de terrasses, de toits-terrasses et de piscines suspendues.

Les caps sublimes avec accès privatif sont bourrées de villas sur la corniche du bonheur. Conseillés par des experts et des argentiers, les maires raisonnent centimètre par centimètre, lot par lot et client par client. Ils n'ont pas levé le nez sur le résultat, les clients non plus ni le contrôle de l'État. Sur l'espace commun de la géographie, le chacun pour soi dessine son rêve aléatoire. Une sorte d'inculture prévaut, une incompétence. Sur les virages des routes de corniche, les moteurs pétaradants des voitures neuves se lancent à toute vitesse. Le long des plages, des boulevards californiens plantés d'une abondance de palmiers recouvrent le sable. Les champs ont fondu, les terrasses agricoles sont effondrées à coups de *bull*. Les falaises et les horizons, à présent zébrés de voies d'accès, sont prêts pour la danse de l'été.

Lunettes de soleil, draps de bain, masseurs, kinés et pédicures, machines à sous et boîtes de nuit. En une époque qui brandissait l'idéal du *golden boy* et de la *cover girl* internationale, l'union de la gauche parvenue au pouvoir préparait des lois pour protéger la nature, ce bien commun, afin que soit épargné ce qui pouvait l'être et contingentée l'urbanisation littorale. Le Conservatoire du littoral incarne par excellence cette tendance utile, cette nécessité urgente. Au-delà de l'emprise de l'homme et de ses activités, ménager des espaces pour que les oiseaux puissent se reposer pendant leur migration, se reproduire à la saison des amours, pour que les orchidées et les lys de mer prospèrent, que les équilibres complexes des milieux vivants se reconstituent sur l'estran car ils ont besoin de place, eux aussi, pour vivre, et s'ils meurent, l'espèce humaine ne fera pas long feu. Si l'homme met partout des parkings, il va mourir de faim. Les méduses envahissent l'eau de mer, des algues vertes empuantissent les rivages. On s'était donné un outil pour mettre une limite et parfois contrarier « l'eau froide du profit » qui réchauffait les cœurs d'un bon nombre de propriétaires et d'affairistes coalisés pour leur bonheur et celui de leurs clients, tandis que les services de l'État consentaient des permis et encore des permis sans qu'une nouvelle ambition préside au travail qui urbanise et dessine les paysages.

Après avoir géré les milliers de tonnes de béton des immeubles, des routes et des centres commerciaux qui équipaient la côte du Languedoc, Pierre Raynaud, le premier directeur du Conservatoire, dit « Achetez, achetez ! » aux trois jeunes gens qu'il a recrutés. Il s'agissait d'engager une logique d'aménagement plus subtile en prévoyant des zones « libres » : le Conservatoire n'a rien d'une niche pour écologistes, il ne rassemble pas une coalition de protecteurs de la nature, marcheurs aux souliers ferrés, érudits fous de papillons et d'orthoptères. Bien qu'employant parfois des naturalistes esthètes et des rêveurs d'oiseaux, il est en fait composé de négociateurs chargés de mettre en œuvre une politique. Prenant la suite des grandes Missions de l'État, la Mission Racine en Méditerranée, la MIACA en Aquitaine, le Conservatoire est une institution publique vouée à l'aménagement, il organise la part naturelle de l'espace national en portant dans ses veines l'aura dirigiste des origines, sinon qu'il a été pensé dans un esprit différent, mieux articulé sur la sensibilité d'une société en gestation. Le Conservatoire doit négocier, faire comprendre et adhérer. L'acquisition des sites ne se fait pas au prix du plus offrant, mais par l'entente et la persuasion car, une fois ce site cédé au Conservatoire, celui-ci exerce ses responsabilités de propriétaire en s'entendant avec le partenaire local – commune, pays, département, association – qui prendra en charge l'ouverture et la gestion du site.

Remontons le film. Dans les années 60, l'empreinte écologique de la France est modeste. Libérant les hommes du travail de la terre, la France précédemment rurale bâtit, autour des villes, des cités équipées d'eau courante. L'été, d'autres cités permettent l'accès au loisir tandis que, peu à peu, la période de croissance comme la crise continuent à lotir. Les terres rares se font rares, le pétrole s'épuise. Tandis que la planète roule en se réchauffant au sein du vide obscur, la société contemporaine s'interroge sur l'avenir des pollinisateurs, du plancton, de l'atmosphère. Sur des surfaces de terre identifiées, nous venons voir des lieux où l'emprise humaine s'est faite plus modérée, où les parts de l'humain et du non-humain ont été posées, une limite a été trouvée à celle de l'homme.

Racontons les histoires du Conservatoire.

CHAPITRE IV.

L'anse de Paulilles

C'est l'époque où l'argent arrivait et où la tentation de «faire» commençait à pointer. Certains se sont questionnés: faire quoi? L'histoire se passe sur cette section de côte dénommée Vermeille, un mot merveilleux et évocateur.

– Est-ce que le vermeil n'est pas un métal, un alliage dont on fait des plats et des timbales pour les premières communions?

Cela nous amuse d'évoquer la France disparue de nos grands-mères, le charme de rites et de douceurs que l'on croit appartenir à la mémoire, ils survivent parfois, au détour d'une rencontre, dans une façon de parler, de se tenir, de s'adresser aux autres.

– Avoir les joues couleur vermeil, couleur de *pomme vermeille*, je crois que cela veut dire roses, dorées comme une pomme.

– Ce sera donc une côte dorée.

Nous allons plus bas qu'Argelès, l'ultime station créée à la fin des années 60 pour que les travailleurs de chez Renault, d'EDF, de Citroën et de Peugeot viennent respirer l'iode sur les étendues plates qui s'ouvrent à l'ouest du delta du Rhône. À l'époque, la prospérité du Languedoc est un souvenir. «Toujours en retard», nous dira-t-on sur place, le Languedoc ne sait rien des flux de richesse qui s'investissent à Biarritz, à Cannes ou à La Napoule comme partout où le vent nouveau enrichit les côtes. La Mission Racine est intervenue, elle a posé de grands gestes pour inventer un futur. Pendant que certaines municipalités et beaucoup de propriétaires individuels démolissent avec ardeur leurs villas de front de mer pour les remplacer par des immeubles où loger plus d'acheteurs et plus de bonheur dans la libre splendeur du solstice, certains se sont engagés dans une prévision différente. Le bétonnage laisse certains sceptiques. En une époque où se fabriquent toujours plus de quartiers bâtis, de rues bordées de villas, plus de crêperies et de magasins de pulls marins, un nouvel esprit naît, une intuition faite d'une envie de mieux faire. Ici, un gisement de beauté récemment démoustiqué était vierge pour des inventions nouvelles. Quand les experts posèrent, séparés par ce qu'on n'appelait pas encore un Tiers sauvage, les campings, les studios et les balcons du bonheur tout au long de la côte de cette Méditerranée venteuse qui part de Marseille et finit à la frontière espagnole; à la frontière de l'ancien royaume, en Catalogne française, on lorgna ces réalisations sans réussir à les apprécier. On avait vu Argelès, Palavas-les-Flots et La Grande-Motte. Ici, certains élus aidés par des experts de Paris vont classer à toute allure un ensemble de sites pour les isoler du flot montant des opérations vues ailleurs.

Notre TGV traverse à présent, avec lenteur, l'étendue de grandes lagunes sur lesquelles la voie ferrée est comme suspendue. À droite et à gauche, d'immenses surfaces d'eau «sur lesquelles le Conservatoire est intervenu» avec leurs rives couvertes de roseaux. Des paysages d'étangs avec de belles collines bleues sur l'horizon, paysages horizontaux, immenses, que l'on peut voir, quand on se retourne, des rivages de Palavas-les-Flots.

Quand le Conservatoire «intervient» (cela veut dire qu'il se met en position pour acheter un site), il peut le faire en négociant directement avec un propriétaire. Assez souvent, un «périmètre de préemption» a été défini par le Conseil des

Rivages, le Conservatoire devient acquéreur prioritaire. Si un périmètre est « en préemption », les notaires doivent avertir le Conservatoire chaque fois qu'un processus de « mutation » (autrement dit : une vente) est en cours : le Conservatoire peut alors se porter acquéreur en se substituant aux autres acheteurs. Il pourra faire casser les projets de vente déjà engagés. Le libre marché des vendeurs et des acheteurs est suspendu, dominé par la prévalence d'un intérêt général que définit une protection par la loi.

– Le Conservatoire agit presque toujours à l'amiable et par consentement, c'est sa sagesse, nous ont répété les délégués à plusieurs reprises.

Les délégués nous ont décrit les règles du jeu qu'ils appliquent sur le terrain. Dans la bouche de ces hommes et de ces femmes qui jouent au chat et à la souris avec des adversaires généralement plus forts qu'eux, parfois madrés et parfois aussi tricheurs, il est clair que l'esprit de bonne entente, de partenariat, de compréhension mutuelle peut être un point d'arrivée. Entre-temps, il a fallu jouer serré. À qui ont-ils arraché ces précieux hectares ? À quels pouvoirs se sont-ils opposés, en imposant quelles frustrations et suscitant quelles fureurs ?

– Nous intervenons quand un large consensus des services et de la population nous permet de venir protéger.

« Pour tous et pour toujours ». Ils parlent « des services de l'État » et « des collectivités », cela veut dire le Département et la Région. L'arrivée du Conservatoire a été préparée. Elle s'ajuste avec des intentions locales, des réflexions qui ont eu lieu et des volontés : autour de lui, le Conservatoire trouve des partenaires et des alliés. Sur la côte du Languedoc, le Conservatoire a ainsi acheté d'anciennes propriétés de chasse, des lagunes et des étangs dont les larges emprises acquises par les ancêtres, au début du siècle ou avant, n'avaient plus le même attrait pour leurs descendants. La côte était insalubre. À terme, des dizaines de milliers d'hectares en préemption sont ainsi devenus des propriétés du Conservatoire, à mesure que s'en désintéressaient les héritiers. L'avenir se dessine. À bas bruit et sans douleur, on aménage le territoire en matérialisant une prospective par un dispositif qui permet une économie de conflits et suscite peu à peu de nouvelles façons de sentir et d'agir. Savoir prévoir un avenir ensemble, savoir aller de l'avant sans gaspiller la vie, l'eau, l'air et le climat autour de nous.

À l'horizon sur la droite, le Canigou pose avec netteté sa silhouette de Fujiyama encore couronné de neige. Une légère moustache de champs de pêchers couleur de rose, sur les pentes, donne sa subtilité un peu convenue à ce paysage célèbre. Derrière lui, les Pyrénées, «barrière naturelle», posent leur profil sombre qui se déploie continûment vers l'ouest en définissant avec clarté la frontière de notre chère patrie. Bien sûr, ce paysage est parcouru de routes, d'autoroutes et d'échangeurs avec de grands panneaux. Depuis les voies rapides, on aperçoit des urbanisations qui, ici comme partout, ont été faites à la va-vite pour signifier les temps modernes. Bien que cette côte soit plus à l'ouest que le Var ou les Alpes-Maritimes, «oriental» dénomme le département où nous nous rendons: les Pyrénées-Orientales. Le mot «Orient» évoque les somptuosités, rutilances et prodigalités de la province qui a inventé la crème brûlée et l'espadrille: ce n'est pas l'Orient de Constantinople ou de Kaboul – kalmouks, soufis et miniatures persanes –, y sont nés Salvador Dali, Picasso et Gaudi, plus grands que le facteur Cheval. La Catalogne. Cimes du Canigou, ruines des châteaux cathares, excellence des eaux de source, souvenirs des troubadours et délires mesurés d'un surréalisme nourri de cubisme: cette province que nous redécouvrons aujourd'hui symbolise une ardeur de vivre et d'inventer, une capacité de culture novatrice qu'illustre le dynamisme sans précédent de la capitale proche, de l'autre côté de la frontière.

– Viva Barcelona!

Picasso, Braque, Monet, Matisse et tous les autres: une bande de peintres épris de liberté ont inventé ici un midi de l'esprit, un midi de temps nouveaux qui arriveraient comme une bonne nouvelle. Ici, les couleurs sont intenses. Intenses aussi notre attente, notre envie de comprendre cette histoire. Nous avançons vers Perpignan et dépassons la ville dans une petite voiture que nous louons pour quinze jours. Cette horizontalité des paysages nous a reposées. Il fait clair. Tout n'est pas aussi transformé ici que je l'imaginais.

⋆

Après la bataille

Une fois passé les abords de Perpignan, la barrière des Albères se fait plus visible tandis que la voie rapide file vers le sud en s'élevant au-dessus de la corniche rocheuse qui interrompt subitement l'étendue de sable déployée presque continûment depuis la Camargue sur les rivages du Gard, de l'Hérault et de l'Aude. On change de paysage, c'est une autre province : autres lieux, autres gens sans doute. Ici, on parle catalan. La Catalogne a été rattachée à la France par son choix volontaire à la Paix des Pyrénées (1659), à l'époque où l'inertie autoritaire du pouvoir espagnol avait lassé le peuple et ses élites. Pour les remercier, Louis XIV, Louis XV et Louis XVI établissent des fortifications princières autour de Collioure, ils entament des aménagements grandioses à Port-Vendres : une place d'armes avec un obélisque, des bâtiments à l'allure de palais pour cantonner les troupes. Depuis la route qui grimpe au-dessus de la mer, on voit tout en bas ces deux villes très proches l'une de l'autre – deux kilomètres à vol d'oiseau –, la forteresse royale de Collioure, les bassins du port de commerce de Port-Vendres posés à nouveau comme des miniatures au bord de l'eau, un cadeau fait aux Catalans fidèles, à cette province déterminée, audacieuse, douée d'une capacité de vision politique et d'une aptitude aux solidarités qui permettent d'avancer ensemble. Pas moyen d'installer des ports sur une côte sableuse. Les établissements sûrs de la corniche vermeille terminent heureusement le bas du royaume, ils assoient la puissance militaire, politique et commerciale d'une nation dont l'orgueil grandit.

Impatientes de découvrir Paulilles, nous dépassons Port-Vendres tandis que la route s'élève encore, tourne sur elle-même, et soudain, surprise! Une fois passé un petit col, la silhouette des Albères se déploie d'un coup, très proche sur notre droite, dressant la masse âpre de ses reliefs aux pentes rapides. On est soudainement dans un espace de montagne, au bord du bloc pyrénéen. Avec une sorte de saisissement, nous appréhendons cette masse minérale monumentale érigée au sud de la surface nationale, au bout de ses plaines et de ses vallées. On dimensionne l'espace accoutumé avec son corps, on pose autour de lui l'échelle et la configuration des volumes de la terre auxquels on est habitué. Nous sommes faites aux formes articulées du bassin parisien, nous connaissons le déploiement d'espaces qui le relient aux côtes de l'Ouest. Après quelques heures feutrées dans un train, nous avons atterri en Languedoc. Ici s'arrête l'hexagone. On est au bord d'un autre pays. C'est une frontière ancienne, marquée par des drames et des déchirements. Le sud européen connaît la puissance espagnole depuis le fond du Moyen Âge. Avec l'Espagne se sont disputées des guerres nombreuses autour de richesses et de frontières que l'on s'arrachait de dynastie en dynastie, elles étaient alimentées par des querelles morales, politiques et religieuses. Cette province se considère-t-elle comme française ou bien, s'installant dans une revendication ranimée par une sensibilité plus ancienne, s'est-elle mise à pleurer son autonomie perdue depuis le XIe siècle ? Récentes ou moins récentes, les frontières du royaume ont été marquées par le reflux des exilés, par la contrebande et les rébellions. Ici comme au Pays basque, la politique s'arrête où commence la liberté de conscience. Les gens ont l'habitude de penser par eux-mêmes. Cela les rend courageux.

Ponctuant les points de vue d'où surveiller les mouvements de bateaux sur la mer et les infiltrations de troupes ou d'espions sur les chemins de muletiers, des tours sont posées sur chaque sommet aride. C'est un paysage qui a connu le danger, les guerres. Paysage de la dureté, où survécurent longtemps des modes de vie rudes, accrochés à la pente caillouteuse: moutons, vigne et pêche côtière. Dès qu'on a passé le col, la dégringolade des pentes et des ravines se couvre d'un appareillage sculpté au dessin minutieux et réglé, ce sont les murets des terrasses viticoles avec leurs piquets et leurs souches régulièrement posés en ligne dans des emprises au strict dessin. Cette géométrie dispose un lacis habile de rigoles pour évacuer l'eau. Des petits escaliers, pris dans la masse des murets, permettent de monter dans les vignes. Le tapis soigneux et continu de ce réseau fonctionnel a été conservé par l'activité viticole. En arrivant à Paulilles, ce pelage artistement noué et travaillé forme autour du site un monument de travail et d'art humain.

Par quel miracle ce chef-d'œuvre de paysage humanisé se trouve-t-il intact aujourd'hui? Cet outil savant de travail productif et d'invention formelle n'a pas été cassé, transgressé, effacé ni détruit. Il se déploie en continu autour de la route d'accès par laquelle nous allons descendre vers l'anse de Paulilles. Tel un écrin d'habileté et de puissance intelligente, il nous prépare à ce que nous venons découvrir. Sur ce cap où nous nous sommes arrêtées un instant, le vent est fort, nos yeux larmoient un peu. Nous sommes saoulées d'air, d'impressions reçues et de questions sans réponse.

– Mais oui, tout en bas, c'est l'anse de Paulilles avec ce qui reste de ses bâtiments industriels!

L'anse n'est pas grande mais elle se voit de loin, l'écume blanche des petites vagues danse au creux du trait du sable, sur la plage. Ce soir de vent, entre les deux caps qui protègent Paulilles au nord et au sud, la mer est bleu sombre. Nous voyons son enfoncement dans l'anse, au pied d'une vallée largement disposée et entièrement tapissée de vignes qui remonte vers la tour Madeloc, au sommet du bassin versant du torrent appelé le Cosprons. Le site de Paulilles est constitué d'une petite plaine que nous voyons, de loin, abondamment plantée d'arbres au-dessus d'une frange de grands pins. Au milieu du moutonnement des cimes vertes, nous devinons quelques grands toits couverts de tuiles, ce sont les vestiges qui ont été conservés des anciens établissements. Tout autour et vers la montagne, le grand paysage des collines et des vignes se déploie comme un tapis ouvragé qui aurait été tressé fil à fil dans la continuité rousse des crêtes et des sols, venant orner et travailler, venant sculpter et terrasser avec une grande attention ces collines douces, dans une écoute de tout ce qu'embrasse le savoir qui élève la vigne : la direction des vents, la force des tempêtes, l'élan torrentiel des pluies et la désagrégation des ravinements, le soleil pour gaver la croissance des grains, une taille habile pour ménager, en fin de parcours, un abri de feuilles pour les grappes. Ce paysage miraculeux produit du vin et aussi de la beauté. Leurs propriétaires n'ont pas été tentés de les vendre pour que s'y construisent des villas.

– Comment peut-il se trouver intact ?

Ce devenir respectueux est devenu si rare qu'il nous semble presque incongru dans notre époque d'indifférence.

– Ici on est loin de tout, personne ne pense à nous, nous dit le propriétaire du gîte que nous allons habiter une semaine. C'est un pays dont on part. Il n'y a pas de travail.

– La vigne a protégé le paysage. Aucun des propriétaires n'a voulu vendre, ajoute-t-il plus tard en parlant de la suite de l'histoire.

Le vin de Banyuls a parié sur la qualité. Il s'exporte. Un produit, un paysage. À part le vin, il dit que rien ne bouge. Avec ses trois cents jours de vent et ses vieilles capitales endormies dans l'échec économique après le phylloxéra, c'est comme si un XIXe siècle encore présent, avec ses respects, son inertie et ses grâces avait su s'attarder encore un peu ici, dans les Pyrénées catalanes. Nous y rencontrerons des lettrés minutieux, des responsables publics imaginatifs, des élus pleins de chaleur. Notre propriétaire possède une exploitation viticole où il a installé des gîtes et quelques chambres d'hôtes avec vue sur l'anse de Paulilles. Il est de ceux qui n'ont pas voulu céder leurs terres à l'époque de la grande bataille. Il nous donne un classeur rempli de coupures de presse.

– Vous les regarderez quand vous aurez le temps.

Ici ont vécu et travaillé des centaines d'hommes. Derrière le bosquet que nous apercevons de nos fenêtres, il y avait une usine de dynamite qui faisait vivre tout le pays. Je pose ma valise et tandis que Catherine s'installe, je descends vers la rive, attirée par le site. J'ai envie de tout voir même si je sais que, le soir, on ne peut y pénétrer. Le vent est fort, il ralentit la marche. Je veux mesurer les caps et la corniche, sentir les pentes et les échelles, boire les couleurs, aspirer les odeurs. Comme si le paysage me rendait l'usage de mes sens, on dirait que, tel une excitation ou un danger, il aiguise d'anciennes compétences vitales, des acuités sensorielles et un savoir du corps. Nos ancêtres chasseurs-cueilleurs ont marché depuis le Rift est-africain jusqu'en Sibérie. Nous descendons d'aventuriers que tenaillait l'envie de découvrir. Les faits nous ont été décrits par Jean-Claude Bonnafé et Jean-Claude Armand, les délégués en charge de l'acquisition puis du projet d'aménagement du site de Paulilles, une affaire qui a pris vingt ans.

– Au début, dans les années 80, on a un site industriel dont va cesser la production. Alentour, les politiques d'équipement battent leur plein et donnent peu à peu la mesure de leur genre de beauté. Quelle activité prendra la suite de l'usine de dynamite ?

Depuis le fond des âges, la guerre a reposé sur une course-poursuite entre l'art des fortifications et les moyens d'entamer les remparts. À l'époque où l'on trace des voies de chemin de fer nationales et transcontinentales, les terrassements, les ballasts et les rails doivent pouvoir traverser les montagnes. Comment creuser des tunnels et forer des canaux ? Dans les pays du progrès, un citoyen norvégien appelé Nobel, chimiste de son état, invente un explosif puissant. À l'époque, la France est en train de perdre la guerre de 70. Les armées françaises se replient et abandonnent leurs positions en Alsace et en Lorraine. Où installer une usine pour produire la dynamite ? Au fond de l'hexagone, face à une mer qui permettra de transporter les futurs cigares d'explosif, une anse s'offre au bas du cours d'un torrent : en terrassant la plaine du Cosprons avec les remblais du port de

Port-Vendres qui se développe à la même époque pour assurer, avec Marseille, le commerce entre la France et l'Algérie, Nobel et ses associés vont monter une usine née des hasards de la guerre. La dynamite fabriquée à Paulilles sera utilisée pour creuser le canal de Panama, le chemin de fer du Bosphore et le port de Cayenne en Guyane.

Sur place, les pêcheurs d'anchois et les vignerons gagnent trois fois moins que les travailleurs de l'usine. Même si la dynamite donne mal à la tête parce que ses effluves dilatent les vaisseaux sanguins jusqu'à provoquer une maladie cardiaque; même si des accidents, d'époque en époque, font exploser les murs en tuant des hommes et des femmes et en amputant leurs bras, leurs mains ou leurs doigts; à Paulilles on est fier de savoir mêler les composantes de la dynamite, de savoir les doser, les conditionner et les charger sur des wagons sans que cela explose. C'est un travail de soin, d'attention face au risque. Les ouvriers le maîtrisent. L'usine est le premier employeur de la corniche. Des quatre villages catalans, Collioure, Port-Vendres, Banyuls et Cerbère et de derrière, dans la montagne, on cherche volontiers cet emploi industriel. Un poste qui assure une sécurité et aussi un prestige, celui d'un savoir-faire technique avancé, minutieux, qui s'est inventé sur place au fil des situations et des trouvailles de l'habileté ouvrière, avec l'avantage d'équipes solidaires et de patrons paternalistes: les ouvriers de Paulilles sont une aristocratie, ils jouissent de privilèges et constituent une communauté. Partout sur cette côte, chacun a un oncle, un cousin, un frère qui y a travaillé autrefois. Même si l'usine appartient à une société, si les patrons et les ingénieurs viennent de l'extérieur, les magasiniers, les ouvriers et les ouvrières sont catalans. C'est une sorte d'œuvre collective, un lieu qui appartient à tous.

Derrière les hangars du stockage, à côté de la voie ferrée, un village a été construit avec son église et son école. Certaines ouvrières venaient de loin. Pour raccourcir leur route, elles longeaient la voie ferrée et coupaient par le tunnel en écoutant qu'aucun train ne s'annonce. C'est comme une famille où les générations se succèdent. Cette montagne est catalane ; dans l'usine, le corps des troupes est catalan. On se connaît, on est attaché au site, à ses environs, à la vie sur place et au travail. Cela va durer jusqu'en 1984. Après quelques années où le niveau d'activité de l'usine a baissé, la fermeture est là. L'usine n'a pas été modernisée. Les techniques de forage ont changé, le marché mondial se recompose. Les actionnaires de la société propriétaire en ont ainsi décidé, on ferme le site.

– Deux cents licenciements secs, un retard à reconnaître et indemniser les maladies professionnelles, une histoire qui finissait mal et laissa des traces, pose Jean-Claude Armand.

C'est la phase amère de cette histoire, la fin d'un monde et, rapidement, l'arrivée des bétonneurs avec leurs tentations. Ils investissent le pays tandis que s'ouvre une période d'attente, de 1984 à 1990, pendant laquelle les cent bâtiments – hangars de stockages, bunkers de la fabrication, halles de conditionnement, maisons, église, école, maison du directeur – sont abandonnés à leur sort. Dans les mairies et les bureaux, la négociation bat son plein. Sur place, le site est fermé. Le soir, on s'y glisse, on explore, on dessine des graffiti et l'été, on va à la plage en soulevant les clôtures. Il y a ceux qui connaissent les sentiers pour aller vers la mer tandis que d'autres viennent nuitamment démembrer les poutrelles pour récupérer du fer.

– Ce fut une phase d'appropriation dont il nous a fallu tenir compte, nous dit le maire de Collioure et conseiller général du canton, dans sa sagacité d'homme de terrain.

Un personnage grand et charnu nous a accueillies, sa paume est chaude. Assis derrière son bureau de maire, il rayonne d'envie de convaincre. Il a eu de bonnes idées. Il a compris l'époque, il a écouté les hommes. Sachant prendre le vent d'une entente raisonnable et d'ambitions justes, il est habitué à avoir raison, à épouser les causes heureuses, celles qui gagnent en ouvrant les esprits. On nous a dit qu'autrefois, il quittait souvent les salles de réunion très fâché, pouvait se mettre en fureur et a souvent claqué des portes. Il sait surtout se faire aimer. La mairie est installée à proximité du fort royal qu'il a fait restaurer avec soin. Tout autour du cantonnement en forme de palais du XVIIe siècle, un horizon montagneux de collines rousses où la ramure des vignes continue à prospérer.

– On a tout classé! pose-t-il devant notre admiration.

Le site de Collioure n'a pas été grignoté, rogné et biffé par les urbanisations malencontreuses. Ce maire est fier. C'est un autre genre d'aménageur. Il a saisi les échelles, l'esprit et le style de ce lieu pour en décider l'évolution, en contraste avec tant de logiques d'aménagement aux effets plus rutilants et plus gratuits.

Les alentours de Collioure sont protégés. Sur la plaine de Paulilles, l'ancien établissement industriel rouille. Les cent bâtiments ont été vandalisés, les vitres explosées, les murs enfoncés, le tout au bord de l'effondrement.

– C'était une friche industrielle absolument dantesque, un choc visuel incroyable, nous dit en mots propres Jean-Claude Armand.

Au moment de sa prise de poste en 2000, l'acquisition a eu lieu depuis deux ans. Une victoire avait conclu une décennie de conflits, de tergiversations, de manifestations publiques. Cette usine qui allait fermer avait attiré le regard de plus d'un. Elle est située dans une anse merveilleuse encadrée par deux caps encore sauvages, en aval d'un paysage de vignes intactes déroulées sur l'intégralité de la pente tranquille et en même temps variée des Albères. Au-delà, jusqu'à la frontière, une corniche peu peuplée, sur une dizaine de kilomètres de côte montagneuse. Quel chasseur de sites ne s'en serait avisé ? Quel ambitieux, de quelque ordre que ce soit, ne se serait intéressé à cette montagne rose déjà célébrée par les peintres ? Cinq ans avant la cessation de l'activité sur les trente-deux hectares du site industriel, l'œil acéré des inspecteurs du ministère de l'Environnement, en charge de leur protection, a eu l'idée de classer ce site. Ce site va évoluer. Ils tiennent à accompagner ce changement. Ils interviennent très tôt, en 1979. L'idée est ambitieuse. Les cent bâtiments ne sont pas encore en ruine. Ils sont posés sans ordre. Mériteront-ils d'être conservés ou bien rasés? Le site est classé en tant que site, en tant que portion de territoire, à l'époque où la vague montante des constructions somptuaires investit de façon anarchique tant de lieux qui y perdront leur beauté. L'enjeu était là. Les inspecteurs des sites se donnaient les moyens d'éviter à Paulilles la glissade vers le pire déjà bien engagée ailleurs. Dès cette époque où La Grande-Motte n'est pas encore finie, où Palavas-les-Flots sort à peine de terre, ils ont tiré la leçon des ambitions urbanisatrices de la Mission Racine comme du genre de culture qui prévaut chez la plupart des maires et leurs amis promoteurs. Pour éviter ce qui se fait ailleurs, ils classent le site et le mettent en observation.

Dans le même temps, d'autres acteurs sont entrés en lice. Bien que le site soit classé, l'usine, les bâtiments, le sol ont été cédés par les Nobel à une société qui les revendra à une autre et une autre et pour finir à un opérateur nommé Jean-Claude Méry. Dans un roman policier ou un article à sensation, on parlerait peut-être de sociétés-écrans. Chacun dans son style, Jean-Claude Bonnafé et Jean-Claude Armand ont abordé le sujet avec précaution, comme s'ils maniaient quelque chose de fragile qui peut exploser entre les mains, détruisant un globe de cristal très fin et avec lui les doigts qui le tenaient. L'un, avec la distance maîtrisée d'un homme élégant qui connaît la vie et sourit après coup, ironisant le jeu des choses. L'autre, avec l'acuité d'un esprit rompu aux logiques de l'action publique et en même temps très émotionnel quand il évoquait cette aventure, ses rebondissements, ses acteurs et ses moments d'incertitude. L'affaire pouvait aller à l'échec, les situations se bloquer. Protéger ou aménager? Au départ, les uns souhaitaient que le site soit vendu à un opérateur privé. En face, la population et plusieurs associations font valoir ses dimensions patrimoniales. Pour arbitrer, la seule protection juridique du classement. Entre les futurs partenaires, les altercations, les ruses et les rages baliseront longtemps une impuissance à avancer dans ce projet. Les retours d'attitudes, les affrontements, perplexités, échecs, interrogations et confrontations occupent un calendrier qui étoffe, année après année, le scepticisme et la perte de l'espoir que l'histoire finisse bien. Sur la friche de Paulilles, les arbres s'étaient installés, noyant l'abandon des aménagements industriels. L'étrangeté du lieu grandissait. Tout semblait paralysé. Il en résulta pour finir une entente entre les talents, entre les volontés.

– Le tout sous la conduite de l'État, insiste Jean-Claude Armand.

De qui parlent-ils ? Notre ingénuité d'esthètes est presque entière. Nous sommes peu initiées au dessous des cartes de ce conflit. Sur la place publique, les « affaires » parviennent de façon édulcorée et peu compréhensible. Un jeu d'ombres chinoises est signifié à l'opinion publique dans le flouté un peu brumeux des scandales que les journaux profilent de façon allusive, ils pourraient déranger les bonnes apparences. Où sont les limiers, les dramaturges paranoïaques pour restituer les luttes entre bandes, entre hommes de main, parfois ourdies dans le sous-sol des Républiques ? Comment déjouer les fils de ces drames souvent conclus par un suicide, une défenestration devant laquelle les enquêteurs arrêtent dignement leur travail, dans l'attitude de qui se découvre, au cimetière, quand on descend un cercueil en terre ? L'action s'éteint. Ici, nous remarquons que l'État est partout présent avec ses différents services : au moment de la Mission Racine, lors de la fondation du Conservatoire du littoral – une bonne part des responsables du Conservatoire, ces hommes doux à la main de fer, sont des salariés de l'État –, et lors du classement de ce site de Paulilles, sur la côte des Albères, un saut qui fut décisif dans le déroulement de l'aventure.

À l'époque, l'État était fort de sa puissance et de ses moyens et, comme il est logique, ses services se voyaient missionnés chacun pour des objectifs distincts. On a vu alors, parfois, ses agents se poser les uns en face des autres dans des attitudes d'obstination corporative dont naissaient d'innombrables disputes et affrontements entre bureaux, entre services et portes de ces services, comme si chacun appartenait à une famille différente entre lesquelles la hache de guerre aurait été levée et dont une partie du travail tenait à faire durer des rivalités. Harcèlements, querelles de frontières entre couloirs et sièges des différentes administrations, débats sibyllins et éclats de voix pour animer les réunions : entre ministères, cela pouvait aller à une manière de guerre. Les hommes ne sont pas les mêmes d'un bord à l'autre du service public. Ils s'arrachent les mêmes budgets et sont conduits par des personnalités, des poids lourds politiques qui, tels des jaguars, cherchent par nature à mordre. Mais ici, il ne s'agit pas des singularités qui animent le secteur public et ses différents services. Il ne s'agit pas des contradictions entre dynamiques et logiques de l'action, mais de la lutte où s'affrontaient, par-delà les projets et les discussions techniques, les partis politiques eux-mêmes et leurs secrets de beauté.

Se placent alors quelques sourires et des instants de silence, quelques gestes, un retard à continuer chez nos différents informateurs. Les uns ont reculé leur chaise. L'un a passé un doigt dans le col de sa chemise. Un autre a rougi de façon infime, grimaçant sa réticence et transpirant légèrement.

– Jean-Claude Méry arrivait avec une énorme voiture, un gyrophare et un macaron bleu-blanc-rouge. Or c'était un homme de main, pas un élu !

– En hélicoptère et toutes sirène hurlantes pour impressionner.

– C'étaient de pleines pages dans les journaux, des annonces grandioses, l'argent allait couler à flots.

– On n'avait encore rien vu sur la Côte Vermeille. À Argelès et à Port-Leucate, on a les congés payés : là, c'était une station « classe » qu'on allait construire.

– Sur les affiches, c'était « Youpee, la Côte Vermeille ! »

Les gens du Var avec des gourmettes et des chemise roses, les dames en cuir de la Côte d'Azur allaient-ils débouler dans les Albères ? Le promoteur fait installer une maquette énorme, gardée par les vigiles, dans une belle salle à proximité de la mairie de Port-Vendres. Cette maquette présente la marina, le port artificiel, les immeubles de luxe et les cent cinquante anneaux du port qui s'appellera du nom de son père avec une *pin-up* à droite, au bas des affiches.

– Il y aurait eu aussi une usine de savon, une dimension économique.

On a parlé dans les journaux de ce promoteur, à l'époque et dans les années suivantes. Membre du comité central du RPR, il est réputé avoir contribué à assurer la collecte de fonds pour le financement de ce parti. Il meurt d'un cancer en juin 1999. Ce promoteur savait orchestrer le bal de la richesse.

Mettant une butée à l'intention de certains qui souhaitent favoriser l'intrusion des bénéfices, sur place un débat s'anime, des manifestations publiques, des marches. Peut-on parler de l'âme publique? Au moins du sentiment des gens. Indignation, mouvement sincère et partagé. Une association se constitue autour d'un scientifique légitime, elle annonce qu'elle se battra pour protéger les plantes car le site de Paulilles est emblématique du territoire catalan. On n'achète pas la nature. Personne n'a de droits sur les espèces vivantes. Ce lieu doit être protégé des appropriations de l'esprit mercantile. Sous l'œil des préfets, des députés, des conseillers et des ministres, un équilibre délicat est évoqué, débattu dans les couloirs. Il s'agit de gérer la paix sociale tout en ménageant l'entrée en scène des terrassiers et des vendeurs de yachts. D'un côté on a une population, de l'autre…

– Ici c'est le Midi rouge. Cela choquait. C'était une atteinte, une provocation pour la conscience des gens.

On est à l'époque où le sable valait de l'or et donnait plus que la Bourse. Extases anciennes! Si nous comprenons bien, tout le monde est sur des charbons ardents car, par quelque bout que l'on prenne l'affaire, elle se jouera sur plusieurs dimensions. Pour équiper l'anse de Paulilles, il faudrait déclasser le site. Le classement fait intervenir un avis du Conseil d'État. Cette bataille qui se livre entre les forces sociales et leurs intérêts devra donc s'argumenter de façon républicaine. Chacun des assaillants campe sur ses positions. Comment décongeler le débat? À ce moment, le jeu du Conservatoire est d'observer. Le délégué assiste aux réunions. Il laisse chacun jouer son jeu.

– Il fallait tout prouver à partir de rien, pose clairement Jean-Claude Bonnafé.

Il s'agissait de barrer une dérive qui a partout fait ses preuves, de mettre en face un intérêt partagé qui, à l'époque, tend à se nommer lui-même protection de la nature. Protéger la nature, c'est tenter d'agir pour un but qui dépasse l'échelle des portefeuilles particuliers. Où sont les valeurs communes en 1984 et suivantes? Où les espèces emblématiques, les lys de mer protégés par l'Europe? Une société se cherche et se heurte. Faut-il parler d'intérêts universels ou d'union des classes dans cette Catalogne rouge, sur ce lieu à vocation industrielle et commerciale noyé dans les vignes et balayé par le vent? Les mimosas, les pins ombrageaient l'école de Paulilles. On nous parle d'une poésie de village, de solidarités et de fiertés dans ce pays d'escaladeurs de pentes et de pêcheurs d'anchois, qui sculptaient avec le même art l'emprise de leurs vignes sur la pente miroitante, tour à tour éblouie, fouettée et rutilante des Albères.

Le mode de fonctionnement social où l'on cherche à s'entendre pour un bien commun s'appelle aujourd'hui concertation. Il s'agit d'inventer des logiques d'action et des mots pour les nommer. La concertation suppose que l'on vise ensemble un but à atteindre: comment gérer un lieu? Il s'agit d'entamer une négociation, de chercher la perspective d'une entente autour de valeurs à identifier, qui vont unir des volontés dissemblables. «Enrichissez-vous» avait réconcilié ceux qui s'engageaient, à toutes les échelles, dans la voie d'une réussite palpable où le maçon et le financier, le commercial et la mère de famille pouvaient s'entendre autour d'une valeur considérée comme essentielle. On allait essayer autre chose. Avec des mots comme «espèces d'intérêt communautaire», «habitats» de ces espèces, et aussi «lieux emblématiques», «lieux identitaires», «respect du bien commun» et «âme du lieu», une société s'essaie à se perpétuer elle-même comme à perpétuer un sens du meilleur qui doit prévaloir dans les communautés humaines. Elle veut cesser de se dissoudre et de se démembrer, victime d'une évolution qu'elle ne contrôlerait pas et où elle craint de ne pas retrouver les mots de ses façons d'être et de son langage. Elle veut aller vers un avenir qu'elle identifie. Elle cherche à asseoir ce qui va fonder cet avenir. La communauté européenne a défini une liste d'espèces animales et végétales à protéger en priorité : des espèces classées comme rares, précieuses et remarquables. Peut-on réunir les émotions et les volontés des hommes autour de la survie d'une fougère, d'un colimaçon ? Les lieux ont une mémoire dans la conscience locale. On les a connus depuis l'enfance, ils appartiennent au groupe. Visant à protéger des lieux d'excellence que leurs visiteurs ressentent généralement comme « sortis des mains de la nature » pour les ouvrir au libre usage de tous, le Conservatoire du littoral était engagé sur deux tableaux qu'il s'agissait de mettre en correspondance avec la culture des gens : préserver la beauté des choses et l'ouvrir à la contemplation, équilibrer le respect pour la libre nature et une fréquentation humaine qui lui fasse droit. Sur place, il s'agissait plutôt de souvenirs et d'un sentiment de soi d'une société. Quand le Conservatoire intervient pour protéger la nature, cet acte sollicite un esprit local qui négocie les transitions par lesquelles il se perpétue. L'acquisition fédère des émotions, des sentiments et des volontés. En inventant le Conservatoire, le législateur a donné un cadre pour des acte de société, il a disposé un processus pour renouveler la capacité des groupes humains à organiser les équilibres de leurs usages.

Comment le Conservatoire s'introduit-il dans des situations locales alors nouées en autant de conflits, comment ses missions viennent-elles interpréter un débat pour tenter, au fil des années, de donner jour à ce qui concilierait des attitudes et des pensées antagonistes parfois surannées, à qui il importerait d'offrir la possibilité d'une évolution et d'une action en commun ? Cette histoire de Paulilles est symphonique. Elle est faite de voix multiples et dissemblables, qui ont réussi à jouer ensemble, à agir en formant un tout qui résonne puissamment, comme un son riche en timbres peut réunir des sonorités diverses animées de contrastes. Nous rencontrons des chefs et des gens qui ne sont pas des chefs, des gens à la trajectoire diverse, à l'assurance et la conscience de soi entièrement différentes. Ces gens acceptent de nous dire quelles étaient leurs convictions, leurs façons de sentir, quelles passions les animaient, quelles façons d'être. Ils ont couru sur les pentes de Paulilles dès l'enfance. Ils y ont cueilli les mimosas en fleur, ils y déjeunaient le dimanche et allaient à la plage, leur beau-père était contremaître à Paulilles.

Ils parlent tous, peu ou prou, de fierté, chacun mettant la sienne à un endroit différent : dans le souvenir de la sagacité et de l'inventivité des ouvriers et des agents techniques, qu'ils ont recueilli, ou bien dans les connaissances érudites qu'ils ont développées sur le lieu et son histoire, ou encore dans la mémoire culturelle d'une interconnaissance qui avait de la valeur, qu'ils savent raconter. Une forme de générosité s'exprime, une civilité et une présence aux autres. Ils n'ont pas honte de ce que voient leurs yeux, ils savent se servir des mots qu'ils ont entendus de leurs grands-pères. Le Conservatoire nous a demandé de raconter ses plus belles histoires. En Guyane, le futur des îles du Salut reste à inventer. Il est suspendu tout entier à un avenir qui n'est pas engagé, il sera fait de décisions et de solutions en grande partie inimaginables aujourd'hui, qui seront inventées par les générations, par les siècles qui vont venir, dont nous ne savons rien même si nous nous plaisons à imaginer quelques directions, quelques logiques aux choses de demain.

À Paulilles, cette histoire a eu lieu en vingt ans. On dirait qu'ils en sont encore essoufflés, encore mouillés de sueur, et aussi « du soleil plein les yeux ». Il s'est agi d'un accouchement difficile, hasardeux, souvent tourmenté, qui n'était pas joué d'avance. Mais qui peut se réaliser, nous en avons la preuve. Une société était en quête de sa survie morale pour affronter un présent. Elle se sentait posséder certaines valeurs communes. Courtoisie, allégresse, pudeur, dureté à la peine, fierté : une façon « d'être d'ici », même si les enfants sont partis faire leur vie ailleurs, changeant d'allure en même temps que de destin.

Comment mobiliser et se raviver soi-même? Il s'agit du devenir d'un territoire, de son économie et aussi de son visage. Qu'est-ce qui fera que les gens s'ébranlent, se sentent partie prenante et s'engagent pour faire respecter ce qui leur tient à cœur? Je pense alors à cette réputation des chirurgiens: «Quand ils font de belles cicatrices, c'est bien aussi dedans, c'est cousu en finesse, tout est à sa place.» Nous entendons les délégués du Languedoc-Roussillon évoquer les phases et les étapes d'un dossier qui, au bout de vingt ans, est devenu un site aménagé et notablement transformé, visité par un large public qui le découvre en venant s'y promener. Les gens traversent un espace ouvert, diversement planté, dessiné et composé, qui leur permet de circuler librement tout en regardant et en observant. Ils en reçoivent un enchaînement de perceptions qui leur conviennent, d'évidences qu'ils aiment et de beautés contemplatives où ils retrouvent ce qu'ils attendent de la vie. Il en résulte un enthousiasme. Nous le percevons. Il est partagé. C'est une réussite. Les gens viennent, ils sont éblouis. Ils comprennent, cela les émeut.

Cet aménagement est un résultat. Le résultat de quel travail? Un labeur collectif qui, à partir d'un certain moment, a été celui du délégué du Conservatoire et de son équipe. À écouter les deux Jean-Claude relater les phases et les acteurs, les actions et les tribulations de cette histoire, je pense, j'imagine, mon impression est que la patience et la science des délégués, que leur tension et leur attention ont été de coudre, de suturer, de jointoyer, de fondre ensemble, de façon souterraine, comme des chirurgiens habiles, ce qui pouvait asseoir et préparer les solutions pour Paulilles. Sous les partis d'aménagement, le dessin d'un sentier, la pente d'un toit à reprendre, des bâtiments à supprimer, il y a l'esprit qui guide ces décisions, l'effet qui va en résulter. Chaque solution qui a permis, aujourd'hui, à ce site d'être ce qu'il est, entretient une relation aves les émotions, les attentes et les pensées d'une société locale qui entendait s'ouvrir, changer et devenir d'une façon qui pût être la sienne, qu'elle approuve et dont elle sente qu'elle lui était propre, qu'elle lui était appropriée. D'un chaos conflictuel entre partis, entre classes sociales, d'une opposition frontale qui faisait le paysage d'une époque, on est arrivé à autre chose. Il a fallu que les gens mettent de l'ordre dans leurs pensées et leurs sentiments, que les volontés se formulent, que les fureurs expriment leur proposition, que les blocages deviennent des idées.

Les délégués nous racontent cent épisodes, propos, situations, rencontres, chocs, ruses et insomnies. Leur récit est rapide, les circonstances s'accumulent, empilant les références, les circonstances, les noms, les gens, les instances, les positions et les clivages d'un moment. Nous sentons par contagion la surexcitation d'un élan qui s'exprime. En même temps, nous sommes noyées dans quelque chose qui est signifié par des gestes plus qu'il ne se formule. Que nous racontent-ils ? Quel était leur travail ? Sur place, dans des situations inopinées, surprenantes et souvent dérangeantes, ils sont entrés en scène à un certain moment, on leur a passé la balle, quelle balle ? Les lignes de force d'une situation, les enjeux, les frictions cachées, il a fallu qu'ils les sentent, qu'ils en aient l'intuition et sachent alors foncer dans le tas, courir, dire quelque chose qui allait trancher, placer les choses, les reconfigurer. En un instant, les bonnes répliques ont pu être inventées, celles qui peuvent cimenter un contact, une compréhension. Les pistes pour avancer ont été posées, elles dénoueraient les préventions et les blocages. La confiance était née. Une nouvelle base avait été donnée aux débats, un nouveau fondement pour la décision à venir.

D'abord flairer, observer, épier, être attentif. Surveiller la totalité du champ. Savoir laisser jouer la logique des choses, la méditer et calmement, faire qu'une pente propice se propose. Ce sont des négociateurs. Ils ont, chevillée au corps, cette attitude qui sait épouser un mouvement possible, celui qui déplacera les positions et saura se faire entendre en donnant voix à une proposition qui aura raison d'un état du débat en créant une autre clarté, qui saura faire entendre raison et convaincre alentour que ce débat se pose en des termes plus constructifs, sur la foi d'une évidence plus aimable et plus convaincante. Pour donner jour à une société durable, il faudra changer de cap, d'usages et de convictions, renoncer à des acquis, adopter l'évidence de nouvelles urgences. Ainsi le petit peut-il réussir à faire taire le grand, on nous le disait à l'école, parce qu'il s'adosse à des raisons que nul ne peut plus ignorer, parce qu'il les énonce et les fait prévaloir. Les politiques, les artistes et les thérapeutes captent et orientent le mouvement de la vie. Comme un vigneron voit sa vigne bourgeonner sur le rameau qu'il va favoriser par la taille, les délégués aident la sève sociale à monter dans les rameaux.

*

Anticiper une gestion durable, au début des années 80 et dans la décennie suivante ?

Depuis la Libération et plus particulièrement les années 60, le pays a bénéficié d'une croissance qui équipe la France en ports de plaisance, en marinas, en immeubles aux terrasses vitrées, en docks et en usines. Une machine sociale fonctionne, des générations, un désir, qui créent de la richesse et du pouvoir, de l'efficacité et de nouveaux modes de vie pour aimanter une société et les différents modes de son plaisir de vivre. Des élus aux ingénieurs et des députés aux notaires, une classe volontaire utilise ses compétences pour moderniser la vie sociale. À Paulilles, cet effort des temps nouveaux affronte un personnage trouble et des manifestations d'habitants, une initiative bruyante et la capacité d'un esprit local à ne pas entrer dans une transformation qui le rudoie. Risquons nos interprétations pour tricoter les interstices de ce que nous disent nos informateurs, relions ce qui s'est joué sur place avec un contexte historique dans lequel ont agi les gens que nous rencontrons. De quoi nous parlent-ils ? Nous passons des heures riches de passions et d'un milliard de détails que nous questionnons en cherchant la lisibilité de ces histoires vécues. Palavas-les-Flots, Argelès, ZUP et ZAC : les gens de la Côte Vermeille ont vu le processus qui aurait pu gagner leurs parages. On est en un tournant d'époque où les excès de pratiques nées en France grâce aux décideurs politiques, aux ingénieurs et aux énarques commencent à être interrogés et évalués. Une richesse est née, le plus grand nombre est pris dans la nasse et se délecte activement tandis qu'un questionnement naît un peu partout sur des choix politiques et économiques qui ont transformé l'agriculture, développé les villes et artificialisé les sols. Comment s'est joué ce tournant ? Alimenté par les équilibres de leurs convictions, un sursaut collectivement partagé en Catalogne française s'élève contre une perspective de bétonisation. La construction et l'équipement font circuler beaucoup d'argent. Une part s'en égare ou s'en disperse dans les poches des hommes d'influence qui règlent les affaires dans cette période de l'histoire.

Qui s'en étonnerait ? Il existe un lien entre les prodiges d'architecture moderne, les rivages bordés de restaurants, de magasins de planches à voile et de parfumeries, et le pouvoir des partis qui stabilisent les maires, font élire les amis et partagent les concessions. Bien sûr que les séjours sur le bitume, autour de ports construits en quelque mois, avec les boutiques de pizzas, les casinos et les boîtes de nuit du plus grand nombre ont fait le lit de mandats électoraux. Parlons du mouvement qui va inverser la tendance, des décisions d'Olivier Guichard, ministre de l'Aménagement du Territoire, de Jacques Chirac, premier ministre, et du Président Giscard d'Estaing, fondateur du Conservatoire du littoral. À Paris et ailleurs, les gens sont attachés à la beauté. Comment préparer une alternative qui fasse évoluer les pratiques ? En l'absence d'une loi protégeant plus activement le littoral – cette loi sera votée en 1986 –, les inspecteurs des sites ont engagé une politique de classement qui vise à surveiller l'évolution de certains endroits, à se donner un regard et des critères pour orienter leur devenir. Le moment venu, on fera appel au Conservatoire. C'est cela, le jeu à quinze. Avant que le délégué ne parle dans les réunions, avant qu'une option technique se trouve venir ouvrir une sortie de crise, la bataille a fait rage, l'échec était à un cheveu. On va alors parler de courage politique.

Je place donc ici une conversation avec l'architecte et inspecteur général des sites qui se trouva jouer un rôle clef dans l'aventure de Paulilles, mettant une butée technique au projet de port artificiel et donnant sa chance aux solutions alternatives. Nous le rencontrons en mai 2009 au Palais Royal, près du ministère de la Culture et du Conseil d'État, parce que l'histoire des sites du Conservatoire s'est décidée sur place et aussi dans la capitale. Cette histoire fait intervenir un nombre d'acteurs important, dissemblables par leurs niveaux de compétence, de responsabilité et de pouvoir. Telles des souris démocratiques mandatées par notre Comité de pilotage, nous les entendons tous. Ils ont accepté de nous rencontrer. Quand ils sont haut placés dans la hiérarchie des pouvoirs, nous sentons qu'ils s'étonnent presque de nous parler. Ils savent avoir contribué à l'histoire d'un site, à laquelle ils sont attachés pour y avoir laissé une part de leur énergie dans un moment de leur trajectoire professionnelle. Certains ont pris des risques et en ont enduré les conséquences parfois cuisantes. Par pudeur, ils affectent d'avoir tout oublié. Ils ont du respect pour le Conservatoire, dont ils ont su favoriser le développement et l'activité. Au bout d'un moment, ils nous renseignent, repris par ce moment de leur vie qu'ils se mettent à nous raconter.

– Qui sont ces filles ?

Le Conservatoire nous a envoyées pour écouter leurs histoires d'hommes. Comment une légère touche d'incertitude, voire d'embarras, n'aurait-elle pas transpiré lorsque commençait la séance d'entretien quand elle se passait dans le quartier des ambassades ? Au cours de notre enquête, nous avons rencontré des partenaires, d'anciens adversaires, des alliés et, parfois, des gens à double et triple détente, tous étaient comme orchestrés, réglés et pilotés par des acteurs publics qui règnent sur des couloirs lambrissés parce qu'ils connaissent les règles du droit et de l'usage, l'état des lois et la *combinazione* d'intelligence, de rigueur et de patience avec laquelle se tisse une histoire nationale du haut au bas de sa réalité parfois bruyante et parfois silencieuse. Certains ont eu au bon moment l'astuce, l'intelligence ou la conviction. Et nous, nous devons tisser l'ensemble d'un récit où évaluer la part des lois, des circonstances et des individus dans le changement d'époque.

– Est-ce que vous avez tout compris ? nous dira pour finir, hiératique, ironique et un rien sibyllin, Jean-Claude Bonnafé au terme de trois heures de parole où il a déroulé des récits circonstanciés, subtils et souvent allusifs qui nous laissent éblouies et un peu déroutées.

Ceci se passe donc un peu plus tard à Paris, à notre retour de la côte du sud. Après plusieurs semaines de tribulations et de visites, retour au centre de la toile, là où s'élaborent et se contrôlent les règlements, les volontés publiques et les soutiens. Les moments changent, la République persiste. Paris s'éveille à l'échelle mondiale des échanges de capitaux, de marchandises et de touristes tandis que les codes et la constitution charpentent une nation et sa culture en ajustant jour après jour les normes du licite, du possible et du souhaitable. Le ballet des situations locales, leur chair existent. Ici aussi, cela existe. L'inspecteur général des sites nous a donné rendez-vous sur la terrasse d'un de ces cafés nouvellement restaurés dans le style aristo du premier XIXe siècle. La capitale en est désormais couverte pour accueillir, venus d'Orient et d'Occident, les amateurs de patrimoine pour qui un immeuble sur trois a été transformé en hôtel afin que le Paris réel se révèle conforme avec les images des films et des catalogues. De fait, la capitale imaginée par Pompidou et voulue par Chirac s'est remplie, sous François Mitterrand, de lieux habilement décorés, repeints de laque triple couche, où séjournent des jeunes filles californiennes, des étudiants chinois et des vieilles dames japonaises de passage dans la capitale de la beauté.

– Paris *is so french*, et si photogénique !

Nous avons entendu parler du rôle de l'inspecteur général des sites dans la bataille, de lui et de la Commission supérieure qui intervient pour délibérer sur le classement des sites. Quel vieux monsieur impérieux et lettré allons-nous rencontrer, quel Parisien plutôt artiste ? Aura-t-il la distance des hauts fonctionnaires, ou bien celle des demi-complicités bourgeoises ?

– Classer un site industriel plutôt moche.... environné de ses collines, imaginer la reconversion... Quelle intelligence..., quelle imagination..., avais-je bafouillé devant Jean-Claude Armand.

– Quelle intelligence et quel courage politiques, reprend-il avec vivacité.

Jean-Claude Armand est venu nous voir depuis Montpellier pour nous montrer les parties du site encore fermées au public, sur le cap le plus au sud, à l'endroit où l'on fabriquait la nitroglycérine. Un lacis de bunkers aux murs obliques, aujourd'hui à ciel ouvert. En cas d'explosion, les toits sautaient, le souffle était évacué vers le ciel et les murs, épais de cinq mètres, tenaient bon. Le lieu de fabrication était placé au plus loin des hangars de stockage, du village de Paulilles et de la maison du directeur.

Nous sommes donc assises, quelques semaines plus tard, à une petite table de ce café parisien, place Colette, à l'angle de la Comédie française. C'est on ne peut plus central, comme on dit « centre du pouvoir ». « En centrale », disent les fonctionnaires « déconcentrés » de l'État quand ils prennent des fonctions à Paris. Ici, tout respire le luxe et la minutie, mieux perceptibles quand on revient de la France profonde. Comédie française ! Paris est la capitale des parfums et de la haute couture. Telle une architecture néo-baroque, la carte de visite que nous tend Michel Brodovitch est décorée d'un grand nombre de titres qui l'ornent comme un mouchoir de dentelle. Il n'est pas vieux, il a plutôt l'attitude d'un intellectuel, avec une touche de retenue farouche parce qu'il est habitué à guerroyer et sait la force de ceux d'« en face ». Il me semble que c'est surtout quelqu'un qui réfléchit, qui croit au pouvoir de l'intelligence. Les jeux de pouvoir aiguisent une énergie pour attaquer, pour mordre chez les gens de l'État. Certains sont des animaux de combat, virtuoses de la répartie glaçante et des raisonnements sans réplique, avec l'énergie des intelligences juridiques habituées à la guerre. J'imagine que notre interlocuteur parie surtout sur la force des idées, avec un côté désarmé, même s'il appartient à un appareil. En France existent des contre-pouvoirs depuis l'affaire Calas, depuis Dreyfus, telle est la force de la conscience citoyenne, activée par des écrivains indignés.

– Nous surveillions cette côte des Albères depuis que la politique d'aménagement de la ligne sableuse avait montré ses limites.

Sa rigueur, son talent sont ceux de sa culture et de sa formation. L'État s'est lancé dans des opérations démiurgiques. Dès la fin des années 70, leur style ne fait pas l'unanimité. C'est la crise du pétrole. On aura moins de moyens et parfois plus d'ambition : quelle qualité chercher pour les aménagements ? Tout bouge. Les ouvriers de Paulilles vont être licenciés. On cesse de bâtir des immeubles en hauteur. Le geste souvent brutal de l'audace plastique disparaît et avec lui la référence des partis au prolétariat industriel qui, sous la présidence de François Mitterrand, gagnera l'idée de ses droits démocratiques tandis que la notion de cette égalité de droit fait oublier une inégalité de fait dont personne ne parle plus. Le chômage gagne. L'époque devient « éthique ». La référence au bas de l'échelle sociale, un rien inesthétique, tombe dans le silence. Fin de l'épopée. Le Président Giscard avait patronné un certain retour du bon genre. Le bicentenaire de la Révolution française marque une occasion de revenir vers le passé, tandis que l'opération « fin des grands récits » ouvre la voie à la piété patrimoniale pour des « lieux de mémoire » célébrés pour eux-mêmes depuis qu'on a renoncé à changer le monde. Dans une époque de crise qui durcit les dynamiques de compétition individualistes, certains aimeraient partager plus de culture, de convivialité. Peu à peu, l'époque se met à vivre au présent tandis que chacun, quelle que soit la diversité de sa condition sociale et culturelle, est censé partager un esprit « post-moderne » anhistorique. Le chacun-pour-soi s'étend avec la spéculation boursière. Sous le signe du *golden boy*, la présumée fin de l'histoire a limogé le militantisme. Aux oubliettes, l'histoire longue et les grandes idées. Tissant les prodromes d'une culture partagée, la protection de la nature devient un objectif éthique sous la présidence de François Mitterrand. Les Trente Glorieuses sont terminées, et avec elles la croissance économique. Moins de moyens, plus de com'. La France appauvrie s'endette. L'État exsangue propose d'en finir avec le dirigisme et la centralité : Paris entame sa décroissance en déléguant certains pouvoirs aux régions, aux départements, aux pays, aux communautés de communes et aux communes. Quand il achète, le Conservatoire noue des partenariats avec les collectivités locales qui assureront la gestion des sites qu'il a choisis. Leur destin implique donc de nombreuses alliances.

Sur place, que font les architectes en charge du patrimoine ? Dans cette période, l'État appauvri entame sa « déconcentration », il se désengage en confiant aux pouvoirs locaux des régions et départements « la guidance des dynamiques évolutives » et « le partenariat avec les forces économiques ». Les élus des villes grandes et moyennes montent alors au firmament du pouvoir. Ils se dotent de nouvelles ambitions et de nouvelles compétences. C'est le moment où les capitales régionales, jusque-là figées dans la stupeur provinciale, se transforment en multipliant les trouvailles. Lyon se dote d'éclairages nocturnes et d'un Opéra nouveau, balayant son esprit précédent fait de complaisance madrée sur fond de désespérance sublime. Avec leur mélange de puritanisme et d'épate, les gens de finances affolent la planète. Certains élus tombent, victimes de scandales, ils ont manqué de rouerie pour trouver les flots d'argent indispensables quand on veut appartenir au clan des plus grands poissons, de ceux qui nagent à toute vitesse et sautent très haut en s'entre-choquant dans un flot d'écume. Les entreprises se mondialisent et se concentrent.

Elles paient leurs managers de façon extravagante. Défilés de mannequins, rumeurs des médias, frasques des *people*. L'homme politique semble moins riche et moins beau avec ses idéaux à la dérive et de moins en moins de programme. Les militants se font rares. Pour consoler les Français de l'extinction de la chose publique, on valorise désormais la vie privée, l'intimité, le sexe, on vend des maisons particulières. L'ère Pompidou avait favorisé les promoteurs. Tandis que des guerres industrielles se préparent à l'échelle mondiale des biens de consommation, Giscard et Chirac fleurissent les arrondissements dont Pompidou a rasé les quartiers ouvriers. La classe moyenne sort des centres-villes pour acheter des pavillons. Une fois ses immeubles réhabilités, redécorés et transformés en hôtels, Paris, capitale de la parfumerie, devient la première destination touristique mondiale.

– Voyant le destin du Var et des Alpes-Maritimes, nous avions classé très tôt la côte des Albères, nous dit notre interlocuteur.

En face de nous est assis un homme nourri de recherche et sûr du pouvoir des bonnes lois dans un mélange de réserve, de résolution et d'un zeste de froideur.

– Il faut vingt ans pour qu'une politique prenne sa visibilité, pour qu'elle rencontre une adhésion.

Sur cette côte intacte, la Commission supérieure des sites décide, en 1979, de protéger une anse magnifique, semée de bâtiments industriels qui vont aller à la ruine. Il faut surveiller la zone. Bien lui en prend puisque le maire de Port-Vendres, ville ouvrière qui vote à droite à l'époque, a lui aussi ses idées sur l'avenir. Il accueille le promoteur de «Youpee la Côte Vermeille» et soutient les propositions de cet homme puissant. On va métamorphoser la zone. Une route à quatre voies sera taillée jusqu'à l'Espagne. On va équiper, terrasser, lotir. Fin du sanctuaire, extinction de la misère. Entre 1984, date de la fermeture de l'usine Nobel, et 1998, année où le Conservatoire du littoral acquiert le site en toute propriété, un affrontement entre aménageurs et protecteurs incendie la Catalogne française.

– La côte manque d'anneaux pour ancrer les navires de plaisance, plaide la DDE.

Les préfets abondent dans le sens de l'opération d'équipement. C'est une époque de discipline efficace. La croissance a été voulue, organisée et partagée. Face à cette France qui aménage au nom du tout-économique, sur quelles convictions, quels principes et quelles émotions réinventer une gestion du bien public dans l'intention d'un autre avenir ? Quelle force mentale, quelle culture et quelle ambition pour solliciter le crayon des architectes et conduire l'esprit des citoyens ? Il s'agit d'ouvrir un débat, de dessiner une forme. Pendant les longues années où le site en friche passe de main en main, un projet d'acquisition par le Conservatoire du littoral reste une éventualité lointaine. Cette sortie de crise que certains espèrent, la plupart l'ignorent quand ils se battent contre les projets d'aménagement.

Dans cette histoire, le Conservatoire est entré en scène à bas bruit. Il y a eu d'abord une bataille entre les services de l'État et les permis de construire successifs déposés par le promoteur. Avec hardiesse et justesse, la Commission supérieure des sites, emmenée sur place par l'inspecteur général, finit par en avoir raison. Face au maire cloué de dépit, elle décide une extension du périmètre de classement. Sur le site, ils mesuraient l'intérêt des collines. Sachant le Conservatoire appuyé par le préfet, le Conseil général et les associations qui ne reculeront pas, le promoteur comprend qu'il n'obtiendra pas les autorisations nécessaires. Capitulation. Il revend le site à perte après avoir investi lourdement dans une partie qu'il estimait gagnée d'avance et qui, pour finir, lui échappe. Le délégué du Conservatoire est porté par cette bataille, il a des alliés sur place, personne ne le sait encore. Pour qui travaille le Conservatoire ? Façonnant le territoire, ce « bien commun de la nation », ainsi qu'il est écrit dans le code de l'urbanisme, le Conservatoire est venu au-devant d'émotions partagées par les gens.

Dissemblances et dissentiments, pouvoirs locaux, esprit de fronde : on dit souvent la France ingouvernable, particulariste, incapable d'élans partagés. Il est vrai que, pour asseoir la stabilité citoyenne, la Révolution étendait à tous un accès au droit de propriété qui a été sacralisé. Comme un complexe névrotique, dans la société hexagonale, la volonté illusoire de se sentir maître chez soi, enfermé dans son intérêt particulier, traverse la société tout entière. Comme si régnait le fantasme d'un tout-pouvoir sans règlement ni prescription d'intérêt commun en matière de propriété, certains ont cru pouvoir jouir impunément de leur droit « d'user et d'abuser ». Le cercle vicieux du chacun pour soi se développe, les esprits se raidissent au détriment de toute intention plus générale. Comme un aérolithe inventé en temps utile dans la société consumériste, le Conservatoire met une butée à ce manque de sagesse. Son processus de constitution d'un bien public vient raviver parmi les hommes un sens de ce qui les lie. Il réussit à contourner le verrou juridique, institutionnel et moral du droit de propriété tel qu'il est pratiqué en France.

Qui incarnera cet intérêt de tous ? Dès la phase d'acquisition du site, le délégué entreprend d'impliquer le conseil général dans l'achat des trente-deux hectares de Paulilles. Il faut que le département participe à la fondation même du projet. Pour restaurer le site, pour le rénover et l'aménager, le Conservatoire aura besoin de moyens importants. En cherchant l'implication de la collectivité locale, il assurerait la légitimité, l'assise et les financements nécessaires au projet. Pour le site de Paulilles, les compétences et capitaux nécessaires excéderont les moyens de Collioure, de Port-Vendres, de Banyuls et de Cerbère. Une alliance est indispensable entre les villages côtiers des Albères et l'arrière-pays. Il faudra accepter, sur la côte, que le territoire littoral devienne un enjeu de plus grande échelle. La valeur des lieux appartiendra à la mémoire des anciens, de nouvelles valeurs pourront s'y incarner. Quel patrimoine s'agit-il de protéger ? À Perpignan, le conseil général s'associera au projet si une accroche, si une façon propice de penser l'aménagement de ce littoral est imaginée et proposée. Jean-Claude Bonnafé puis Jean-

Claude Armand, tout au long de cette affaire, auront à tisser, à fondre, à jointoyer, à souder, à suturer, à coudre en matière de mentalités, de sensibilités pour assurer cette émergence d'un sentiment partagé de l'espace.

– Est-ce que nous protégeons la nature, ou bien aménageons les lieux d'un territoire social? s'interroge-t-on souvent au Conservatoire.

Il s'agit aussi d'une intervention de type psychique et émotionnel, d'une invention d'ordre culturel, social et politique. Pour avancer dans le sens technique, il faut des idées artistiques mais aussi des initiatives qui parlent aux hommes. Une fois l'acquisition signée, que faire des trente-deux hectares de sol, de caps et de friche boisée, et des cent bâtiments en ruine? En sachant écouter, il restait à chercher, à structurer et configurer un projet dans le respect d'une société qui pouvait être éruptive et réagissait parfois avec force. Quand le Conservatoire, dans un souci de sécurité, clôt le site en posant un grillage sur son pourtour, de nuit on vient l'arracher, on retire les poteaux, la ferraille neuve et on les emporte. Les gens entendent revenir là où ils ont l'habitude de passer. À qui appartient Paulilles?

Commence une riche mais laborieuse histoire d'accouchement pour le projet de site. Le délégué et son équpe associent les forces vives du territoire dans un comité de pilotage dont les réunions mensuelles, ouvertes à tous, furent souvent houleuses. Divers possibles partagent, au fil du temps, les imaginations, les volontés et les esprits des responsables, du public et des successifs professionnels engagés dans la course. Il s'agit de protéger le site et de l'ouvrir au public. Il est, pour le moment, composé de trente-deux hectares: deux caps accidentés, truffés de blockhaus; entre les deux, la petite plaine dont le sol est sans doute pollué. Cette plaine est parsemée de ruines, – maison du directeur, halles de stockage des matières premières et des explosifs que l'on a fabriqués ici pendant plus de cent ans, bâtiments à usages divers, rails du chemin de fer, trémies, ballast, et puis maisons autrefois habitées, église, école. Différentes sortes d'arbres et de buissons ont poussé dans tous les sens. Entre 1998 et 2008, date de l'ouverture au public d'un site restauré sur la plus grande surface de la petite plaine entre les deux caps, soit dix-sept hectares, une métamorphose a lieu. Elle est décidée difficilement, par étapes, avec des périodes de perplexité, de mésentente, d'incertitude et de différends. Elle se nourrit d'apports scientifiques et culturels divers qui naissent, comme du territoire lui-même, par le travail de plusieurs associations qui se créent pour ressusciter les mémoires ouvrières, publier des ouvrages et recueillir tous les objets d'ancienne familiarité et les montrer dans plusieurs expositions publiques qui ravivent à leur tour les souvenirs émus et la volonté du pays. Paulilles sort de l'amnésie, reprend sa chair humaine. Il reste à un artiste, à un configurateur de formes physiques aussi bien que mentales à intervenir, ce sera un paysagiste qui, sur le terrain, donnera forme à des attentes, esquissera des sensations oubliées, transcrira un esprit d'autrefois sans s'y enfermer. Ce lieu, territoire habité par des gens, va perpétuer son devenir dans un partenariat peu à peu confiant avec une institution, le Conservatoire dont les responsables viennent d'ailleurs mais sont là pour que ce pays décide de la postérité qu'il se donnera à lui-même.

⋆

Impressions sur le vif, à Paulilles, sur le site désormais transformé

C'est notre premier contact avec le site acheté par le Conservatoire en 1998 et aménagé depuis. C'est dimanche, à Paulilles, nous venons voir l'endroit et aussi ses visiteurs. Nous voulons découvrir la mise en œuvre d'une idée et ceux auxquels elle est destinée, les amateurs du lieu. Nous descendons vers le site en empruntant le chemin d'accès réalisé par le conseil général pour ce site désormais « ouvert à tous » et protégé « pour tous et pour toujours ». Du temps de l'usine, la plage était fermée. Elle était réservée aux ouvriers et à leur famille. À présent, la « réappropriation » du site, installée pendant les années d'abandon, a servi de ligne de conduite au projet. Les associations ont enquêté sur un attachement, sur une fierté cachés. Elles ont sondé une mémoire et porté à l'expression une disposition collective, une façon d'être et de faire qui existait sur ce territoire. Pendant toute cette semaine, pas un de nos interlocuteurs ne manque de nous parler d'« appropriation » et de « réappropriation ». Nous finissons par en rire, attendant le moment où ce mot un peu solennel, un peu sacré, viendra dans la conversation pour illustrer un ravissement, une stupéfaction heureuse devant la réussite phénoménale du site. Dès le fond du vallon où se trouve le parking, on voit que ce petit espace a été redessiné, ouvragé et soigneusement planté. C'est un aménagement où tout est posé et disposé : à l'évidence, un « concepteur » et « praticien » de l'espace – c'est comme cela que les paysagistes s'appellent eux-mêmes – est intervenu pour donner à chaque ensemble, à chaque détail une forme soigneuse et belle qui redonne vie à un établissement humain précédemment déserté et sinistré. On nous dit que certains regrettent le peu de traces survivantes des bâtiments de l'usine de Paulilles, des maisons du village, de l'église et de l'école.

– À Oradour, on a conservé les vestiges incendiés, la ruine du village après le supplice.

Ici, des maisons autrefois vivantes ont subi l'outrage de la solitude. L'eau avait traversé les toits, les escaliers étaient tombés, les fenêtres fracturées. Dedans, tout avait été pillé.

– En 1998, rien n'avait plus ni forme ni potentialité d'usage, nous dit Jean-Claude Armand.

Hier soir, j'ai aperçu l'état de la côte aux abords du site protégé, telle que livrée à l'évolution spontanée des usages. Quelques vignes survivent sur le haut de la colline. De l'autre côté du chemin qui longe la corniche vers le nord, une succession d'emprises « sauvages » pour des cabanons de jardin, des villas modiques avec des treilles bricolées et des carrés de rangs de fèves. À mobylette ou bien en ravageant leurs amortisseurs, certains sont venus aménager leur bonheur. Je suis revenue sur mes pas en direction du site protégé. Près de l'eau et de son frais silence, un restaurant, des parkings sauvages et des friches pleines de débris de brique. La houle a fait exploser un épais mur de béton qui date de la guerre. Sur la pente du cap qui appartient au site de Paulilles, un enclos de grillage neuf: pas encore réaménagés, des blockhaus squattés, une poterne du XVIIe siècle dans une déshérence de ruine sale. Le vent soufflait en rafales, ralentissant la marche et me coupant le souffle. Je suis rentrée au bercail. La nuit tombait, demain nous visiterions le site.

Dès le premier instant de sa découverte et au premier aperçu de son aménagement, nous respirons un air de nouveauté soigneuse et joyeuse. Tout vient d'être fait, c'est un luxe aux proportions justes. Un vieil arbre a été conservé sur le parking disposé sous la rampe de chargement des matériaux. Si nous n'étions pas venues pour visiter l'anse de Paulilles du côté de la mer, j'aurais eu envie de remonter le fond du vallon sur les rives du Cosprons jusqu'à la tour Madeloc, depuis laquelle on doit avoir une vue mémorable cet après-midi où l'air est transparent. Catherine m'attend. Nous allons vers le site aménagé en passant par un tunnel courbe.

– Ils ont détourné la route, aménagé un rond-point et dessiné ce tunnel.

Des travaux de fort calibre, inhabituels au Conservatoire. Il s'agissait de protéger « les espèces rares et menacées » de cette anse et aussi d'imaginer un destin pour ce site magnifique qui se déploie bien au-delà des trente-deux hectares protégés et désormais dessinés. C'est l'inverse d'un site enfermé sur ses trésors puisqu'il redonne sa place, au contraire, à la continuité ambiante ouverte dans toutes les directions du regard pour irriguer, innerver, doper, transposer et réinventer un territoire qu'il investit par les pensées et les rêves des hommes d'aujourd'hui, tels qu'il les provoque et les convoque tout ensemble.

Cet après-midi d'un dimanche de mars et chaque matin de la semaine, nous allons rencontrer, à Paulilles et à Perpignan, l'équipe des gestionnaires et plusieurs des acteurs qui furent impliqués dans le laborieux établissement du projet, puis dans sa mise en œuvre : associations, services du conseil général et de la DDE, habitants, visiteurs. Le site est leur enfant. Ils en parlent avec amour, avec recueillement, avec respect. Cette histoire a été leur aventure. Elle les a emportés vers de nouveaux rivages. Ici, ils ont fait ce dont ils ne se savaient pas capables. Quelque chose a eu lieu. Une équipée commune les a avivés en ranimant leur idée d'eux-mêmes.

Dès l'arrivée vers la grille d'entrée, on voit que le site est devenu immense. Un enclos presque royal protège un jardin aux amples proportions, couronné de palmiers, de chênes verts et de platanes. C'est un jardin andalou, dessiné en carrés de buis autour de la fontaine. Le jardin initial a été amplifié, comme un cadeau de prince pour ce pays qui a appris à les mériter. Paulilles s'offre comme un parc de palais, le palais n'existe pas, il y a seulement l'ampleur, une sorte de majesté. L'espace du site est vaste. Une prairie commence après le jardin andalou. Au loin, une rangée de pins maritimes marque l'horizon de silhouettes bien dessinées, au travers desquelles la mer irradie son calme. Son étendue de lumière borde jusqu'à l'infini ce lieu qui raconte une histoire humaine et lui offre une nouvelle échelle.

En entrant sur le site, des perspectives s'ouvrent pour raconter différents traits mémorables ou significatifs de ce site. En déployant l'espace de cette petite plaine autrefois encombrée, le paysagiste a créé une continuité intéressante entre cette étendue et son amphithéâtre de collines parfaites, en amont jusqu'à la tour. Les deux forment une entité terrestre en Catalogne française, sous la pente des Albères dont cette côte vermeille reçoit le soleil, les pluies et le vent, l'homme y a patiemment tissé un manteau continu et soigneux de vignes sur le sol. Le paysagiste a écouté ce lieu, il a su l'interpréter et définir quelles lignes de force devaient être dégagées et exaltées à présent et dans l'avenir. Pour cette société et son regard d'aujourd'hui, Paulilles parle de la relation tranquille et attentive que l'on peut trouver entre la nature et l'humanité.

– Philippe Deliau travaille depuis longtemps pour le Conservatoire ; c'est un élève de Gilles Clément. Il s'est formé avec Gilles au jardin du Rayol.

Jean-Claude Armand nous parle du paysagiste en charge du réaménagement. Les habitants, les associations et les techniciens ont su s'entendre et tout le monde a travaillé, chacun avec son langage et son savoir-faire, pour donner voix à la disposition, à la passion et aux intentions nécessaires. Le paysagiste et son équipe ont donné une forme, ils ont exalté et porté au jour les pensées et les rêves d'une société locale et plus que locale. C'est le travail de l'artiste.

– Ici, on va faire du beau ! avait annoncé le délégué aux dix-neuf entreprises réunies sur le champ de ruines « dantesque » au jour du début du chantier, elles avaient trois ans pour tout transformer. Le contentement résultant de cette histoire est considérable, nous le constatons lors de chaque rencontre, nourrissant chaque conversation, chaque échange. Les yeux brillent. Nous rencontrons des gens dont aucun ne tarde à s'émouvoir. Quelque chose a flambé.

Au résultat, un lieu où on se rend avec une sorte de ferveur. C'est dimanche, le 8 mars 2009, les gens arrivent lentement, presque comme dans une église, il y a du respect dans leur allure. Ils entrent dans le jardin, vont vers la maison du directeur sur le pignon de laquelle une fresque évoque la sortie de l'usine autrefois. C'est l'agrandissement d'une ancienne photo. La maison du directeur n'a rien d'un palais ni d'une maison bourgeoise. Actuellement ravivée par des ferrures, du bois au sol et des auvents ingénieux, elle a l'aspect d'une maison de site mais reste le vestige de la situation précédente, qui est présentée à l'intérieur sur des moniteurs-télés, des vidéos, des panneaux d'exposition et dans des livres attestant un passé qu'on a recueilli, analysé et restitué. Du haut de la terrasse, on voit la grande prairie, une cheminée d'usine, une tour et tout au bout la mer. Les gens qui entrent voient cette métamorphose qui a été faite pour eux et aussi pour le site. Ils apprécient ce travail d'art et sont éblouis de se sentir reconnus. Ce lieu est pour eux, un hommage leur est rendu, ils y entrent comme à leurs propres fêtes, certains avec la même lenteur rurale un peu compassée qu'ils ont, le dimanche ou les jours de marché, quand le regard de tous est sur eux. Ils en acceptent du coup que ces aménagements récents par leur esprit et leur forme les transportent vers des horizons et des pensées d'aujourd'hui.

Ici comme ailleurs, les habitants sont en majorité vignerons et pêcheurs, leurs enfants «professeurs des écoles», «commerciaux» ou chômeurs. Les gens sont plus naturellement intéressés par leur propre passé que par celui des princes qui tenaient le haut du pavé dans les villes. Mais le site de Paulilles n'évoque pas seulement la mémoire collective, il emporte vers une autre dimension, un autre registre de vie.

– En été, c'est le *rush*, les gens vont directement à la plage.

En passant sur le sol des allées, ils foulent un béton serti de pièces et de boulons de l'usine dont un grand bâtiment reste dressé au centre de la prairie. Un motif de plantes est imprimé ici et là, à même le sol des allées. Avec raffinement, l'histoire du site transparaît, reprise par la grande échelle de la nature ambiante. Le passé du site est ainsi transposé et recréé. Son aménagement installe un nouveau chapitre de son évolution, afin que cette histoire soit sue et surtout qu'elle puisse continuer. Nous faisons un tour rapide pour repérer les grands tracés du domaine, ses coins tranquilles, les terrasses où découvrir les vues, la tour de guet – un ancien réservoir d'eau que l'on peut escalader jusqu'au sommet – et les bâtiments qui abriteront bientôt une collection de barques catalanes.

– Soixante dix-huit de ces barques qui naviguaient dans les parages, cabotant, pêchant l'anchois et assurant les échanges entre les villes de la corniche. On ne passait pas par la terre.

La collection sera présentée ici, une fois restaurée, et réutilisée pour des animations grandeur nature. Nous voyons le site de nouveau, le lendemain matin, avec sa directrice par un jour clair et frais. Elle nous montre comment on a installé quatre maquettes d'exposition, en ligne près de la mer, sur le sol de la première usine de conditionnement dont on a gardé les murs de trois mètres d'épaisseur et les terrassements en forme de fortifications sur lesquels une passerelle a été jetée pour permettre la découverte de ces installations. Vers la mer, un mur de béton installé par les Allemands « pendant la dernière guerre » pour défendre l'hexagone en cas de débarquement et derrière ce mur, un passage en caillebotis depuis lequel inspecter la couleur de l'eau. Tantôt on est dans les échelles du souvenir, tantôt dans celles de la nature, de la lumière et des roches, oubliant tout ou bien imaginant l'avenir qui attend les établissements humains.

Nous revenons sur le site lors de plusieurs rendez-vous pris avec les responsables des associations : deux femmes ont rassemblé les souvenirs de la vie ouvrière, ranimant le sentiment collectif et permettant au projet de trouver un enracinement dans le temps proche de sa mémoire. Nous rencontrons ensuite deux historiens passionnés qui nous installent dans le temps long de la contrée. Le dernier jour, nous voyons le paysagiste : le vent était tombé, il faisait tiède et beau. C'était le printemps.

– Vous connaissez le site ?

Philippe Deliau est très grand, brun, et ne ressemble pas du tout à Gilles Clément. La personne de Gilles Clément évoque une idée de lumière, d'air libre, de feu et d'eau, de matière aussi et de vitesse. C'est un homme solitaire, et aussi un être de paroles, de pensées et de mots. Ils ont en commun l'intelligence des plantes, l'initiation au monde du vivant. C'est la première fois que je rencontre Philippe Deliau. Je suis déconcertée par son regard actif, son grand corps attentif, son air d'intelligence et de volonté, pas de rêveur. Il nous montre la terrasse des audiences d'où l'on aperçoit la prairie et la ligne de mer, le sable et ce qui reste du mur allemand ; la tour du château d'eau d'où l'on découvre l'ensemble miraculeux de Paulilles ; les bâtiments encore vides d'un futur lieu d'animation ; la grande allée de platanes ; les différents arbres d'un coin secret, agréable, où nous nous asseyons, fatigués de parler et d'analyser. Philippe Deliau a l'air fait d'une matière abondante et solide. Il est venu au petit matin. Il a encore plusieurs choses à voir avec les jardiniers, «la gestion de la prairie», faucher, ne pas faucher, laisser sécher l'herbe, recueillir les graines. Depuis une semaine, nous avons vu plusieurs fois l'ensemble du site, nous avons exploré la côte jusqu'à l'Espagne et sommes montées derrière sur les collines.

Rassemblant les énergies et les volontés de gens différents, élus, population, techniciens, gens de passage, l'aspect actuel de Paulilles résulte d'une restauration attentive au lieu, à son histoire, à son contexte local et supra-local. Avec la directrice et le délégué, avec tous ces gens qui rayonnent encore de l'aura de cette aventure, nous avons parlé et encore parlé. Toujours réjoui, un rien malicieux et comme emporté par le vent non encore reposé de l'aventure, Jean-Claude Armand est donc venu pour deux heures nous montrer les parties non restaurées du bunker plein de ronces où l'on préparait la dynamite avant de la stocker dans des cartouches en forme de cigare. Réserve marine, suite du projet, l'avenir a encore des choses à dire. Et maintenant que nous devons partir vers la suite de notre enquête, maintenant que tous ces visages, ces voix et ces mots sont posés dans nos têtes pour que nous les rangions et les interprétions, c'est cette galerie de sourires, de joie triomphante et de fierté que nous emportons comme une guirlande, cette unanimité d'émotions partagées que nous aurons à transcrire. Presque chaque fois, les gens étaient au bord des larmes. Nous allons rouler sur la route du bonheur qui commence sur la côte plate dès Argelès et Palavas-les-Flots, une route marquée par les efforts, les idées et les actes des années 60. On est en 2012. Le Conservatoire, ou plutôt l'esprit qui le porte, n'a pas encore gagné *on the earth*. Site après site, le Conservatoire travaille un certain genre de projets. Il acquiert et aménage. Le thème est principalement celui des usages de la liberté estivale de chacun et de tous dans le cadre d'une nature éternelle.

Subtilement et patiemment, le Conservatoire du littoral

installe des relations de partenariat avec les tutelles locales comme avec les gens qu'il engage pour concevoir le devenir des sites dont il est propriétaire. Il propose de nouvelles formes de négociation, d'aménagement et d'usages. Son travail est de poser des ganivelles, des panneaux d'information, d'entretenir les sentiers. Je connais les gens du Conservatoire, des gardes aux délégués, des directeurs aux présidents et aux chargés de mission, avec leur attitude concentrée, souvent joyeuse et née du grand air, leurs têtes parfois butées, impérieuses. Les sportifs gardent le silence de ceux dont les muscles vont parler, pas les langues. Les gens du Conservatoire tiennent des discours, mènent des réunions, gèrent des négociations et font des rapports.

À Paulilles, nous avons vu un site qui respire un nouvel air, un nouveau climat : une manière d'alliance entre gens, entre choses, entre dimensions de la réalité. En accord avec les urgences d'une époque, un discours est tenu par un conseil général pour les citoyens d'une province et pour ceux qui y viennent des quatre coins de la planète. Le site a été transformé en vue de l'intérêt public. Sur la base de la verdeur identitaire des Catalans, en relation avec leur mémoire ouvrière mais aussi en direction d'autres équilibres sociaux et mondiaux à prévoir, il installe un cadre pour les pratiques de liberté de l'humanité en général, un cadre avec des thèmes : l'air, l'eau, la beauté ; la mesure, les plantes et les poissons ; l'activité humaine et son histoire ; la responsabilité des êtres vivants que nous sommes, leur avenir.

On a assez parlé avec Philippe. Cette histoire nous traverse. Nous aimerions qu'elle dure.

CHAPITRE V.

Domaine du Rayol

Le règne de la beauté

Nous avons quitté l'empire des vents, longé la côte plate et contourné les villes qui défilaient sur les panneaux de l'autoroute, Perpignan, Narbonne, Montpellier, Nîmes, Arles, Marseille, Aix-en-Provence. Les collines et les lagunes se sont succédé en longues séquences, territoires du roseau, de la sarcelle migratrice et des flamants roses. Aux abords du Rhône, la terre s'apaise et s'étale tout à fait, elle se soumet à la descente du fleuve, à l'énergie de son drame gigantesque issu d'un froid lointain. Au nord, le soulèvement alpestre troue l'espace en formant l'invisible origine d'un vent barbare qu'on dirait venu de la profondeur cosmique et dont la dureté intermittente balaie un carrefour de montagnes depuis longtemps tempérées par l'histoire. Le Rhône, fleuve turbulent et autrefois indompté, dévale tout en bas une campagne agréable et nuancée, déversant devant lui un torrent de caillasses dont il a fait la Camargue et la Crau, plaines éblouissantes et sèches, presque toujours ventées par un air aigre. Trop de lumière inonde ces solitudes. Le flot aujourd'hui vieillissant du fleuve est partout coupé de barrages. Il a cessé d'alimenter en alluvions son delta qui s'enfonce.

Évitant les Préalpes calcaires par le sud et saluant de loin le surgissement blanc de la Sainte-Victoire, nous entrons ensuite dans la zone bleue des collines et des pics qui dominent Toulon puis Hyères. L'échelle immense du calcaire, déposé au cours des âges en strates gigantesques, cède la place au relief plus complexe, plus coloré et feuilleté de la roche primaire dont l'histoire plonge aux premiers âges de la planète. J'aime les régions du granite, du micaschiste et du gneiss, comme si quelque chose d'ancestral et de lointain, quelque chose de dense et d'originel était là pour témoigner d'un fond des âges, dressant vers le ciel une échelle invisible des choses, engloutie par le temps. Les plaines et les montagnes récentes ignorent cette immensité de l'histoire du monde. Une certaine légèreté les occupe, une énergie plus volatile. L'horizontalité des sédiments reste un événement récent dans l'histoire du monde. Sur les terrains primaires, une gravité, une ampleur se déploient sous les pieds. Gilles Clément, paysagiste du jardin du Rayol que nous venons visiter, a grandi en Creuse, près des granites et des fougères. Cet ami de la nature me semble, comme depuis l'enfance, un témoin de ses premiers âges qu'il a observés et médités.

Passant au pied de la ville d'Hyères, nous devinons les rues aux petits immeubles 1 900 roses et festonnés d'ornements aimables. Plus bas s'étendent des quartiers récents fiers de leur clinquant et construits avec les moyens industriels, incarnent-ils le rêve d'une époque ? Une autoroute urbaine à six voies les traverse. Ses terre-pleins centraux hébergent des populations de palmiers adultes récemment installés. Ces plantes venues sans doute des jardineries du Moyen-Orient donnent un aspect de plus en plus californien aux parages du Var. L'hiver est doux sur la côte mais les touristes accourus de partout l'envahissent plutôt au moment de la chaleur. Ce département dont un surcroît de population vient d'habitants d'une seule saison bouscule sans cesse ses espaces et sans doute aussi ses citoyens permanents. Nous venons voir ici une province et sa transformation vers un avenir qui a commencé comme un mythe.

Au sortir de la ville, le moment où s'ouvre la campagne est toujours une respiration. On sort de la ville comme on quitte des yeux la page du livre pour regarder, au-delà de lui, la lumière, les couleurs et les formes d'un monde plus ample. J'attends la plaine des salins avec la mer au bout de l'anse parfaite continuée en double flèche de sable, vers le tombolo de Giens, chemin des îles d'Or. En amont sur la gauche, je vois des vignes et des jardins d'orangers avec ici et là des maisons de maître précédées de grandes allées de platanes. Je cherche à retrouver le dessin précédent de ce territoire, la forme de son agriculture aujourd'hui recouverte par des lotissements qui gagnent partout du côté de la mer et autour de la route à six voies. L'espace libre, comme résiduel, survit ici et là telle une touche d'ancienneté verte et bien dessinée, rescapée de ces grands domaines autrefois installés, au-dessus des lagunes, sur le maquis des collines.

On atteint la fin de cette plaine, on monte sur les pentes d'un épaulement couvert de petits bois au-dessus du cap de Brégançon, siège du repos présidentiel. Autour du fort, c'est un des rares endroits où le paysage du Var a été conservé grâce à la survie des vignes de quelques grandes propriétés. Le Président a droit à une beauté intacte. Partout ailleurs, elle est entamée par un consensus qui désordonne l'espace.

Sous Bormes-les-Mimosas, le fond de la plaine et le bas des collines ont été partout gagnés par les maisons, les entrepôts et les hangars. Les vestiges de l'ancienne route aux alignements de platanes ont presque partout sauté, élargis par une urgence de vitesse. Ce sont déjà et continûment les abords du Lavandou, petite ville récente posée face aux îles. Patience, une fois traversée, on arrivera sur la corniche. L'espace se resserrera entre les roches et l'eau, la départementale montera et se mettra à tourner. On passera d'une anse à l'autre sur une route qui, à défaut de pouvoir s'élargir, est parfaitement enrobée d'une épaisse couche de bitume. L'usage accoutumé des habitants est de se croire sur un circuit de course. Une envie de gloire et de risque tenaille chacun. Les champions fréquentent les princesses. Lambeaux d'un esprit d'avant la guerre, un rêve de promotion miraculeuse hante ces rivages. La route sinue entre des jardins dont les frondaisons débordent des deux côtés. Tout à coup la mer apparaît devant nous, au bas d'une crique où ont atterri les troupes du débarquement en 1944. La route aux mille virages change d'angle constamment. Elle aborde une mer de milieu d'après-midi tantôt de face, tantôt de côté, à droite, de nouveau en face. On monte un cap, on la domine, on redescend en traçant des S et encore des S et puis on la longe, c'est une plage enchantée, calme et claire. Nous sommes entrées dans le secret du département mystérieux, embaumé et précieux du Var, aux rives de la montagne cristalline dont les plissements de schiste hérissent les pointes et les caps jusque sous la surface de l'eau, dans les anses secrètes où le regard plonge profond dans la transparence ombrée, verte puis outremer de l'eau. Cette côte est depuis longtemps le lieu de toutes les jouissances du monde. Une envie de calme et de plaisir tranquille gouverne aujourd'hui notre enquête. L'air est pur, la température de plus en plus tiède. C'est dimanche. Comme si une envie d'enfouissement et de jubilation portait à présent notre périple, nous avons envie de poser notre regard sur une beauté des choses. Arrêter le flux du temps, laisser couler la couleur.

Nous nous disposons à visiter le jardin du Rayol. Nous sommes dans le Var pour découvrir une œuvre de l'homme, un endroit où une intention inventive a magnifié la nature, exalté ses pouvoirs et composé ses splendeurs. Le Conservatoire du littoral n'hérite pas seulement de lieux mystérieux et désaffectés, de grands espaces sauvages, intacts ou presque, où soufflerait un air venu de plus haut que notre vie mortelle. Il ne célèbre pas seulement le vol des mouettes et le silence des immensités. Il lui arrive d'acquérir des lieux signés, marqués par l'imagination humaine. Le voyage nous a rempli l'esprit d'images immenses, à l'échelle des massifs et des continents. Sur cette côte du Var, nous voudrions oublier le siècle et nous enfouir un moment dans le rêve. Est-il temps pour un suspens, pour un repos, à mi-chemin des collines bleues et de cet autre bleu étale qui pose son silence en bas, au pied de la corniche, là où tout semble prendre fin et commencer à la fois ?

Quand nous arrivons à l'hôtel qu'on nous a recommandé sur les hauteurs du Lavandou, en entrant dans la chambre que je vais occuper au deuxième étage, la vue plongeant sur les toits de tuiles ponctués ici et là d'une couronne de palmier dattier, le profil des bateaux ancrés au port, le cap Bénat s'enfonçant à droite vers Brégançon, l'île du Levant barrant l'horizon comme un serpent nimbé, attentif à l'inconnu du large sur lequel il veille de toutes les écailles de ses caps et de ses radars avec, au milieu, le scintillement marin bleu sombre tranché d'une flaque éblouissante d'argent, me sautent au visage. De la lumière reflétée du soleil montait une haleine chaude. L'écorce des pins, dans les jardins, les eucalyptus et un dernier mimosa en fleur avaient commencé à chanter leur air silencieux, l'hymne du pays des baumes. Dans le lointain du contrejour, même l'urbanisation de La Favière, aux portes du Lavandou, prenait une silhouette de ville imaginaire, telle qu'on en voit la silhouette bleutée sur l'horizon des tableaux de Breughel l'ancien.

Les joies d'un tel paysage, le plaisir extrême de plonger dans cette nature du Sud ont été exaltés par les peintres du début du XXe siècle. Au temps des crinolines, leur découverte de ce rivage, de ses ombres et de ses parfums les a projetés dans des impressions et des sujets nouveaux. L'esprit du plein air et ses couleurs envahissaient les toiles, la liberté des formes, la vie elle-même, dans le Sud, entièrement fascinante pour occuper l'esprit. La vue de ma chambre me frappe avec cette force même. Je la découvre, en même temps, je la connais déjà. Encadrés par la fenêtre, les toits de la ville et la baie se présentent comme un tableau. Je connais cette perfection, cette surprise heureuse venue des couleurs intenses, rayonnantes, qui m'envahissent comme une lumière ou comme un parfum. Justement, deux rideaux catalans rayés verticalement d'orange, de bleu clair, d'ocre et de violet me tendent le spectacle de la réalité elle-même, intense et étrangement miraculeuse dans l'espace de cette mise en cadre. L'œil se perd dans les panoramas, il apprécie d'être guidé par des lignes. Tant de peintres, avant moi, ont exalté cette beauté depuis cent cinquante ans, découvrant l'éclat et la force colorée de ce pays dont l'extraordinaire pouvoir d'euphorisation accueille le visiteur en induisant chez lui un sentiment de bonheur lumineux, intense comme la couleur.

C'est la Provence. Rien ne nous oblige aujourd'hui à penser à tout, ni au reste. Nous sommes là pour jouir et contempler, pour nous plonger le nez et l'esprit dans un bouquet de roses, un oreiller de senteurs, un duvet de plumes à la légèreté parfaite, une explosion de signes merveilleux, joyeux et calmes partout ambiants dans l'accent même des gens, dans leur capacité d'accueillir et de parler. André Del Monte, dit Dédé, est venu nous saluer à l'entrée de l'hôtel. C'est le président de l'association qui gère le jardin du Rayol. Il est affable et ferme, avec un air de santé, une vigueur, une rapidité d'esprit qui donnent confiance. Un vrai Provençal aux yeux de braise attentifs et généreux. À l'affût de la vie réelle, il a d'abord cavalé dans la marine. Vif comme l'argent, il a tenu un temps un restaurant puis s'est présenté aux élections. Le feu et le raffinement de cette province l'habitent, il n'en a pas les dessous de ruse invétérée, nés d'une histoire trop longue dans une société trop vieille. Nous allons descendre au port. La luminosité réfléchie par la mer réchauffe la température de l'air, nous faisant aborder aux rives du printemps. Comme les feuilles dans le secret des bourgeons, nous recevons un signal. Le printemps est la saison des amours. La nature se réveille. Sous le ciel, tout est cycle, mue, transformation.

⋆

Situation locale

À l'origine de l'histoire du domaine du Rayol, il est un ensemble de caps bleus sur la corniche des Maures, un peu plus à l'est, qu'on rejoignait difficilement par un chemin de mules rarement emprunté, il ne conduisait nulle part. Posé face à la mer, le massif des Maures culmine à près de huit cent mètres, en arrière de Collobrières. Il est fait de pentes raides et caillouteuses, de vallons secs, de forêts claires. Un paquet de roches compact, escaladé par des chemins en lacets. C'est l'empire de la roche et du maquis, autrefois territoire des chèvres, aujourd'hui de la chasse. À la fin du XIXe siècle, ce massif est vide d'occupation humaine permanente, sa côte quasiment déserte. Les roches rousses et violettes qui cascadent vers la mer sont couvertes d'un maquis ras ponctué de chênes verts. Sur une rive presque verticale par endroits, quelques abris où les pluies qui dévalent ont accumulé une fraîcheur forment des plaines exiguës au bord de l'eau. On commence à les disposer en terrasses où planter des vignes, des fleurs et des oliviers le jour où une ligne de chemin de fer installe un parcours sans précédent entre ces solitudes escarpées, frayant un parcours en balcon le long de la mer. Entre Bormes-les-Mimosas, perché sur la pente, et la forteresse de Saint-Tropez, à trente kilomètres à vol d'oiseau, les relations se faisaient plutôt par mer ou bien par derrière, en contournant la montagne.

La côte est en pente raide et presque sans espaces plats. Les hommes s'installèrent aux abords du massif, sur certains pitons qui leur permettaient de surveiller les abords. À la fin du XIXe siècle, ils sont descendus vers les côtes pour planter des chênes-lièges et des orangers le long du chemin de fer. Empruntant le même accès, des investisseurs achètent pour rien quelques grandes parcelles de ce désert écarté de tout, ils y construisent des villas mauresques et de grands parcs plutôt sauvages. Au moment où Monsieur Courme, banquier de son état, acquiert les vingt hectares du futur domaine du Rayol, en 1909, et encore vingt hectares alentour, ce mouvement de pénétration s'esquisse à peine. Il faut imaginer l'épopée saisonnière des malles et des carrioles, les heures de voyage dans la poussière pour mettre en place la saison du plaisir. Des valets, des maîtres d'hôtel et des gouvernantes venus des villes règnent sur le linge et sur la vaisselle. Les servantes secouent les fauteuils et les tentures, ouvrent les fenêtres et balaient les aiguilles de pins accumulées sur les terrasses. L'aise et le luxe bourgeois sont assis sur une cohorte de gens habiles à régler le confort, dans la compagnie desquels les maîtres vivent au quotidien jusqu'au milieu du XXe siècle. Sans cette suite, comment disposer le décor de la grandeur? On vient sur les bords de mer observer la population pittoresque des pêcheurs de rouget et des tresseurs de paniers. Le soir, on vit entre soi dans les villas. L'aventure du tourisme joue sur le dépaysement: on vient créer des jardins dans la sauvagerie tandis qu'entourés d'un cortège de femmes de chambre, les riches oiseaux de passage posent leur regard sur l'horizon marin. Jusqu'à leur arrivée, ces lieux étaient inhabités.

En 1930, on dessine un début de projet de station au Rayol: un grand escalier et des pergolas ménagent des vues verticales sur le site. Monsieur Courme est-il à l'origine de ce prodrome, ou bien quelqu'un de ses semblables? La station proprement dite ne verra pas le jour, il aurait fallu planter un casino, installer des hôtels. Sur la corniche, rien ne se fait. C'est encaissé et difficile d'accès. Il y a mieux dans les Alpes-Maritimes. Le rivage des Maures reste presque intact jusqu'aux années 60. Seuls des courageux fortunés ont installé ici leurs aises et leurs usages, en contrebas de la route pierreuse et sur les petits caps avec vue sur les anses transparentes où jouer à Robinson dans le silence des criques. D'anse en anse, on se lance des messages et des invitations. Ici, comme en Guyane ou presque, il y a peu d'habitants, peu d'antécédents, peu de modèles. La société locale habite les villages perchés derrière le col. Malgré leur sentiment terrien ancestral, ils ont vendu les arpents côtiers en continuant à s'y sentir «chez eux» pour pêcher et chasser. Peu à peu, les fils de bergers, de paysans et de pêcheurs se font commerçants ou maçons. Le pays s'organise et se transforme. Le Rayol ressemble à une sorte de colonie de peuplement. Quelques grandes villas de style colonial sont tapies dans les arbres, quelques maisons des années 50 de style moderne, optimistes comme le plein air et comme la Reconstruction, s'étagent le long de la route. Vague après vague, des gens ont abordé ici, mêlant les villageois d'origine avec des générations d'ouvriers agricoles venus de Corse et d'Italie.

Imaginons le Rayol tel que l'a connu le président Chirac quand il avait dix ans, aux premières années de la guerre de 40, quand le domaine est passé dans les mains de Monsieur Potez, avionneur chez qui travaille Monsieur Chirac père. Les deux grandes villas bourgeoises sont posées à juste distance de la vue sur mer qu'elles composent avec maîtrise. Entre elles, un creux de sept ou huit hectares où le buissonnement ras du maquis est aménagé en un jardin millimétré et densément fleuri, un jardin de type « mosaïque » comme on les a vus longtemps dans les parcs de centre-ville en France. M. Courme et après lui M. Potez cultivent aussi le rêve exotique de Pierre Loti et de Majorelle, leur songe habite inévitablement un Orient fastueux, aux rives d'une Afrique qu'ils ressuscitent ici en plantant des arbres jamais vus. Dans cette solitude, ils importent l'esprit de leur époque. Pour tenir un tel jardin, une équipe de jardiniers est au travail. Depuis les fenêtres de la maison, le spectacle de la mer encadrée par les îles est royal. Ici aussi, on a dessiné une pergola et un grand escalier. M. Potez a racheté le domaine pour ces gestes de grandeur et ces espaces de représentation. Il faut imaginer le domaine dans l'esprit de la société du début de siècle et des années 30. On pose sur des espaces vierges le pouvoir et l'autorité d'une classe supérieure qui imite l'aristocratie militaire, c'est le temps de l'empire colonial, un monde où l'esprit de caste fait loi, même pendant les vacances.

M. Potez aime les bégonias. Les chaussures de soie, les robes de chambre chamarrées et les capelines appellent des allées sablées, des salons avec faux marbres, cheminées et glaces de style pour la vie sociale. Ces propriétaires bourgeois font travailler les architectes et les doreurs. Entre les deux villas, une route et des chemins tracent des lacis habiles pour divaguer et découvrir. Le domaine est posé en contrebas des collines raides qui se dressent derrière lui, il occupe la virgule finale de la terre, l'endroit où elle sourit à l'espace et où elle l'accueille. Il embrasse, à l'est, une pente qui se termine en bas par la pointe du Figuier. Chez Monsieur Potez, on peut se promener chez soi dans un espace à part, protégé par son luxe. Une fois dans les hauteurs, on voit du côté de Cavalaire la côte plus sauvage et moins occupée. Autour de l'anse du Dattier, d'autres gens remarquables ont acquis des domaines. Ce sont des industriels, des ambassadeurs, un savant renommé, Pierre Foncin, qui explorait les Maures au début du XXe siècle et acheta le haut du cap pour y poser une maison dans le vide du ciel, juste au-dessus de la future ville de Cavalaire. Au pied de la pente, le domaine du Rayol comprend l'anfractuosité d'un vallon où coule un ruisseau intermittent qui a creusé, tout en bas, un ravin débouchant sur une petite anse de sable abritée de l'est. Elle regarde la côte du Rayol, alors seulement verte de ses pins maritimes, de ses chênes verts et de ses bruyères arbustives.

La construction de la ligne de chemin de fer a engendré peu à peu, autour de la gare de Cavalaire, à 6 kilomètres vers l'est, un début de construction dans la forêt littorale. L'anse autrefois intacte se transforme. Après la guerre, d'époque en époque, une pénétration en tenaille s'infiltre pas à pas, posant maison après maison, aux endroits accessibles et puis de plus en plus haut sur la pente, les habitats et leurs remblais, leurs terrasses, garages et piscines. Aidée par des maires avides d'animer leur commune, les volumes propres aux usages de l'été avalent l'espace en amont de Saint-Tropez. Autour de Cavalaire, au-dessus de la baie, des centaines et des centaines de maisons se construisent en quelques décennies Sur la corniche des Maures, l'encerclement est ralenti par la difficulté d'accès. Pas à pas, des constructions s'établissent cependant, venant rogner les parcs des grandes maisons bourgeoises ou se loger dans la hauteur, sur la face des collines dont elles trouent sans ordre la continuité verte, disposant des enclaves de paradis sur la vue édénique d'une mer que des heureux de plus en plus nombreux se partagent.

Je veux parler d'une belle histoire. Je vais boucher ma vue et porter des œillères, refermant mon attention sur les dix-neuf hectares du domaine du Rayol. Je ne parlerai pas de ce qui se passe autour, projets du baron Empain, épopées financières et grands terrassements. J'ai en vue de jouir d'un bonheur qui s'est incarné là. Fermant les yeux sur l'histoire ultérieure, sur ce qui se voit aujourd'hui alentour, regardons le domaine dans les années 80.

*

La bataille de l'acquisition

Alentour, il y a la côte du Var, un département fort riche en collines raides recouvertes de forêts et de maquis boisés, il y a Port-Cros, constitué en Parc national depuis 1963. Ce département que l'on dit encore sauvage, encore relativement intouché par le XXe siècle, ne ressemble plus depuis longtemps à une sorte de bout du monde où l'étendue calme et vide s'étendrait à perte de vue entre solitudes et petites villes fortifiées comme à l'époque où, autour de 1900, seuls Nietzsche et quelques Anglais venaient lézarder autour de Nice. Il fut un temps où, outre les propriétaires des grandes maisons, quelques sculpteurs, quelques peintres et romanciers avaient posé leur cahute plutôt du côté de Cogolin, de la Croix-Valmer ou de Ramatuelle. C'était la période de Brigitte Bardot. On vient sur la côte pour absorber une mémoire. Bercé par des mythes, on en oublierait l'état des lieux.

Il n'a pas échappé à Jean-Philippe Grillet, délégué du Conservatoire du littoral en Provence-Alpes-Côte d'Azur depuis 1986, que la carte du département du Var recèle encore quelques caps, presqu'îles, forêts, étangs, lagunes et salines dont les surfaces, sur le bord de mer, constituent autant de places libres que la nature ou le hasard de la propriété ont encore et toujours préservées de l'esprit bâtisseur des investisseurs. On les rebaptise à l'époque « espaces naturels », ce sont des « fenêtres » aimées par les protecteurs de la nature car il est constant que le végétal et la faune sauvage prospèrent dans ces espaces libres. Sur la presqu'île de Saint-Tropez, autour de Ramatuelle, dans le delta de l'Argens à côté de Fréjus, sur les grandes salines de la plaine d'Hyères, des plaines humides, d'anciens domaines, quelques caps acérés, peu parcourus et peu exploités, plongent dans la mer au bout des criques. Le Conservatoire y pose son regard. Là vit l'empire du vent, de la roche et de l'infini bleu, seulement fréquenté autrefois par les bergers et les écorceurs de chênes-lièges.

Le département du Var est protégé par l'âpreté de sa montagne cristalline. Dans le massif des Maures, son sourcil raide a rebuté les installations. Au Rayol, le domaine de M. Potez a été racheté par une société d'assurance qui y a placé les capitaux d'une mutuelle de médecins. Le jardin, pour le moment, reste à l'abandon mais le nouveau propriétaire a des vues sur l'avenir. Il doit partir à la retraite. Il est pressé de conclure une affaire engagée depuis quinze ans avec l'opérateur Pierre et Vacances, spécialiste du cube de loisir les pieds dans l'eau.

– À l'époque, ces placements rapportaient plus que la Bourse, me confie le responsable des investissements de cette mutelle qui gérait avec sûreté les intérêts à lui confiés.

Pour que ce placement rapporte, il a établi un projet d'aménagement. Il va partager le jardin en lots, y bâtir des villas et dégager une plus-value. Les lieux en seront-ils améliorés ? Les riverains ne le pensent pas, habitués qu'ils sont à ce que, sous leurs fenêtres, se déploient l'ampleur de la sylve merveilleuse et des frondaisons, l'espace de silence et de chants d'oiseaux de l'ancien domaine. Qui jouit de cette vue ? Des ingénieurs, des médecins, des entrepreneurs qui ont établi leurs usages et loisirs de famille sur la pente du Rayol, au-dessus ou au-dessous de la route. Ils ont eu la bonne idée de venir ici à temps, de s'y établir au bon moment. Leurs maisons sont bien construites. Dans un premier temps, ils souhaitent que rien ne bouge.

Pour défendre ce coin de bonheur, ils se constituent en une association qui se range derrière la cause de la protection de la nature, une cause qui a commencé son ascension dans la vie publique. Des associations se montent et luttent avec détermination : elles se mettent en travers des intentions bâtisseuses dans un esprit de préservation parfois radical qui, face aux lotisseurs, s'insurge au nom des cistes et des bruyères à balai, des phasmes, des blaireaux et des scarabées rhinocéros. Entre partisans de la friche et du béton, les gens s'affrontent. Le travail du délégué sera d'amener avec prudence une transformation des termes du débat. Pour ménager une sortie de crise, il faut permettre aux belligérants de changer de posture. Tout aura l'air d'être venu d'eux-mêmes. Ils verront les choses autrement et pourront cesser de s'opposer de façon frontale.

Quand Jean-Philippe Grillet parle, on ne sait pas si c'est une douceur ou bien une malice immense qui s'expriment, l'angélisme d'un espoir fou en l'humanité, d'une foi à décoiffer les montagnes, ou bien aussi la finesse, la ruse et l'astuce d'un joueur d'échec qui aurait fréquenté les services secrets pour en apprendre la discrétion, l'art du silence et les résultats indiscutables. Jean-Philipe Grillet et Christian Desplats, qui lui a succédé au poste de délégué en Provence-Alpes-Côte d'Azur, ont en commun leur caractère secret, leur grande retenue, la distance qu'ils savent mettre entre eux, les choses et les gens, et les discrets abysses d'opacité dont ils entourent leurs pensées, leurs stratagèmes peut-être. Ils sont secrets, pas communicatifs. Complexes aussi, rudes parfois. Méfiants à coup sûr. Quelque chose me dit que ce silence recouvre des choses qu'on ne dit pas aux filles, qu'on ne doit pas porter au jour de la cité. Ils veulent continuer à espérer, ils se battent pour cela. L'un est très maigre, l'autre a plus de chair. L'un a eu les cheveux roux, l'autre bruns, maintenant tous deux ont viré au gris. Ils ne racontent pas des batailles d'un autre âge, mais plutôt comment l'esprit du nôtre a pris figure, comment il est sorti de terre. Combien de périodes fastes sont issues de périodes de crise, combien d'âges d'or se dessinèrent une fois tirée la leçon des périodes d'hésitations et de conflits ?

À l'époque, une société locale se divise et se dispute. Les associations veulent que la commune acquière le domaine pour le laisser intact, le maire aimerait plutôt lotir. Face à cette convulsion comme il y en a eu mille et cent sur cette côte, Jean-Philippe a carte blanche pour agir car le Conservatoire a décidé l'acquisition du domaine. Sur la corniche des Maures, une belle continuité de terres est encore susceptible d'être protégée. Dès 1977, la fille de Pierre Foncin, le géographe des Maures, a fait don au Conservatoire de sa maison au sommet du cap. L'acquisition de la propriété Potez constituerait la deuxième pierre d'un grand espace protégé qui s'étendrait sur la continuité géographique de la corniche des Maures puis de l'anse du Figuier jusqu'à Cavalaire. Le Conseil d'administration vote donc l'acquisition du domaine du Rayol afin de pouvoir mener une stratégie d'ensemble sur ce grand territoire. L'œil humain saura jouir de ce bel espace, les espèces locales y optimiseront leur survie.

Il faudra approcher les héritiers, sonder les situations familiales, trouver sa place dans un débat local, apprendre et écouter. Au Rayol, le propriétaire et le maire peuvent-ils envisager un autre avenir que le projet de lotissement ? Tous deux commencent par envoyer promener le délégué qui s'obstine avec sa douceur tenace à entrer en rapport avec eux, à venir leur parler ou plutôt, nous dit-il, à les écouter. Avec le maire, il parle de plantes en se promenant dans le domaine. Le maire a bien connu les lieux, il dirigeait les jardiniers de Monsieur Potez jusqu'aux années 50. Il dit souhaiter voir construites les belles villas dont parle tout le village, mais Jean-Philippe comprend très vite que son souci n'est pas de détruire le domaine pour donner du travail aux entrepreneurs et apporter de la taxe à la municipalité. D'après Jean-Philippe, le maire semble plutôt nourrir un rêve, celui de perpétuer un lieu d'excellence qu'il a connu du temps de sa puissance ancienne sur la beauté du lieu. Son souhait n'est donc pas qu'on attaque à la pelleteuse les allées envahies d'herbe et de ronces, les banquettes de bégonias depuis longtemps mangées par les mimosas qui se ressèment, les chemins enfouis qu'on avait dessinés avec science, ni qu'on fasse sauter les deux villas pour installer des piscines. Conscient de ce qui fait la valeur propre du domaine, le maire aurait plutôt le souci de ressusciter l'entretien du jardin. Seuls de riches estivants sauront le financer. Jean-Philippe lâche donc un jour à ce maire qui a tous les dehors d'un élu bâtisseur, mais semble en fait habité par des souvenirs de soin et d'invention :

– Si le Conservatoire achète le domaine, ce sera pour faire un jardin.

Comme si Jean-Philippe avait senti la face cachée du maire, il a deviné chez lui une nostalgie secrète pour l'âge d'or de son règne d'autrefois. Dans sa jeunesse, le maire a vécu dans la féerie d'un merveilleux jardin. Jean-Philippe parie sur ce désir d'excellence, sur cette ambition de création juste qui intéresse à présent le Conservatoire. Acheter des lieux où l'homme a inventé un ordre à lui, conserver un patrimoine d'art et d'intelligence fait partie de la mission du Conservatoire. Sur les littoraux, l'homme a posé des phares, des digues et des chapelles qui parachèvent la beauté des lieux, les signent et leur donnent une force émouvante. La sauvagerie pure peut se trouver exaltée par le regard humain. Inventé dans un souci de mesure et peut-être de justesse, le Conservatoire est concerné au premier chef par la question de l'intervention humaine qui structure et aménage. Autour des sites du Conservatoire, se développe une civilisation des villes. Où va le littoral ? Pendant trois ans, Jean-Philippe vient aussi en visite chez le vendeur. D'après lui, la conversation n'a pas porté sur les missions du Conservatoire du littoral, qui émergeaient à peine, à l'époque, dans la conscience publique.

– On n'avait pas de précédent, le métier était à inventer, nous dit Jean-Philippe.

Il n'aborde donc pas le vendeur de front, il n'essaie pas de l'émouvoir ni de lui insuffler un sentiment d'exaltation géographique pour la miraculeuse coupure verte, encore presque intacte sur six kilomètres de long, que le Conservatoire pourrait acquérir en protégeant « pour tous et pour toujours » les emprises contiguës autour de la maison Foncin. La DDE, qui délivre les permis de construire, fait attendre Pierre et Vacances depuis quinze ans : le vendeur aimerait régler enfin cette affaire. Visant au plus juste ce qui peut animer son interlocuteur et ne forçant en rien la situation, Jean-Philippe table sur son impatience. Il sait que les temps changent pour les bâtisseurs. La loi littoral n'est pas encore votée mais elle est en germe dans les esprits. L'alliance des supposés désirs de tous et des entreprises du bâtiment a commencé à insupporter la société elle-même. Cette société commence à sentir d'autres exigences, à exprimer d'autres attentes, une autre conscience qui va à terme engendrer d'autres possibles. Les préfets et leurs services, les bureaux du fisc connaissent les affaires du lieu et ses différents pouvoirs. Jean-Philippe joue sa carte dans ce contexte. Il doit aller vers l'âme de gens aux convictions diverses, chacun a son idée de la vie locale et de ses intérêts : il s'agit d'y guetter d'autres pensées, d'autres émotions. Les élections approchent. Le maire surveille la situation. Le vendeur doit prendre sa retraite. Il cherche avant tout à ne pas faire perdre d'argent à ses actionnaires.

Jean-Philippe parle, avec le vendeur, du paysage qu'il verra de sa fenêtre, dans le Lubéron, quand il aura fini sa vie de travail. Le jour où celui-ci s'inquiète de sa pérennité, Jean-Philippe pense avoir gagné. Cet homme a sans doute senti en lui un autre genre de désir, un autre genre de devoir. Les hommes portent différents ordres de responsabilités. Certains donnent, toute une vie, la priorité à une logique de l'action, aménagent les lieux et leur font prendre de la valeur : ils peuvent, le moment venu, sentir poindre en eux le sentiment d'une perpétuité qui les rassure et les apaise. Les lieux laissés à la nature sont en général partagés par tous. Ils incarnent quelque chose qui précède l'homme et que les hommes respectent car la montagne, la mer et la forêt sont plus grands qu'eux. Le troupeau humain est éruptif. Il peut aussi se mettre en ordre autour de valeurs communes. Les villes incarnent cette réalité. Dans leur jungle, dans leur chaos, un dessin d'ensemble s'impose, celui de l'ordre et de la loi. La civilisation, la langue, les légendes anciennes baignent l'aventure de chacun. Jean-Philippe a laissé le vendeur s'orienter dans la diversité des motifs et décider tout seul. Chacun semblait s'obstiner à rebuter l'autre, attendant sa réaction puis poussant le pion de son intérêt particulier ; l'ensemble des joueurs devenaient conscients d'un changement d'époque qui appellerait une entente entre hommes de même conviction. À défaut de pouvoir dresser un mur pour endiguer la marée grise du béton dont l'emprise mordait, mâchait et démembrait le grand espace littoral, réussirait-on à poser un caillou blanc sur la corniche des Maures ? Le débat fut porté sur la place publique, chacun s'exprima, la presse s'empara de l'histoire. Les élections étaient proches, les avis s'échauffaient. Le temps passait et, peu à peu, le vendeur comprit qu'il n'y arriverait pas. Il céda sans faire perdre un centime à ses commanditaires.

Jean-Philippe nous raconte une histoire de rapports de forces, de balance entre acteurs, lois et règlements. Il parle aussi d'un étage étrange et subtil des êtres, sur lequel agir dans l'attente d'une maturation, d'un changement de posture mentale. Jean-Philippe est allé voir le vendeur plusieurs fois dans sa maison du Lubéron et, chez cet homme qui parle argent, rentabilité, calcul, intérêts et stratégie, Jean-Philippe pense que la question de la durée personnelle et celle des lieux ont surgi avec l'échéance de son départ à la retraite. Il aimait le paysage qu'il avait sous les yeux en Lubéron. Quel rôle a pu jouer, dans son esprit, l'avis de la DDE qui tarde et le prix acceptable, d'un côté, et ce changement de regard, cette ouverture de l'esprit que Jean-Philippe a pu susciter en lui pour faire basculer son arbitrage plus couramment campé dans la rectitude du calcul économique ? Vingt ans plus tard, après de laborieuses recherches pour retrouver le contact avec lui, je parle trois fois avec le vendeur qui était autrefois responsable de la société d'assurance. Il semble avoir oublié la part un peu mystérieuse de cette histoire et évoque plutôt les faits. C'est au téléphone, nous ne parlons pas longtemps. Mon interlocuteur ne me connaît pas, nous ne nous voyons pas. Vingt-cinq ans plus tard, il ne parle pas de lui ni de la vision prospective qu'il aurait pu saisir, en même temps que d'autres, pour orienter l'avenir du Rayol. D'après lui, aucune motivation n'a joué dans cette histoire, sinon le prix consenti qui était acceptable. Aucune raison particulière pour vendre au Conservatoire, aucun effet d'entraînement venu de la destination donnée au bien. Il veut sans doute me dire qu'aucun motif personnel n'a pu jouer dans cette affaire, aucun critère sinon celui des intérêts qu'il avait à défendre. Une honnêteté professionnelle l'empêche-t-elle de reconnaître que, dans le même temps, cette action engageait un horizon d'un ordre différent, voire une motivation plus élevée, qui lui aurait appartenu en propre ? Je n'ai pas le temps de chercher avec lui dans les replis de son esprit en lui faisant valoir que, pour le regard d'aujourd'hui, il a joué son rôle dans une histoire heureuse dont le miracle est désormais partagé par des milliers de gens. Il a permis que prévale une ambition pour le lieu. Vingt ans plus tard, cet homme probe ne veut pas se souvenir de sa belle action.

Les élections étaient proches. Puisque l'idée de recréer un jardin risquait d'émouvoir le maire et lui permettre de se décider, Jean-Philippe invite alors Gilles Clément à venir pique-niquer dans le domaine et lui fait visiter le jardin ensauvagé. Le soir venu, sous les étoiles, Gilles esquisse l'idée d'un jardin dont il pourrait approfondir le projet, l'été prochain, avec ses étudiants, on pourrait le montrer avant les élections.

– Ce serait un jardin évoquant les flores des rives de la Méditerranée d'Europe, du Moyen-Orient et de l'Afrique, mais aussi sous toutes les latitudes de la surface terrestre qui sont baignées par un climat similaire.

Jean-Philippe est un homme ascétique, son rêve est immense et son appétit se contenterait d'odeurs. Gilles va faire vivre un grand projet de jardin pour le Conservatoire, il va animer ce lieu d'un rêve puissant, à l'échelle du temps planétaire. Tandis que, dans les chaumières du Rayol, les esprits s'échauffent en prévoyant de sacrifier une fois encore au dieu de l'argent, nos deux prophètes, sur le toit de la villa de M. Potez, rêvent à l'avenir du monde autour de quatre gâteaux secs et d'un thermos de thé. Gilles en rit encore. Le maire cède. Il est sous la pression de l'élection proche. Aurait-il reçu un appel de Jacques Chirac, sollicité par le directeur du Conservatoire Patrice Becquet, qui lui parla de l'acquisition en cours et des projets de restauration du jardin ? Un rêve d'enfance, d'ingénuité et de beauté a un moment plané sur l'avenir du Rayol, et orienté les actes des adultes un moment repris par des perceptions plus originaires et plus fondatrices.

★

Le propos de Gilles Clément

Gilles Clément est un conférencier rare à la diction enchanteresse, un connaisseur et théoricien de l'histoire du monde. Il aime décrire les âges de la terre et évoquer le Gondwana, au plus profond du temps, ce continent qui émergea un jour du tumulte et du feu précédents de la Terre. Un sol pour la vie commençante était commun à toutes les espèces. Au fond de la mémoire, une patrie unique. Gilles aime évoquer ensuite la formation des continents, ils s'écartèrent les uns des autres en dérivant à la surface des plaques telluriques à la vitesse de la pousse de nos ongles. Il fut un temps où l'Afrique emboutissait l'Europe, suscitant le bourrelet des Alpes. La plaque de l'Inde plissait l'Himalaya. Sous nos pieds, le temps de l'univers existe, nous l'avons découvert dans le vertige de nos onze ans. À la surface de la Pangée originelle, la vie des plantes se formait, elle se développa quand les continents se séparèrent, engageant partout un devenir singulier et des trouvailles dont résulte la diversité actuelle. Interprète des âges planétaires, Gilles restitue une vie des choses où nous avons place, une mémoire qui nous habite et continue dans nos gènes. Avec une immense conviction, une subtile poésie et beaucoup d'éloquence, il déploie une saga des choses par laquelle nous éveiller à des perceptions plus amples.

– Au Rayol, on reconstituera le travail de la Terre, on rapprochera les unes des autres les plantes cousines en évoquant leurs paysages.

Il fallait les chercher sur la surface des continents. Gilles partit donc avec ses aides et ses élèves collecter au Chili, en Nouvelle Zélande, en Californie, en Chine, en Australie et en Afrique du Sud les plantes rescapées de la Pangée. Il les a étudiées et recueillies au cours des années, partout où un climat de type méditerranéen avait guidé une évolution, des réactions, des adaptations. Le climat méditerranéen comporte un certain degré de chaleur solaire accompagné de sécheresses et souvent d'incendies auxquels les plantes sont faites et dont elles ont besoin parfois pour se reproduire. Au Rayol, les plantes mexicaines, chiliennes, chinoises, néo-zélandaises et sud-africaines seraient disposées en autant de groupes familiaux, reconstituant leurs habitats et leurs paysages. Elles se rassembleraient dans le jardin du poète en une sorte de chant du monde, un chant des latitudes confrontées en autant d'espaces distincts que le visiteur découvrirait avec naturel : les bambous de Chine, les cactus californiens, les graminées chiliennes, les fougères arbustives de Nouvelle Zélande, posés et implantés avec science sur le sol mince du jardin de M. Courme. Avec simplicité, ce jardin deviendrait ainsi une leçon de vie. Il déploierait l'entièreté de la tentative vitale, sa fantaisie, sa ténacité et son art. En silence, le message de ce jardin viendrait consonner avec les attentes du présent, avec les ambitions et les défis d'une époque où, par-delà les fractions et les frictions, les diversités humaines, à l'échelle mondiale, se confrontent et s'affrontent dans un monde unifié.

Nous n'y pensons pas en visitant le jardin, c'est pourtant son discours. Nous habitons des sociétés en effervescence qui cultivent volontairement ou involontairement la tension des guerres économiques et le chaos de rivalités politiques souvent ruineuses. L'expansion productive en résulte, ainsi qu'une pression inquiétante sur le milieu naturel dont tout homme, qu'il soit riche ou pauvre, tire sa subsistance de tous les instants. Épuisement des ressources, pollutions de la terre, de l'air et de l'eau, érosion de la biodiversité, exils, transferts de populations. Vivant dans le luxe et une certaine solitude individualiste, nous sommes aujourd'hui taraudés par des inquiétudes vitales d'échelle globale. Les menaces concernent l'ensemble du règne vivant. Il y va de la survie de notre espèce comme de toutes celles dont l'humanité tire sa capacité à pouvoir se perpétuer. Repliés sur nous-mêmes en même temps que surexcités par une fièvre de communication de tous les instants, nous entrons au Rayol et voyons rassemblée, sous une idée simple, une diversité botanique qui incarne le défi de notre avenir planétaire. Visiter le jardin du Rayol est une expérience à part, sans précédent dans l'histoire des jardins. Les jardins privilégient en général une organisation visuelle dont la mise en ordre fait l'essentiel de leur effet. Les jardins de Gilles Clément sacrifient moins à l'art du dessin qu'à une scénographie plus élémentaire et plus empathique. C'est un jardin des climats du monde et de l'adaptation, de la survie attentive aux vents, à la chaleur, à l'eau qui sourd dans les profondeurs. Ce jardin ne raconte pas l'harmonie savante d'un maître ès-arts projetant pour un prince un discours de formes géométriques aux symboles cosmologiques ou religieux. La plante cherche et résiste, elle triomphe des éléments pour survivre. Au Rayol sont présentés ces efforts et l'extrême diversité de formes que la plante a imaginées pour s'adapter. Ce nouveau discours suscite la disposition des espaces: ensoleillement, fraîcheur, cailloutis, sylve, autant d'espaces de survie. En visitant le Rayol, on laisse à la porte les géométries latines pour se laisser pénétrer par un esprit dont on peut ignorer le mode d'action et le code en devenant autant d'«Alices au pays des merveilles» au pays des sols, de l'eau et des gènes dans une aventure planétaire qui est celle de notre parente, de notre sœur et mère la plante. Ce jardin se découvre avec surprise, il déconcerte nos habitudes. Le mieux est de s'y abriter comme si on était soi-même un vivant épris de lumière et de calme, attentif aux données de l'hygrométrie comme au caractère acide ou alcalin des sols et guidé par la chimie subtile qui fait la complexité de nos cellules et de nos gènes. Nombreux sont les gens qui viennent dans un jardin pour être subjugués par l'intensité des couleurs, par une palette triomphante et parfois cacophonique, chef-d'œuvre des services techniques de la ville où ils habitent. Il y a les fous d'étiquettes qui aiment identifier le nom des feuilles, d'autres sont amoureux de la richesse princière ou des opulences exotiques. Ce jardin des climats secs intéresse ceux qui les aménagent, chez eux dans les environs. Au lieu de lutter contre la pluviométrie et les risques d'incendie, ils acclimatent plutôt des espèces résistantes qui retrouvent les conditions de vie pour lesquelles elles sont faites. Les pétunias séchaient sur place : la ville du Lavandou est aujourd'hui décorée de cactus et de palmiers venus des suds planétaires. Le jardin du Rayol se comprend dans l'esprit des connaissances, des rêves et des ambitions de notre époque que les jardiniers qui guident la visite, comme autant de petits trolls traversant la barrière des espèces, transmettent avec clarté aux humains à sang chaud.

– Voici l'histoire des choses dans laquelle tu es pris toi-même.

– Écoute les âges du monde, la survie inventive du vivant.

– Vois l'ingéniosité des ces plantes à s'adapter et à survivre.

– L'unique objet de la plante est de fleurir et de mourir.

Ce jardin est celui d'un nouveau siècle, d'un nouvel âge dont il propose les sensations, l'esprit et les expériences. Son invention a emporté le Conservatoire, propriétaire des lieux, son auteur Gilles Clément, ses jardiniers et ses stagiaires dans une fièvre d'exploration aux quatre vents de la planète. Ancré dans le vallon de M. Potez, à l'ombre de la colline où coule un ruisseau intermittent, ce jardin des Méditerranées planétaires porte un message adressé aux hommes des alentours, sur cette côte et plus loin tout autour, partout où une intelligence planétaire se développe avec des gestes, des sensations et des pensées à inventer pour nous, les vivants de la terre. La clarté des descriptions de Gilles Clément et de certains de ses élèves restitue les processus, expose et et semble incarner la voix de la nature. Souvent photographié sous la feuille géante du gunnera de son jardin privé dans la Creuse, Gilles montre sa figure de nain roux malicieux, fils des choses elles-mêmes. Je l'entendais quelques minutes avant prononcer avec précision l'expression *la roche-mère* pour parler d'un affleurement dans son domaine. Avant de nous dire « les humains », nous sommes des vivants, fils de la Terre.

Cette idée du jardin des Méditerranées a porté le travail de Gilles et celui de ses élèves. Elle a engendré cet espace et, d'une certaine manière, l'esprit du Conservatoire lui-même, ce navire aux cent yeux, peuplé de mille et de cent bras, qui vogue sur une mer sans visibilité et parfois ténébreuse. Le Conservatoire a invité Gilles Clément à mener à bien sa mission de fils du monde traversé par le destin des continents et par la vie des espèces qu'il allait passionnément recueillir pour les amasser au Rayol. Aujourd'hui, après vingt ans, les plantes se sont installées, elles montent vers le ciel et s'étoffent saison après saison. Trente jeunes gens travaillent dans ce fleuron touristique ouvert à tous et connu partout dans le monde. Une intelligence nouvelle, une culture, une société se dessinent. Notre époque est divisée entre continents et sous-continents aux langues et aux cultures diverses, son avenir et sa survie lui seront communs. Au jardin du Rayol, nous rencontrons une équipe résolue, une directrice talentueuse, un président dont les yeux de braise disent avec fermeté que le travail qu'il mène avec ses administrateurs continue chaque jour dans la résolution d'un espoir solide. Si l'on y réfléchit un instant, il y a encore à faire. Les élus ont classé le site de l'anse du Dattier en zone de préemption à l'intention des acquisitions futures du Conservatoire, un travail qui se jouera sur les décennies et par des négociations au long cours. Sur place, les Amis du Rayol, toujours plus nombreux, encadrent la notoriété grandissante de ce jardin toujours plus connu, plus visité et plus apprécié.

En nous promenant sur la route des crêtes avec Bernard Dhorne, qui a longtemps administré ici le syndicat des eaux et un Observatoire marin intercommunal, nous sommes montés dans les collines pour retrouver la vue incroyable que le surplomb de cette corniche déploie naturellement sur ce paysage imaginé par des géants. La myopie humaine y a accumulé depuis deux générations un désordre bruyant de villas de rêve. Ici s'esquissent à présent des projets de gestion mutualisée du territoire, des essais d'entente entre communes pour une réflexion d'ensemble sur l'espace qu'elles se partagent. Ici se cherche un mode de conciliation entre les intérêts, une volonté de voir ensemble des perspectives et des actions même si, au quotidien, une lenteur et des obstacles peuvent parfois faire douter du processus lui-même tandis que prévalent, ici comme ailleurs, la dispute, le dissentiment et un esprit de faction. Réunions houleuses, procédures sans lendemain, actions qui marquent le pas : entre chasseurs et résidents, entre maçons qui cherchent du travail et dentistes qui prennent leur retraite, l'entente est moins facile que la querelle. La conciliation sur des buts communs, plus laborieuse à construire que la prévention mutuelle, la vindicte et l'envie. Dominant parfois le tout, l'autocratisme et la fermeture d'esprit de ceux qui ménagent leurs intérêts de caste anciens ou pas, jugés prioritaires dans le rapport de force. La même chose a eu lieu à Paulilles jusqu'à ce qu'une réussite apaise tout le monde. Tant que le processus est en cours, il est difficile d'imaginer son aboutissement. Les délégués nous décrivent des actions qui se développent dans le temps, faites d'ajustements, de prises de conscience et de déplacements des points de vue d'un grand nombre d'acteurs dans une société. Ainsi se bâtit un projet local par la volonté et avec l'adhésion de ceux qu'elle concerne, ainsi s'opère une politique de protection, enracinée dans les comportements et les motifs d'une société qui se renouvelle. Chaque récit d'acquisition, chaque chronique de projet emboîte une complexité dont l'équilibre pouvait sembler improbable et dont les mûrissements se sont faits dans la durée. Les plus belles histoires sont aussi celles qui ont été les plus délicates à mener, les plus surprenantes et parfois les plus improbables. Un résultat éblouit, il est l'effet de paris fous et d'espoirs dont l'ambition pouvait paraître surdimensionnée, de moments où on a pu douter d'une lutte aussi usante. Mais les gens ont fini par s'entendre, le dialogue s'est établi, la société et l'époque ont changé. Tel est le processus de l'histoire qui, au sein même de notre présent, ménage à bas bruit la transformation d'un monde de croissance à tout va par la considération devenue nécessaire des équilibres à ménager avec et dans le milieu terrestre. Ces visites de site nous donnent une image de notre époque. Tout n'est pas fait, mais un devenir a lieu.

Sommes-nous inquiets, sommes-nous confiants? Pour nous redonner un sentiment de l'échelle de ces choses, nous faisons en fin de semaine un crochet jusqu'à Menton, dans les Alpes-Maritimes, pour visiter le cabanon de Le Corbusier, ce «laboratoire de la modernité» qui a été acquis par le Conservatoire du littoral dans une intuition ambitieuse de l'ampleur de ses missions. Pour tout esprit au fait des questions d'architecture, Le Corbusier est l'incontestable inventeur des espaces de notre époque. Les étudiants le savent: attentif à l'évolution de nos modes de vie, il a compris comment l'esprit nouveau de la vitesse et de la technique bousculeraient les styles, appelant des formes nouvelles pour les maisons, pour les objets comme pour le rythmes de nos déplacements et l'énergie de nos corps. Le Corbusier a renversé les canons du style et provoqué les esprits. Il a eu l'ambition de dessiner un monde neuf, en convenance avec les références cosmiques de l'homme: l'air, la lumière et une liberté de l'espace. L'architecte qui incarne l'ambition d'un aménagement humain à ces nouvelles échelles, l'urbaniste qui dessinait des capitales dans toutes les parties du monde a installé un cabanon sur les hauteurs du Cap-Martin, il y a passé les étés entre 1952 et 1965, date de sa mort. Ce cabanon se trouve au-dessus de la villa dessinée par Eileen Gray, une styliste qui a marqué le premier XXe siècle par l'invention d'un «style fluide». Emmanuel Lopez, en lançant notre travail d'étude, nous avait recommandé d'aller voir le site du Cap-Martin car, nourri qu'il était de culture architecturale et urbanistique, il s'impliqua dans l'acquisition d'un site qui lui semblait incarner de façon complète l'ambition du Conservatoire à l'intérieur des politiques d'aménagement. Aujourd'hui, ces politique cherchent à ménager un équilibre entre les équipements humains et la protection du milieu naturel ; elle cherchent à donner jour à des façons nouvelles d'aménager dont le cabanon, dans la modicité de ses proportions et la justesse de son implantation, marque une pierre d'angle ou, qui sait, une sorte de modèle pour ceux qui les imagineront.

– Ici viennent des architectes de toute nationalité, des étudiants des cinq parties du monde.

Pour nourrir et organiser une planète peuplée par onze milliards d'hommes, nos descendants inventeront à coup sûr des mutations gigantesques.

CHAPITRE VI.

Agriate

Faire connaissance

Le silence est parfait sur l'eau calme. La mer laiteuse, transparente dans la lumière du lever du jour, s'étend à perte de vue devant nous, singulièrement claire, captant comme un dernier reflet de lune et du repos de la nuit. En même temps, elle est traversée par la promesse du jour, par le surgissement prochain des choses autour de nous. Le monde se réveille, s'est éveillé encore une fois à sa place et reparaît avant l'heure des hommes. Calme sur la mer. La supérette est fermée. Le marchand de journaux aussi. Tout est net, intense et frais. Temps suspendu. Brume légère sous le cap, à l'horizon du nord. Heureux celui qui sait sortir à temps dans la fraîcheur de l'air, il pourra jouir du mystère des lieux. Ce silence du matin est magnifique. Le décor des hommes dort encore. Les sentiers qui mènent aux vignes, les jeunes prés miraculeusement verdis par le printemps sont perlés d'une rosée abondante. Les oiseaux déjà levés aux petites heures de l'aube tracent des courbes dans la transparence de l'air, les agneaux caracolent à côté de leur mère.

Le soleil n'a pas conquis sa force. Il est caché par les collines que nous avons sur notre gauche. Nous sommes sur l'eau, au milieu d'une clarté réfléchie qui vient on ne sait d'où. Se lève alors une palette de couleurs subtiles, de nuances qui ne blessent pas l'œil, fraîches et délicates comme la saison. Légèrement nimbés, l'air, la vue sur les roches côtières prennent une consistance admirable, une patine aussi, ce sont des lieux anciens comme la civilisation des hommes. Le printemps a quelque chose de sacré. Nous sommes venues ici à un moment rituel. En Méditerranée, la valeur du temps n'est pas la même. Surplombant le présent, l'ancienneté des choses est là, orientant le goût du présent.

Sur la barque, Charles Pinelli gouverne, sa fille sur les genoux. Je suis assise non loin de lui. Catherine s'est mise à l'avant. Nous avons froid. Nous ne sommes pas rassurées bien que la barque aille tranquillement. Posée au milieu de l'anse, elle trace un sillage léger sur la surface presque blanche, une trace impalpable qui se propage lentement derrière nous, bientôt absorbé par la mer immobile. À notre gauche, nous devinons la côte dressée comme un relief de carton bleu. La silhouette des arbres, la forteresse de Saint-Florent, la petite ville, les quelques maisons qui s'égaillent à l'ombre de grands eucalyptus autour du fort de Fornali baignent dans l'obscurité relative du contre-jour. On pourrait imaginer une côte inhabitée. Une côte du XVIe siècle, ou bien antique, avant que ne s'installent les lotissements d'immeubles, les garages à bateaux de plaisance, les hangars pour les motos. Il existe un projet d'extension du port, certains souhaitent que de nouveaux bassins soient creusés dans la zone humide au bas de la rivière.

En face de nous et sur notre droite, une vaste mer, un paysage immense sont déployés vers le nord. Le bleu du matin, un bleu clair lavé et limpide flotte à la surface de l'eau. Cette clarté surprenante, dans le silence du matin, a une manière d'étrangeté splendide. Ce matin veut nous dire quelque chose. Il est porteur d'un message que nous devrions recevoir. Quelle énigme, quel secret, quel mot de délivrance dispensé par ces caps ?

À droite, le front des montagnes violettes et brunes se

découpe sur le ciel, frappé par le soleil levant. On dirait un immense mur, une forteresse dont le bloc hardi et trapu, les pentes dentelées, minérales et sèches, avancent continûment vers le nord comme un doigt, comme un rempart un peu provocant ou un grand nez. La Corse assume avec dignité, avec largesse, la forme de ce corps qu'elle n'a pas choisi. S'agit-il de l'index, du médius ou du petit doigt ? Est-ce une main gauche ou une main droite ? L'île a aussi bien, dans son ensemble, la forme de l'empreinte d'un pied. La Corse appartient au monde méditerranéen qui l'entoure, quelque chose en fait un monde singulier. Bordant la promenade, l'échine de ce cap n'en finit pas vers le nord. À mesure que nous avançons en remontant la côte plus basse que nous avons sur notre gauche, les dimensions, le volume et les reliefs de cette arête se déplacent avec nous. La Cap Corse clôt le ciel. Pointé en direction du continent, il est dressé vers l'Italie, vers le golfe de Gênes, vers Nice comme la proue d'un esquif qui dérive vers la croûte de l'Europe depuis la profondeur des temps géologiques.

Souvent nimbée d'un panache de nuages, la Corse connaît un régime de tempêtes et d'orages qui lui est propre. Elle condense les humidités sidérales, draine l'électricité météorique. Avec son cap enfoncé vers l'horizon comme le sommet d'une rose des vents, elle est secouée par les souffles venus de toutes les directions du ciel, ponant, sirocco, mistral, noms que l'homme a donné à des phénomènes familiers et souvent pénibles. Dans les pays du sud, la terre dure s'éboule sur les pentes, la rocaille troue le dessin tourmenté des chemins. Ulysse a fait le compte de ces vents qui troublaient sa navigation, menaçaient sa vie et le rejetaient, toujours plus loin d'Ithaque, sur des rivages peuplés de monstres et parfois de princesses hospitalières. Il leur narrait son destin en versant des larmes. Éole, dieu des vents, peut verdir en un instant la mer, la teindre de violet, du noir hargneux et écumant des mauvais jours. Le dieu s'irrite du fond de l'horizon, il envoie des charges furieuses de nuées pour faire chavirer les barques. L'archipel formé par la Corse et la Sardaigne est posé telle l'aiguille magnétique d'une boussole, arbitre vertical entre les mondes, pont pour les traverser. Posée entre l'Europe et l'Afrique, la Corse est placée sur les routes de l'Orient. Après les croisades, elle a été convoitée par les royaumes d'Espagne et d'Italie, par les invasions mauresques et barbaresques, puis par les Anglais et les Français des temps modernes. Le bassin méditerranéen a longtemps occupé le milieu du monde et comme son carrefour, pliage où les civilisations ont fleuri et se sont affrontées de façon continue et presque familière, cherchant sans relâche à s'envahir et à s'annexer, se portant des coups, montant des expéditions, rivalisant d'habiletés diverses et partageant un art de vivre fait à la guerre.

Ici, dans le golfe de Saint-Florent, une anse immense de mer accoutumée s'étend entre les sommets. L'histoire sanglante s'est éloignée. Ici comme ailleurs se cherche une paix, une volonté d'ajuster des règles pour se comprendre. Ce décor est vide parce que c'est la fin de l'hiver. Aucun vacancier en ce moment sur les routes ni sur les plages. Pas de *kite surf*, pas de hors-bord ni de moto des mers dont le vrombissement se répercuterait sur la barrière de roche. Difficile d'imaginer ce qui va surgir dans quelques jours, le ballet d'esquifs, la nuée de coquilles d'œuf et de frelons à moteur qui vont sillonner ce vaste golfe en traçant sur la mer des courbes écumantes dans un raffut d'enfer. Une rage triomphante, un chant de libération vindicatif, un cri d'allégresse égoïste vont monter vers le ciel. Un choral de turbines ronflera de la surface de l'eau. La saison aura commencé.

C'est le matin. Nous avançons à petite vitesse dans ce grand décor. Sur la barque de Charles, tout est calme à part nos esprits. Notre pilote module avec science le régime du moteur. Il nous a proposé cette promenade. Nous voulons découvrir la côte par la mer. On est le 5 avril, dimanche des Rameaux. Nous sommes ici depuis huit jours et toujours pas entrées dans les Agriate. Les Agriate sont cette barrière de montagnes qui se tiennent à l'ouest, soit sur notre gauche, en face du cap. Agriate est le pluriel, en langue corse, du mot *agriata*. On ne doit pas écrire « Agriates », on est en Corse. En langue corse, comme en italien, le pluriel de *mela* (pomme) est *mele*. En français, le e muet final signe un singulier, je suis donc tentée de dire plutôt «L'Agriate», mais ce sont «Les Agriate» que nous voulons visiter.

Cherchant à y entrer depuis le début de la semaine, nous sommes d'abord montées en voiture sur la route de corniche que l'armée a tracée au XIXe siècle, en arrière de la côte, pour relier Saint-Florent et l'île Rousse (58 kilomètres). De cette route, on domine la situation géographique et foncière mais, nous l'avons vu dès le premier soir où nous nous précipitions pour découvrir le royaume inconnu, cette route ne forme pas une clef d'entrée dans les Agriate. On les aperçoit en surplomb, on peut en repérer la masse, on n'en franchit pas pour autant le domaine impénétrable. Par où descendre? La route D 81 délimite vers la mer les terres classées de la presqu'île des Agriate, une moitié a été acquise par le Conservatoire, l'autre est en communaux: une sorte de dos montagneux aux multiples arêtes qui culmine à 421 mètres au Monte Genova et 479 mètres à la Cima d'Ifana. De la route qui a escaladé ce massif par l'arrière en s'élevant de deux puis trois cents mètres d'altitude, on domine l'ensemble des dix mille hectares de roches colorées, de ravins, de caps dont l'intégralité continentale est placée plus au nord, masse inhabitée de monts bleus, de gorges rousses, de pentes caillouteuses pommelées de buissons, de vallons un peu plus verts et de cinquante kilomètres de rivages rocheux avec deux plages au nord, entre des caps, on ne les voit pas de la route.

Les Agriate sont traversées par des oueds intermittents et deux pistes en mauvais état. Le sentier côtier qui part de Saint-Florent s'interrompt aux deux tiers en remontant dans un vallon. Quand on la voit depuis cette route militaire qui a relié il y a un peu plus d'un siècle la Balagne, le Nebbio, la Marana et le Cap Corse, autant de provinces jusque-là ouvertes seulement sur la mer et mal reliées entre elles, on domine donc l'ensemble de cette zone difficilement accessible qui se déplie vers l'aval en dessinant les lignes complexes de ses massifs ravinés, de ses blocs de collines âprement hérissés par des arêtes, creusés de gorges et de pans de falaises. Le relief des Agriate est plus montagneux à l'ouest, plus tempéré à l'est. De la route depuis laquelle nous avions un regard sur l'ensemble, son immensité formait un écran devant la mer au nord et à l'ouest. Vers l'est, on voyait les Agriate se tenir à quelque distance de l'échine du Cap Corse dont elles sont séparées par la mer intérieure du golfe de Saint-Florent qui est posée en contrebas, nappe d'argent calme, quasiment hiératique dans le bleu du jour finissant.

Sous nos yeux, la carte de l'île se disposait avec ses reliefs, énorme et silencieuse. La route est perchée à mi-pente des cimes du Nebbio. Adossées à son échine violette presque entièrement minérale, les Agriate déploient en contrebas leur piémont rocailleux. Cette immensité de roches vertes, oranges et brunes est inhabitée. Leur physionomie que l'on ne fait que deviner de loin intrigue à juste titre. Nous venions sur ce site pour le connaître, impossible d'y pénétrer! Aucune route ne le traverse, aucun chemin ne longe le tracé de ses côtes. Cet empire de la roche apparemment dépourvu de présence humaine, ces terres que l'homme n'aurait pas investies, faut-il les dire désertes, ou bien sauvages, *naturelles*? La route a laissé à l'écart cette zone entière, qui semble se détacher aujourd'hui des us et des coutumes humains comme un aileron peu irrigué ni fréquenté, comme une cape dormante où on ne va que pour la chasse ou pour y vivre des aventures imaginaires. Les Agriate semblent parfaitement vides à la saison où nous sommes. Qui s'intéresse à cet espace gigantesque, désormais préservé «pour tous et pour toujours»? C'était le soir de notre arrivée en Corse:

– On ne doit pas y circuler en voiture?, avons-nous demandé à un homme armé d'un fusil, sanglé d'un rang de cartouches et d'une gibecière, qui surgissait dans le crépuscule avec son chien, remontant du domaine enchanté.

– Ici, c'est chez nous, rétorque-t-il avec majesté.

Nous sommes en visite dans un monde que nous ne connaissons pas. Cet homme est chez lui. Quand nous parlons de site protégé, de panneaux où se mêlent des interdits et des recommandations figurés par des logos, il nous renvoie à nos catégories sans valeur pour lui. Le langage de la conservation de la nature tombe à plat. On dirait une posture qui n'aurait pas place ici, en trop dans ce paysage qui semble à présent voué à l'oubli, dans ce domaine du silence et du vent, il appartient aux hommes d'ici, à leurs traditions fraternelles et à leurs usages : partir à la chasse, conduire des 4x4 en cahotant sur les sentiers défoncés, parler corse, rester ensemble. C'était le soir. Comment se comprendre ?

Vers l'amont s'étendent les terres des villages. Les Agriate appartenaient aux bourgs de la montagne. Comment pénétrer dans ce domaine ? En huit jours, nous avons repéré sur la carte les deux pistes qui restent faiblement signalées sur le terrain. Ensuite, nous n'avons pas réussi à entrer au-delà d'une heure à pied sur la caillasse ravinée qui tient lieu de chemin. Difficile d'y risquer les essieux d'une voiture de ville. La piste ressemble au lit d'un torrent pentu, dévasté par les crues et puis creusé par les élans des 4x4 qui ont incrusté dans la sauvagerie des lieux une autre rudesse faite de compagnonnages et de défis. Une des pistes longe, à l'est, un val herbu planté d'oliviers. L'autre, plus à l'ouest, culmine sur des arêtes dans une région rocheuse. La première traverse d'abord des gorges, la pente est raide et entamée de profondes crevasses. La route a été mal faite, dessinée à la va-vite et nulle part empierrée. Par endroits, le ravinement a tout emporté. Sur les passages planes, les 4x4 ont foncé dans les flaques. La trace écorchée de la route descend dans des ravins, décrit des arcs, traverse des hérissements. Des falaises de marbre vous regardent en ricanant, des fées ont ouvert des fenêtres dans la roche rousse. Il y a sur les hauteurs des cailloux empilés, phénomènes naturels ou traces d'anciens établissements humains ? Les romarins fleurissent en bleu sombre, ombrant les pentes d'une touche particulièrement intense, presque outremer.

– C'est une variété endémique qui est fébrifuge et bonne pour le foie, nous dit une dame à la pharmacie, qui s'y connaît en plantes. Cette variété est spécifique de la Corse. Elle n'existe nulle part ailleurs.

On croit se rapprocher de la mer et on en est encore loin.

Catherine restait dans la voiture tandis que j'essayais d'entrer dans la ferveur du vent en marchant sur les pistes, mais tout s'opposait à une vraie expédition. Il faudrait la journée, un pique-nique et de l'eau. On nous dit que souvent, les gens qui s'engagent sur les douze kilomètres de caillasse pour passer l'après-midi à la plage ne parviennent pas à remonter, les gardes les ramassent dans leurs 4x4. La proposition de Charles nous avait plu. C'était une bonne idée d'explorer toutes les voies d'accès. Expérimenter les échelles, varier les angles du regard. De fait la plupart des plagistes, en saison, prennent la navette maritime ou leur propre bateau pour se rendre à la plage du Loto et surtout à la grande plage de Saleccia. Deux mille « estivants » par jour sur cette plage, plus les campeurs qui y séjournent et les randonneurs à cheval passant en groupe pour des équipées de style *far west*. Impossible d'imaginer cela un tel matin. Comme si on n'avait pas encore placé les pièces sur l'échiquier, comme si le décor était vide avant que ne résonnent les trois coups, l'immensité géographique se révèle à nous comme lavée de son encombrement réversible. Ici n'ont pas eu lieu les installations pérennes de l'homme, ni ses cabanes, ni ses villas. Où sont, sur la planète, les étendues vides et splendides, les grands espaces sublimes, aux horizons chimériques, que n'auraient pas colonisés le confort et les conventions ? Certains vont jusqu'en Patagonie, en Afrique du Sud ou en Australie pour s'attaquer aux pistes de l'impossible, pour voir de fabuleux déserts et vivre des épopées de cinéma. On s'écarterait des aéroports dans une jeep climatisée. On rejoindrait, dans le *bush*, un *lodge* tenu par des aventuriers. Dans le crépuscule, nous avons ri avec Catherine de cette situation qui nous surprenait.

La Corse est décidément stupéfiante.

⋆

Turbulences

Je suis à l'arrière de la barque à côté de notre pilote, la conversation est intense malgré le bruit du moteur. Parfois, nous nous apercevons que le temps s'écoule. La route est longue. J'ai dit que le golfe de Saint-Florent est enfoncé entre deux montagnes dont l'une, le Cap Corse, la borde vers le nord telle une barrière couchée en direction de l'Europe. Dimanche dernier, à peine arrivées de Paris, nous avions un premier rendez-vous pour rencontrer Charles dans un café du port. Cet homme passionné anime une association d'archéologues et explore avec eux l'important patrimoine préhistorique des Agriate. Il pleuvait. Notre informateur avait beaucoup à dire et nous, curieuses de tout, faisions connaissance avec son récit en parcourant avec lui l'histoire, le tempérament national et la culture de l'île. Nous aurions pu continuer plusieurs jours. Il était notre premier interlocuteur. Avec son allure un peu farouche, cet homme de culture connaît les histoires de famille de l'île. Après ses années d'études sur le continent, il est revenu vivre dans la montagne pour exercer son métier de professeur des écoles.

– C'est un choix de vie, nous dit-il de son air sérieux et en même temps confiant.

L'été, il fait du vol à voile en compétition, remorqué par son frère aviateur. Les concours ont lieu en Australie, en Californie. Comme beaucoup de ses compatriotes, cet homme réfléchi s'intéresse à l'histoire de l'île, il médite l'esprit national et n'est pas de ceux pour qui le thème se révélerait intouchable. Il nous dit qu'en Corse, il n'y a pas de classes sociales, que la solidarité des villages est plus forte que les différences de statut, de pouvoir et de richesse. Bruno Toison a travaillé en Corse du Sud pour le Conservatoire du littoral. Emmanuel Lopez a jeté ici les bases d'un travail qui s'y est développé au long des décennies. Aucun des interlocuteurs rencontrés ici pendant toute la semaine n'a manqué d'évoquer la singularité corse, insondable et énigmatique fatalité pour les uns, fierté des vertus ancestrales pour les autres. En Corse, les relations entre hommes ont conservé les loyautés nées à l'intérieur des villages. Quelque chose s'est bâti entre le Conservatoire et l'Île de Beauté qu'il nous faut tenter de comprendre.

– Ici, c'est très ancien!, posent certains avec une sorte de désespoir.

– Nous avons des dolmens, des traces de métallurgie préhistorique.

Bon nombre d'habitants passent un temps infini à filer, à tisser, déchirer, ravauder et considérer la toile de la substance corse, une toile grenue et forte, colorée, robuste, mais aussi occasion de disputes, de querelles et de questions sans nombre pour les peintres, les cardeurs, teinturiers et brodeurs de cette toile de l'épopée nationale. Tous ont voix au chapitre, ils se réunissent pour cela. Souffrances parfois obscurément enracinées, tâtonnements des équilibres de la fierté et du respect de soi, quel individu, quel peuple n'a connu des périodes de ténèbres, où il se sera senti en proie au trouble et au mal d'être? Dans toute assemblée d'humains, l'entente naît si est posée une égalité de parole, un principe de débat équitable. Mais qui ne connaît des douleurs si bien enfouies qu'elles en sont devenues indicibles, qui ne subit, en lui, des entraves et des impuissances nées parfois de la rancune? Dans notre périple en France, nous n'avons pas rencontré le meilleur des mondes mais la réalité: ici et là, des passions tristes pouvaient s'exprimer, certaines semblaient parfois enterrées comme une résignation. Dans les familles comme dans les pays, le heurt des intérêts, les contentieux d'orgueil bafoué peuvent engendrer une dépression morale ni formulée ni élaborée. Comment fonctionnent les individus, les sociétés? Nés de l'histoire, de traditions locales, il existe dans chaque province un art de parler comme de se rebeller, une capacité à inventer et à agir comme une disposition à se hérisser, à refuser l'entente. Dans notre équipée de plusieurs mois, parfois l'effervescence était encore sensible. Chez les individus comme dans les pays, il arrive qu'une difficulté d'être, une fois débridée et interprétée, puisse se révéler située dans le juste et devienne, à ce titre, source et fondement pour des initiatives heureuses. Poursuivons notre histoire.

Emmanuel Lopez nous a raconté l'histoire d'une compréhension, d'une entente qui se sont construites au long des années entre le Conservatoire et les élus corses. La politique foncière du Conservatoire est bien avancée en Corse. Partout, elle tient à un ensemble de conditions favorables que les délégués doivent deviner, contrer ou entretenir. Nous l'avons dit, l'histoire du Conservatoire constitue une exception remarquable à l'intérieur de la période de maltraitance territoriale qui s'est ouverte avec les Trente Glorieuses. Pendant cette période, il existait sans doute, dans l'esprit des provinces, des contre-feux possibles à une pareille dérive : il fallait savoir les entendre et en soutenir le réveil. L'invention du Conservatoire du littoral est la source d'une fierté nationale légitime, souvent enviée par d'autres pays. Cette invention illustre l'ingéniosité qui en a imaginé le dispositif juridique, elle témoigne, jour après jour, de l'intelligence collective qui a fait de ce cadre un fil conducteur grâce auquel les premières générations de délégués ont élaboré un art de faire. Emmanuel nous a raconté les débuts de son histoire professionnelle. À vingt-sept ans, frais émoulu des Sciences politiques et muni d'un diplôme d'urbanisme, il arrivait en Corse. Il était né en Algérie, avait vécu à Casablanca.

– Ne jouez pas au plus malin, lui disait Pierre Raynaud, qui était provençal. Les gens du Sud en savent plus long que nous, ils nous jugent et nous évaluent. Ne trichez pas!

– J'étais jeune, je n'avais pas d'hésitation, aujourd'hui je réfléchirais davantage…, disait Emmanuel avec simplicité.

C'était le temps où tout était à inventer pour le Conservatoire. Emmanuel découvre la presqu'île enchantée des Agriate en 1978 :

– Cinquante kilomètres de côte vierge, dix mille hectares protégés d'un seul tenant. La surface de Paris, des vingt arrondissements : je trouve que c'est parlant. Un site extraordinaire! Il faut découvrir ça!

Dans les années où il était directeur du Conservatoire, Emmanuel Lopez avait laissé ses abondants cheveux, maintenant légèrement grisonnants, tomber en mèche folle sur ses yeux. Chez cet ancien timide, il y avait là comme le signe d'une liberté trouvée à diriger le Conservatoire. Emmanuel nous décrivait un choc extraordinaire, un émerveillement. Il se croyait revenu au Maroc, dans le paradis de beauté qu'il avait connu enfant. Ici, nous pouvons voir des regards dissimulés par des lunettes noires, des airs murés dans un fonds assumé de fatalisme. Sur quelle base l'entente avec le Conservatoire s'est-elle mise en place ? D'un bout à l'autre de la Corse, des décisions convergentes ont été prises par les autorités de l'île, qui acceptaient les dispositifs de la République. Une alliance s'est nouée, nous devons comprendre quels en étaient l'esprit et les valeurs. Plusieurs de nos interlocuteurs ne nous cachent pas que, sur les chemins des Agriate, des amateurs d'aventure passent à toute vitesse en défonçant les ravins, ils y allument des feux interdits, maculent les ruines d'inscriptions rageuses et trouent les panneaux indicateurs avec des chevrotines. S'agit-il d'autant de façons d'affirmer que la presqu'île des Agriate doit appartenir aux seuls îliens ? Chez nos interlocuteurs, nous avons souvent apprécié l'intelligence rapide, la culture politique et la courtoisie.

– En Corse, l'un des frères est berger, l'autre conseiller d'État, nous disait Emmanuel.

Sur la place de Saint-Florent, un groupe de joueurs de boule se retrouve et parle corse de façon théâtrale. Une partie de *drama gioccoso* est engagée.

– Ici, on sait se disputer.

– Ici, on parle entre soi.

Tel est, me semble-t-il, le message à l'intention de ceux qui n'entendent pas la langue. Pendant ces dix jours passés au seuil des Agriate, nous avons rencontré les élus des villages, les gardes du littoral, le délégué et les chargés de mission du Conservatoire, nous avons croisé des habitants et échangé avec les commerçants. Nous avons vu, dans les cafés, des bandes de jeunes chasseurs à l'air sombre et résolu, qui parlaient corse de façon ostensible avec leurs fortes voix. Ce fut le cas, le soir de l'arrivée de Jade.

– Trois filles dans une taverne où l'on parle corse : y a-t-il provocation ?

Nous revenions de l'aéroport, il faisait nuit. Nous venions de passer le col, entre Bastia et Patrimonio, qui surplombe en à-pic un panorama faramineux, en bas sur la province. Dans cette taverne, une complicité soudait trente convives attablés devant d'énormes entrecôtes, qui hachaient leur viande avec des coutelas faits pour écorcher les sangliers. Bravant une interdiction légale récente, ils fumaient comme des sapeurs. Catherine n'avait pas envie de viande. Jade connaît les bandes de jeunes qui font du bruit ensemble sur des motos sans garde-boue. Ils font gicler plus haut, toujours plus haut, la gadoue matricielle en cabrant leur machine. Jade a enquêté sur les sports de nature. Sauts à l'élastique, *raft*, parapente, beaucoup de jeunes cherchent la montée d'adrénaline d'états physiques et psychiques extrêmes sur les plages et dans les forêts vierges.

Charles Pinelli pourrait avoir la capacité de cette rage, il l'a eue peut-être. Nous sommes sur l'eau, avançant à petite vitesse pour contourner un cap surmonté par une tour en ruine que les Anglais réduisirent avec peine en 1794, puis copièrent sur leurs propres côtes. Pendant la Révolution française, le héros national Pasquale Paoli avait appelé les Anglais pour libérer la Corse. Libérer de qui ? À la même époque, le « petit caporal » n'était pas encore empereur, il dirigeait l'expédition d'Égypte pour couper la route des Indes aux mêmes Anglais. Que comprendre à cette histoire ? Catherine prend des photos à l'avant du bateau. En travers du Cap Corse, un rideau de nuages se tient à mi-hauteur, nimbant l'âpreté de cette rocaille énorme sur laquelle se sont établis, depuis le fond des âges, des villages de marins et d'agriculteurs qui ont dressé leurs bourgs dans le recoin écarté des vallons avec, partout dans les villages, d'amples églises rutilantes dont la beauté forme elle aussi une démonstration de puissance. Étrange Méditerranée. Elle nous raconte un monde récemment supplanté par d'autres lois, d'autres mœurs, en est-il aboli pour autant ? Les temples de l'argent qui nourrissent aujourd'hui l'invasion des urbanisations ratées sont invisibles. Ceux de la religion constituaient ici des signes disposés dans l'espace en un langage fort clair, orné de dorures, de peintures éclatantes, de fresques et d'ex-voto. Dans le désert des westerns, les shérifs montrent le respect de la loi, parfois à coups de carabine. L'entière mémoire des hommes est emplie de leurs querelles de pouvoir et de leur quête de l'ordre juste auquel on pourrait consentir. Rebelle et longtemps divisée, cette île a été agitée de combats comme l'ensemble de la province humaine, elle a été frappée par les conflits guerriers, par les exils.

Nous avons dépassé la tour et enfin s'ouvre la plaine littorale. La plage ! Lumière de lagon, couleurs de grand Sud, l'étendue de sable blanc nous méduse et nous enchante. La plage du Loto est douce et pittoresque, celle de Saleccia immense et envoûtante. Éblouissement des couleurs, paix des formes, les étendues de sable abritent nos langueurs oublieuses et suscitent en nous une sérénité réparatrice. Ces rivages existent depuis le fond des temps, leur tristesse a hanté les marins qui redoutaient leurs parages inabordables et traîtres. Dans l'histoire des hommes, les Européens de la fin du XVIIIe siècle sont les premiers à avoir ressenti l'enchantement des bords de mer et la joliesse éblouissante du rivage plat.

Ce matin, nous sommes seuls à visiter cette anse splendide. Nous enquêtons sur une histoire longue qui n'est pas finie. Où sommes-nous ?

⋆

Construire

Dans la vie des individus et des familles, certains moments de confusion souffrante marquent les existences de troubles poignants qui charrient un flux de questions insolubles et une dépossession partagée. Un mal de soi venu d'entrailles sans fond peut ligoter les êtres humains dans un destin impossible à définir avec justesse, englouti dans les ténèbres d'une tradition perdue à l'évidence informulable. Un peuple, une province riches d'une histoire obscurément mémorable se triturent alors sans trêve, revenant encore et toujours sur des épisodes passionnément répétés, avec les mêmes silences et les mêmes sanglots, dans une impuissance à retrouver le chant juste qui survivrait d'un destin cacophonique. Ici comme sur le continent, les villages ont perdu leurs bras pour entretenir les murets que l'on découvre au hasard d'un tour dans la campagne. Eau vive des torrents dans l'âpreté des pentes. Des vaches à demi sauvages vagabondent en liberté. Derrière notre gîte, à Patrimonio, un de ces chemins cabossés s'élève de l'autre côté d'un torrent enfoui dans la sylve. On vient d'y défricher des terrasses d'oliviers oubliés depuis un siècle. Une route aux murets cyclopéens monte vers le col, ouvrant sa perspective sur la silhouette du village au seuil de la Conca d'Oro, cette vasque de terres favorables à la vigne qui se déploient autour de Patrimonio. Une butte sédimentaire l'abrite de la mer, dressée comme une virgule dans un décor qu'on dirait figuré par un peintre du XVe siècle avec, au loin vers le sud, la corniche où s'alignent les villages auxquels appartiennent les Agriate. Quelles frondes se sont entretenues ici, quelles fureurs et quelles rages ? On dirait qu'un contentieux bout ici, parfois, dans l'intimité du rapport entre générations, comme si la force du patriarcat interdisait la rébellion des fils et entretenait leur chaos intérieur. Le règne des pères ressemble parfois à une sorte de haine. Les fils humiliés poussent entravés et souffrants. Les délégués ont-ils obscurément senti que la société corse, fondée sur son rapport à la terre, pourrait retrouver une actualité et une justesse en s'engageant dans la protection de ses rivages ? Le Conservatoire a été créé pour tempérer l'emprise urbaine sur les littoraux. Les sociétés pastorales, celles qui ont aménagé les terrasses de vignes et d'oliviers sont soigneuses et souvent amoureuses de la beauté de leurs territoires. En mettant en œuvre sa mission d'aménagement et de protection de la nature, qui dit que le Conservatoire n'importe pas l'esprit de valeurs plus anciennes dans ses solutions d'avenir? Intégrant désormais le respect des individus, les pratiques d'une modicité durable épargneront la nature en impliquant la responsabilité citoyenne de chacun. En cherchant à élaborer avec eux une disposition équitable pour gérer leur terre, Emmanuel Lopez était sensible à la dimension vertueuse des Corses, il nous a parlé de leur respect des mots justes. Le patriarcat donne la priorité au bien commun de la fratrie ou du clan. Comment les délégués s'y sont-ils pris pour faire admettre qu'une acquisition publique des terres de la Corse pouvait constituer une solution pour leur développement? Après tout, République veut dire bien commun. En héritiers des Romains, certains Corses sont de nobles parleurs et des virtuoses du droit. Ils pouvaient entendre l'intérêt d'une «déconcentration» qui les appelait à un renouveau d'autonomie responsable.

Face à la plage, Charles nous raconte l'histoire des Agriate. Nous l'avons lue dans l'étude de Jean-Michel Casta, composée quand il mettait en place leur gestion pour le Conservatoire. Jean-Michel Casta descend de l'un des treize colonels qui fondèrent la Corse au XIIe siècle. Il a habité longtemps le village de Casta, dont il porte le nom.

– Si une machine à remonter le temps nous emportait en arrière, ne fût-ce que de cent ans, dit notre pilote avec sa voix un peu rauque, des présences humaines s'annonceraient, on entendrait le caquètement des poules. Ce lieu est improprement dénommé «désert». La plage était le lieu d'atterrissage des agriculteurs. Derrière, on élevait des moutons et des chèvres.

Nous apercevons à travers un rideau d'arbres une prairie et deux étangs: dans la partie est des Agriate, les collines s'abaissent et disposent la douceur d'un paysage qui a été agreste. Le contraste est saisissant entre la sécheresse incandescente des sommets rocailleux et cette tranquillité à la fraîcheur virgilienne. Une civilisation rurale fleurissait dans ces solitudes.

– Les gens du Cap vivaient sur une arête. Ils trouvaient dans les Agriate des replats où multiplier les plantes qui font durer la vie humaine.

Les Agriate sont séparées du Cap Corse par un simple bras de mer. Leurs petites plaines offraient de meilleures surfaces, elles en tirèrent leur nom : « les champs ». Les champs cultivés. Certains villages du Cap Corse y possédaient des terres communales semées au printemps. On retournait chez soi jusqu'à la récolte. Ces lieux n'ont jamais été habités de façon permanente. Les Agriate ne sont pas un désert, mais un habitat saisonnier comme les estives en montagne. Plus à l'ouest, les bergers logeaient dans des huttes de pierres sèches dénommées *paillers* (*pagghi*). Il en reste cent quatre-vingts. Certains ont été restaurés par le Conservatoire pour abriter les randonneurs. Mi-grottes, mi-sculptures aux échines savantes, ils étaient habités l'hiver par les bergers et leur famille, à la saison propice de l'éclosion des plantes. Le cagnard de l'été en repoussait les hommes.

Où sont ceux qui ont vécu ici ? Ils avaient disparu quand arrivèrent les bateaux de plaisance, les navettes maritimes et les 4x4. La génération qui a connu les bergers existe encore. À San Pietro-di-Tenda, nous avons parlé un matin avec Cilette, l'ancienne maire, elle est fille du boulanger et son mari continue le métier. Aux années 50, le père faisait sa tournée chaque semaine dans les Agriate, apportant le pain aux bergers et à leur famille qui passaient l'hiver au creux des *pagghi*, plus bas dans la rocaille, sur les pentes où habitaient les fées. Cilette a mis du temps pour nous fixer rendez-vous. Elle ne sait pas qui nous sommes. Comme elle est réservée et très polie, elle prétend d'abord qu'elle a oublié mais, peu à peu, nous faisons connaissance. Nous lui demandons de raconter l'histoire du village, avant et après la guerre, cherchant « qui était qui » quand le bourg était peuplé. Avec dignité, elle insiste sur le fait que la vie persiste à San-Pietro, les usages se maintiennent. Le pacte avec la terre n'est pas dissous. Elle est d'ici.

– Les bergers, au nombre d'une centaine, descendaient

l'hiver dans les Agriate pour garder les troupeaux communaux des villages.

La terre appartient à la réunion des familles, elle est exploitée par une organisation qui traverse le temps, transmet les usages et sent les forces secrètes du monde en soudant des intérêts partagés, des gestes et des valeurs. Le territoire des Agriate appartient à des villages situés en amont, au sud et à l'est de Saint-Florent, qui forment comme un collier sur des éperons de même altitude, à distance des razzias comme de la malaria. Ces villages décrivent un demi-cercle parfait à sept ou huit kilomètres de la côte en direction du sud : Oletta, Vallecalle, Fusaia, Rapale, Sorio, San-Gavino di Tenda, Santo-Pietro di Tenda, dominant une plaine ample, merveilleusement verte, qui devait être marécageuse. Nous y sommes montées avec Jade. Posé sur une arête, chaque village dresse une poignée de maisons de plusieurs étages autour du clocher de sa grande église. Il est entouré vers le bas comme vers le haut par une clairière de terrasses agricoles qui forment autour de lui une sorte de panache de jardins. Aujourd'hui, les maisons dominent quelques planches de fèves patiemment alignées, mais les terrasses d'amandiers sont tombées en friche. Vues de la route militaire, les Agriate ont l'air d'une presqu'île déserte, adossées au Nebbio aride. Elles semblent à l'écart de toute vie, loin du chapelet de villages que relie une route de corniche au lacis infernal. Un parcours attentif du terrain peut recomposer la cohérence des usages. Nous devons nous habituer à ces distances anciennes qui n'en étaient pas. Les terres littorales apparemment stériles, isolées et dangereuses, étaient utilisées de façon saisonnière. Sur elles, comme sur les estives recouvertes de neige en hiver, s'étendait la souveraineté incontestée des villages posés à mi-pente. Aucune terre n'est sans usage.

Des Agriate, il existe une route étroite par laquelle on peut gagner directement le collier des villages. Nous avons trouvé cette route fermée à la circulation, mais son effondrement partiel n'empêchait pas de passer.

– C'est par là qu'ils descendaient !

À la fin des années 50, les chevriers ont vieilli. Les villageois tentent d'échapper à la pauvreté par l'exil. L'été brûlant des Agriate attire maintenant des investisseurs : les Rothschild, la société Casanis, l'actrice Leslie Caron dont les agents achètent pour rien de grands pans de terres sèches pour préparer un âge d'or. Sur les ruines de la société rurale, le rivage des Agriate va-t-il devenir le Pérou des étés bourgeois ? Dans ce devenir, le Conservatoire a joué la carte d'une fidélité à soi-même que les délégués pressentent.

– C'était l'histoire qui revenait, nous dit Emmanuel pour nous faire comprendre le jeu que ravivait la proposition du Conservatoire chez ses interlocuteurs spoliés par le temps long des choses.

– Nous voulions que les Agriate restent comme avant, dit finalement Cilette, ou plutôt… qu'elles gardent quelque chose de ce que nous avions connu.

Elle prononce cela avec netteté. Elle dit que l'arrivée du Conservatoire, loin de confirmer la dépossession de leurs terres de parcours, signifiait, à l'inverse, que ces terres leur seraient comme rendues. Le Conservatoire propose de racheter ces terres aux intrus venus du dehors. Arraché à la privatisation, ce promontoire sera réuni et protégé. Quelque chose se réveille d'un passé perdu. Les villages géreront ces terres. Les Agriate redeviennent propriété publique. Une dimension de bien commun ressuscite en ravivant la fierté d'une civilisation et en faisant de la République une sorte de partenaire attentif à la mémoire, voire même, selon certains, une héritière légitime pour les traditions de famille. Nous sommes dans le sérieux des choses. Esprit des peuples, esprit des lieux, lois invisibles tracées dans les cœurs. Comme dans les Pyrénées orientales, notre périple en Corse nous confronte à des décisions et à des acquiescements fondateurs, dans lesquels s'est exprimée une persistante capacité d'entente.

On parlait d'ouvrir un camp de nudistes à Saleccia. Certains voulaient bétonner, exploiter le sable d'une dune fossile, lotir la zone humide de l'Ostriconi. Une nuit, le pavillon du garde qui veillait sur les huit cents hectares achetés par les Rothschild a sauté. Les élus et la population sentent que l'époque va vers le morcellement, l'intrusion, les projets disparates. En classant les sites, en cédant une part des terres au Conservatoire et en cherchant une entente pour les décisions d'aménagement, une République réparatrice propose alors une solution nouvelle pour la terre méditerranéenne, le bien par excellence auquel est due une fidélité indéfectible. On cessait de laisser faire le laisser-aller, on inventait un plan d'action pour « le désert ». Les anciens ont vu là une solution juste. Les choses de la terre soudent la responsabilité collective devant le regard de tous. Le Conservatoire du littoral protège des ailes d'oiseaux, des tiges de plantes, des mares et des lagunes. Tout petit dans l'histoire nationale, ses actions réglées, ses procédures et son savoir-faire augurent peut-être de l'esprit comme des techniques d'une époque à venir. Là serait une des raisons de son prestige et de son aura. Le Conservatoire travaille à préserver un bien auquel les citoyens sont attachés. Plus profondément, il gère une relation au bien commun qui, quelque individualistes que nous soyons tous, rassure en nous l'espèce sociable à laquelle nous appartenons. Nous rencontrons ici des hommes, des lieux, des mœurs. Entre eux tous, différents d'allure, de compétences, de mémoire et de trajet de vie, un compromis entre générations, entre corps de métier et entre sociétés a été posé. Il s'inscrivait dans les dispositifs d'une législation et de mesures réglementaires inventés les uns après les autres, avec sans doute une certaine marge d'opacité pour permettre certains ajustements. Cette histoire est une affaire d'hommes au profond de leur individu, de leur culture politique et de leur affectivité. Suspendue au-dessus de ce puits obscur, une aiguille magnétique a réuni certains. Des intuitions naissaient, des pas furent franchis, donnant une orientation pour édifier. J'aime à penser que les alliances ne sont pas nécessairement des marchés de dupes, que l'histoire existe et que certains la font.

Je reprends. À la fin des années 50, une part des Agriate a été achetée par des continentaux qui entendent y bâtir des villas. Certains dynamitent les futurs chantiers pour défendre l'intégrité de la terre corse. Les entrepreneurs et les banquiers cherchent une porte de sortie. Il est question de classer le site, le Conservatoire se porterait acquéreur des biens à mesure qu'ils seraient mis à la vente. En 1978, Emmanuel Lopez venait donc demander un accord des maires pour racheter la terre des Agriate aux usurpateurs des années 50 et mettre en place une politique de protection. Cette cession aurait pu devenir une source d'affrontements sans merci. La brutalité volontariste de certaines initiatives de l'État a souvent suscité, en Corse, autant d'occasions de se rebeller à l'arme lourde. Dans l'obscurité relative de l'époque, dans le tumulte des rébellions et des conflits, la République envoie dans l'île un jeune homme de vingt-sept ans. Les maires indignés s'attendent à ce que des passe-droits favorisent les propriétaires venus du continent. Emmanuel a vécu ici l'épisode fondateur d'un contrat accepté dont le mode de faire aura l'avenir pour lui.

– Il faut que vous compreniez une chose, nous dit notre pilote tandis que nous dépassons la plage de Saleccia et que le Ponant se lève devant nous, frisant la mer d'une écume qui saute rudement sous la barque.

La fatigue nous guette. Il est près de midi et, à l'allure de sénateur où nous allons à cause de ce vent, nous n'aurons pas le temps de découvrir mieux la côte rocheuse de l'ancien domaine des Rothschild. Le moteur devient bruyant. La petite fille de Charles est lasse.

– La société corse ne connaît que l'honneur. Notre fierté est légendaire. On vous aura parlé du népotisme et de l'incurie.

Depuis la Rome antique, aucun seigneur ne se livre au labeur. À l'échelle de la société européenne, l'esprit de la Renaissance a cherché à évacuer les prestiges surannés du faste, assis qu'ils sont sur la soumission du plus grand nombre, et à légitimer les valeurs de l'action pour faire travailler les hommes.

– Les Latins apprécient le panache, il aiment la « sortie par le haut », nous a dit Emmanuel Lopez.

Les maires craignaient que le classement embarrasse certains, tandis que d'autres seraient passés à travers. Avec Emmanuel, ils posèrent que si l'ensemble de la presqu'île était concerné par le classement, le Conservatoire pourrait acheter au prix juste toute terre à vendre des Agriate, la gestion en serait remise aux villages. Cette alliance reconstituait l'unité de la presqu'île en repoussant les opérateurs spéculatifs. Le bien commun qu'est le sol a une dimension matricielle. En Corse, le sentiment d'une nécessaire et pérenne appartenance du sol à la tribu humaine garde un enracinement dans les cœurs. En devenant propriété du Conservatoire et en étant confié en gestion aux villages, le territoire des Agriate pouvait retrouver une vie où la Corse reprendrait confiance en elle-même en saisissant l'opportunité offerte par la législation qui fonde la singularité du Conservatoire.

– Les gens nous avaient pris en sympathie, continuait Emmanuel. Dans le Sud, les engagements ne sont pas nécessairement écrits, les gens se lient par la parole et dans le face-à-face. C'est pourquoi ils t'inspectent et te jaugent.

Aujourd'hui, Charles accumule les recherches et les actions pour enrichir la connaissance des Agriate. Il invite des archéologues italiens, organise des conférences et des fêtes. Jean-Michel Casta a écrit un livre-somme sur l'histoire de la presqu'île. Face au délire des 4x4 et à la fureur *western* des amateurs de sport, la passion des gens d'ici pour ce massif étrange semble garante d'un avenir raisonnable. Les hommes ont failli se désintéresser de cet espace, il a frôlé la privatisation dorée. Il subit actuellement des rudesses au visage parfois paramilitaire. Étrange et belle histoire que celle d'un projet de conservation sur un terrain difficile, même et surtout pour ceux qui auront à en régler les usages.

À l'accostage sur le quai à Saint-Florent, nous titubions sous l'effet de ce bain d'air et de lumière, nous avions faim. La petite fille de notre pilote nous a guidés vers l'endroit où elle désirait déjeuner avec nous.

⋆

Résolution

Il est un temps pour la guerre et pour la révolte, un autre où les fureurs que l'on a au bord des lèvres pourront être conjurées par une perspective de compromis. Assortie de conventions habilement posées, le Conservatoire proposait qu'une charte soit élaborée ensemble. Certains intérêts doivent être respectés. Certaines attitudes, certaines lois des hommes. En Corse comme ailleurs, on ne bafoue pas certains pactes ni certaines règles.

– Nous avons élaboré notre métier dans ces années-là. Nous avions tout à inventer, disait Emmanuel.

Sur cette terre sensible au point d'honneur comme au respect de soi, l'entente qui s'est dessinée depuis trente-cinq ans est remarquable. Le récit d'Emmanuel Lopez dessine un chemin de finesse qui s'est construit, une transaction où chacun identifia des bénéfices auxquels mesurer son engagement. Les élus saisissaient comment les dispositifs, programmes et plans d'action de l'État pouvaient venir au-devant des attentes des sociétés locales, engageant leurs volontés et donnant une porte de sortie à leurs impasses.

– Il faudra que vous rencontriez Monsieur Vincenzini, le maire de Palasca, nous dit Emmanuel Lopez.

Emmanuel ne nous parle pas des bandits d'honneur qui sèment la terreur, il cite Tocqueville. Il n'évoque pas les armes rapides et les véhicules vrombissants, il nous raconte sa jeunesse. Nous n'avons pas tout compris de cette terre de contrastes. Guidée par une intuition et par des convictions, une rencontre a eu lieu, une coalition qui a réussi à faire de la République une sorte de rempart pour la turbulente identité corse. Le sentiment de la responsabilité d'une terre se réveillait, son sens communautaire fondait une capacité nouvelle. Nous savons que le Conservatoire est un des maillons d'une politique nationale d'aménagement du territoire et de protection de l'environnement. Avec d'autres, il travaille à un futur qui n'est pas encore écrit. Pour aller vers leur avenir, nos sociétés, nous-mêmes avons à mobiliser des ressources venues du fond de nos reins, de l'élan de notre existence émotionnelle comme de la trame de nos idéaux culturels. Comme si quelque chose de cette histoire proposait la dimension d'un récit fondateur enraciné dans les conditions de l'existence individuée et, peut-être, dans le fond de la chose politique elle-même, Emmanuel nous raconte comment son engagement a rencontré quelque chose de l'esprit de la Corse, ce pays où les intérêts communs et le respect de soi gardent une urgence. Nous avons vu Emmanuel pour la dernière fois lors d'un comité de suivi. Nous présentions un rapport d'étape pour donner forme à notre enquête. Emmanuel a dit pour finir :

– Vous allez sans doute découvrir d'autres choses.

Aller plus loin. Porter le sujet à son ampleur réelle. Il nous avait donné les éléments. À nous de les lire. Emmanuel avait posé :

– Les talents corses sont nombreux à avoir bien mérité de la République, ils ont peuplé l'administration française depuis le Conseil d'État jusqu'aux gardiens de bagne en passant par les douaniers, les professeurs de médecine et les instituteurs.

Les Corses ont fait vivre l'Empire de l'Annam à la Guyane, ils ont donné deux Napoléon à la France et en ont livré les guerres. Comme si la Corse résumait, tout en en grossissant les traits, une vérité de l'histoire nationale, nous saisissons quel enchaînement peut venir lier les façons d'être des hommes à des institutions et des pactes. Le tout peut se disjoindre et entrer dans le dysfonctionnement. Ici, c'est comme si des valeurs invétérées et parfois paralysantes s'étaient mises à revivre pour neutraliser une dérive. Nos sociétés manquent cruellement de symboles et de règles propres à endiguer l'empire des intérêts individuels. Comme si Emmanuel et M. Vincenzini avaient, sans le savoir trop clairement, rencontré en eux un socle méditerranéen de convictions fondatrices et de savoir-faire social, dans cette société où les descendants des colonels deviennent gardes du littoral et parlent spontanément de Cicéron et de Montaigne, ils ont posé ensemble un processus et un pari pour aujourd'hui.

Chacune de ces histoires de sites est composée d'une mosaïque de faits, de pensées et de propos entraînés dans le fleuve turbulent du temps. En Corse, nous pouvons lire, comme au ralenti, comment l'âme européenne luttait pour forger à partir de son passé, en le respectant et en le congédiant tout à la fois, une paix qui se fonderait dans le ciel de l'esprit des lois pour orienter un devenir volontaire et, pour tout dire, une nouvelle ère du droit. Nous rencontrons Monsieur Vincenzini sur ses terres de l'Ostriconi. M. Vincenzini a été maire de Palasca pendant vingt-quatre ans.

– La commune de Palasca s'étend sur cinq mille hectares, il reste soixante habitants au village. L'espace a une valeur collective supérieure à sa valeur vénale. Il fallait se battre contre le béton. Quelque choses de réconfortant se passe: Emmanuel Lopez arrive. Les gens ont compris, on est élu largement. Nous voulions maîtriser l'évolution. Nous obtenons le classement.

Telles sont les phrases que M. Vincenzini enchaîne de sa voix un peu métallique en alignant avec rigueur la succession des dispositifs réglementaires, des étapes et des époques. Après vingt ans de luttes pour assurer la protection de ce val menacé par la rapacité de ses propriétaires, des actes ont lieu, des étapes sont franchies. Palasca est juchée dans la montagne au-dessus de l'île Rousse. Le village appartient à la Balagne mais possède les terres de l'Ostriconi, un fleuve dont le val remarquable clôt vers l'ouest le désert des Agriate.

Nous sommes sur la terrasse d'une ferme restaurée depuis laquelle nous observons le calme merveilleux de ce val. Avec sa stature d'homme sec, sa figure sculpturale et ses longs cheveux blancs, M. Vincenzini m'impressionne Dans une alliance surprenante d'allure et de sagacité, avec une force de cavalier, une élégance de seigneur et un art de raisonner impeccable, il incarne une essence de ce pays que je ne connais pas. M. Vincenzini est arrivé dans un gros 4x4. Il porte des bottillons de chasseur. Il a été professeur à l'île

Rousse. Chez lui comme chez Jean-Michel Casta, une civilité permet d'évoquer sans lourdeur l'imperfection humaine des sociétés, leur finitude. M. Vincenzini vit le présent dans la continuité naturelle que toute chose entretient avec l'histoire. Il connaît la pâte humaine et la façon dont l'intelligence a puissance sur elle. En remontant du vallon sur la piste dévastée par les inondations, nous avons failli verser. Une des roues de son 4x4 plongeait dans une cavité, l'autre patinait tandis qu'un bruit bizarre signalait que le moteur n'avait pas prise. Comme pour encourager sa monture, M. Vincenzini s'est mis à siffloter un air allègre qui donnait un rythme à son cheval apeuré, il a accéléré pour nous tirer du gouffre en continuant son récit. Nimbés d'une brume d'intuitions convergentes, ces hommes se sont reconnus. Ils ont mis de l'intelligence et de la patience pour fonder une entente à l'intérieur de règles. Le sentiment retrouvé de valeurs partagées évacuait la tentation du conflit et du heurt. Une solidarité, une volonté renaissaient du silence humilié de l'ancienne condition paysanne disparue. On saisissait, en Corse, l'importance des valeurs communes qui traversent les individus et les générations. Les intuitions plus anciennes des sociétés méditerranéennes et leur religion du sol retrouvaient une actualité dans une époque qui cherche à fonder, à une autre échelle, un nouveau droit pour les « biens publics mondiaux ».

– En 14, on mettait les Corses à l'avant dans les tranchées car ils étaient plus résistants. C'est pourquoi ils sont morts très nombreux. Là commencent la fin de notre société rurale et son dépeuplement.

C'est le dernier jour de notre séjour en Corse. Le guide Dominique Casanova nous fait découvrir les Agriate par la terre. Nous nous empilons dès l'aube dans deux jeeps pour monter vers Casta, d'où part la piste des Agriate. Dessinée à la va-vite du temps des Rothschild, cette piste est dans un état épouvantable. Nous la descendons à pas comptés sur son sol inégal et abrupt d'escalier torrentiel. Le 4x4 contourne les ravines et les monticules à l'allure du marcheur. Penché à 45 degrés, il manque à nouveau de verser et, faisant rugir son vieux moteur, chaque fois nous tire de là en nous secouant en tous sens tel un dahut fait pour le territoire martien qui agiterait avec bruit, comme un homme saoul, son carénage oscillant et maculé. En marchant sur la plage de Saleccia avec Dominique Casanova, notre conversation aborde à nouveau la question corse du côté du passé. Nous sommes sur les terres de parcours des bergers. Comme des cathédrales minuscules venues du fond des âges, les paillers dressent leurs voûtes sur le flanc de collines. Le temps se suspend au-dessus des marques humaines inscrites sous le ciel. Après 1918, ces hameaux et une partie des terrasses agricoles, autour des villages, tombèrent hors d'usage. Le façonnement gigantesque grâce auquel chaque village avait établi autour de lui, sur les pentes, des vergers et des oliviers dans la tiédeur du bas, des jardins près des maisons et des forêts plus haut dans la montagne devint une demeure dont la présence humaine s'absentait. La verticale vertigineuse abritait des cédrats dont naquit une richesse, des amandiers aujourd'hui envahis de genêts et de ronces. Comme un décor déserté, les terrasses aux empilements savants de granit, de galets des ruisseaux et de grands blocs retirés de la terre résistent encore.

En 1960, ces terres abandonnées devenaient un objet d'intérêt pour les saisonniers internationaux. Le sol natal allait-il être vendu aux « culs bronzés de l'Europe » ? Les actions nationalistes entravent un temps l'installation du luxe et de la spéculation tandis que, sur les rives d'une Méditerranée saturée d'équipements programmés pour les masses nordiques, la Corse magnifique et intacte reste en balance entre la tentation de vendre et un autre projet. La politique de protection menée par les collectivités territoriales et le Conservatoire du littoral a engagé les côtes de l'Île de Beauté vers un avenir d'appropriation collective et de concertation unique dans le monde méditerranéen. Le secret de cette alchimie pourrait-il animer une façon nouvelle de gouverner, un art retrouvé de s'entendre afin de ménager les ressources terrestres ? Emmanuel Lopez nous a expliqué que l'adhésion de la Corse avait reposé sur une sorte de fidélité à soi-même.

Au travail comme au quotidien, Emmanuel Lopez avait l'art de contourner la tentation autoritaire de sa fonction en donnant sa chance à chacun. Il connaissait la force des réunions qui règlent collectivement les exigences bien comprises des situations. Par un genre d'attitude qui lui était propre, il a incarné un moment cet esprit, essentiel au Conservatoire, qui exige en permanence l'appréhension attentive de la dimension humaine, très émotionnelle, des affaires qui concernent les biens fonciers, le sol et l'étendue de l'espace. À l'échelle des familles comme des sociétés, un groupe attend de son « chef » des décisions justes, des mots qui mettent les choses en place. Étonnant comment cet éternel jeune homme a pu un moment donner figure à l'ambition du Conservatoire qu'il a dirigé cinq ans avec un art à la fois ingénieux et pacifique, nourri d'implication personnelle et de rigueur tranquille.

– On dirait que vous aimez les gens, lui aurait dit une femme, en Corse, dans ses jeunes années, ce qui l'avait ému.

Il faut savoir sortir du trouble et faire la paix, sonder les cœurs, aller de l'avant. Emmanuel nous a raconté comment la confiance était née, comment une action du Conservatoire, au fil des rencontres entre individus, avait pu instaurer un espace de jeu pour les émotions fondatrices d'une société. La République a fait entrer la Corse dans son dispositif de protection. En retour, la Corse pourrait instruire la société hexagonale et l'Europe de sa notion du bien commun quand il s'agit de gérer les ressources à l'échelle de la planète. L'idée conductrice pour un avenir des Agriate est venue de la civilisation locale, de son désir de perpétuer quelque chose d'un entre-soi nourri du sens de l'intérêt collectif. En Corse, Emmanuel a rencontré M. Vincenzini, il a connu Cilette. Sans qu'un droit de propriété individuel ni collectif ait été négocié chez le notaire, nous empruntons à la nature l'air respiré, l'eau des sources et la lumière du soleil. Nos sociétés ont inventé les cadastres et l'éducation pour tous, le droit de chacun ne peut nous faire oublier ce qui nous tient ensemble, la terre et les matières que l'on travaille, le sang, les noms. Emmanuel nous a dit comment son éblouissement, en Corse, fut un retour aux sources. Il existait chez Emmanuel une capacité affective née peut-être de l'ancestralité contemplative de la civilisation musulmane qu'il a connue enfant. «Si Dieu le veut!», répètent sans cesse les musulmans, comme si la présence aidante et sourcilleuse du regard de Dieu était requise à chaque moment pour soutenir l'intention humaine. Emmanuel a grandi aux côtés d'hommes qui, chacun à son échelle, dessinaient autour d'eux un avenir inventif et lui déléguaient leur estime, le maire de Rochefort, dont il était l'adjoint à trente ans, Pierre Raynaud, le premier directeur du Conservatoire.

Pour lui, la France n'était pas la patrie rechignée de l'égoïsme et du scepticisme, le pays de la sécheresse républicaine et du chacun pour soi. Emmanuel savait mettre l'évidence humaine au milieu d'un groupe. Dans les années de fondation et sous la houlette de leur premier directeur, avec Annick Faucon et Jean-Claude Bonnafé, trois trentenaires ont inventé l'art et les méthodes du Conservatoire. Il s'agissait de roder les processus d'approche et de négociation. Il s'agissait aussi d'un éblouissement personnel pour Emmanuel, né de l'autre côté de la mer. Ici, quelque chose du vieil atavisme méditerranéen, un pan d'idéal survivant a sans doute animé l'esprit des négociateurs. À l'échelle de l'esprit des lois comme de celui des civilisations, j'y observe une sorte de perpétuation pour un sentiment ancestral qui imprègne et doit imprégner les sociétés humaines: la nécessité de savoir s'entendre, une piété pour ce qui nous déborde. Le Conservatoire règle des affaires de ganivelles et de parkings, de panneaux d'information et de taux de salinité dans les graus. On y entend parler aussi de naissance et de mort dans le temps long de sociétés humaines et, surplombant le tout, du temps encore plus long des affaires de la terre, de la mer ou de l'air. Pour sceller certaines situations, les délégués ont l'habitude de convoquer des assemblées où les représentants de la société locale sont tous présents, pêcheurs, habitants sédentaires, élus et techniciens autour d'une table dans une grande salle un peu solennelle, comme si les affaires qui concernent le sol appelaient la présence de tous dans l'exigence d'une sagesse à élaborer et à prononcer en commun. Aussi ces affaires se concluent-elles devant l'aréopage des anciens, des gens de pouvoir et du peuple. Aux temps modernes comme sous les Mérovingiens et sans doute plus encore quand elle comptera onze milliards d'individus, l'espèce humaine aura à décider de l'avenir de la terre, un bien qui ne lui appartient pas en propre. Le Conservatoire pratique une habileté à négocier, un sens diplomatique et son art indicible.

Plus fondamentalement et par-delà l'état du droit, il parie sur le genre humain, sur sa capacité d'adhésion au lien qui le soude à sa condition terrestre. Anticipant sur une ère de sagesse et de conventions nouvelles, sur d'autres mœurs et d'autres lois, le Conservatoire table sur la capacité des hommes à sortir du jeu de l'aveuglement rapace et de la folie gaspilleuse. La loi qui fonde le Conservatoire a été votée par les députés debout, unanimes, par-delà les sensibilités politiques, à vouloir ménager l'avenir des rivages du pays. Pour considérer l'enjeu de survie qui se pose à nos sociétés d'individus comme au règne vivant lui-même, un jour viendra peut-être où les règles seront changées, où des conventions seront votées et où «réunie en un conclave unique», «l'humanité dans son ensemble» en viendra à «affirmer solennellement» sa capacité inventive à dessiner un avenir commun.

Un dispositif républicain, une institution inventée et votée par l'Assemblée Nationale en 1975 posent que le potentiel de maturité des sociétés locales va innerver leur capacité de projet, que des évidences vont devenir contagieuses et qu'une prudence se partagera. Le déni du cynisme et l'optimisme inspirent l'esprit de cette loi. Les délégués savent manier le rapport de force. Avec prudence et réalisme, avec habileté et minutie, ils «bordent» les situations à l'aide de contre-feux variés: alliances, règlements, appel à l'esprit d'équité. Ils savent par ailleurs qu'un bon joueur laisse les choses se faire. Le stratège, dans l'esprit du zen, sait faire jouer les énergies propres aux situations.

– Nous ne sommes pas des militants.

Depuis 1975, un fonctionnement social existe, il fait prévaloir un intérêt supérieur respecté par tous dans l'évidence d'un bien commun. Ce bien commun ne se résume pas aux *parties communes* ni à l'*espace public* habité par les hommes, mais englobe la considération de tout ce qui n'est pas humain dans le monde du rivage: les animaux et les plantes, les zones humides et les calanques, les falaises, les dunes. Leur cession au Conservatoire protège tel linéaire de côte, l'estran et la mer au-delà. Comme si une assemblée humaine devait pouvoir parvenir comme d'elle-même, si elle est bien accompagnée, à faire émerger en elle la potentielle vertu, prudence et sagacité dont elle est porteuse; comme si une capacité de sagesse était inscrite dans le fait social lui-même, le Conservatoire veille à ce qu'une maturation se fasse, elle prend parfois vingt ans pour se mettre en place. Qui dit que l'homme est fait d'égoïsme et du seul sentiment de son intérêt particulier? Avec une habileté et une patience qui lui permettent de ne rien forcer, le Conservatoire, depuis trente-cinq ans, dispose un parcours obligé vers l'éventualité du meilleur, proposée comme un choix libre à une société et à ses différents membres. Les délégués nous ont tous dit que dans une négociation, même ardue et conflictuelle, ils considèrent l'ensemble de la partie: si les choses bougent, les adversaires d'un moment seront voués à devenir les partenaires d'une entente. Bien éclairés et préparés, de même les groupes humains tendent-ils à savoir neutraliser la tentation de se diviser. Plus loin que les époques et les personnes, les sociétés sont amenées à mûrir peu à peu des valeurs qui les engageront dans des phases nouvelles de leur histoire. Cette histoire se fait.

Est-ce au quotidien le travail des députés, à la Chambre comme sur le terrain? N'ayant pas eu l'occasion d'observer leur travail, je parle des assemblées auxquelles j'ai assisté en Corse, dans l'Aude, au Pays basque et à Granville en Normandie. Ouvrir la perspective d'un bien potentiel qui puisse faire évidence et laisser venir. Laisser parler, laisser se construire un sens commun. Comme si une capacité de consensus était scellée dans la conscience humaine, comme si les valeurs du bien commun, en fait partagées par tous, étaient comme gravées dans les cœurs, on dirait que les responsables du Conservatoire savent activer une responsabilité dont les individus et les groupes sont potentiellement capables, une aptitude à savoir se gouverner quand il s'agit des responsabilités qui engagent, de père en fils et de fils en petit-fils, le destin de la terre et des sols qui ont vue sur le large. Comme si l'espèce humaine était faite pour rester dans le droit chemin, un scenario de *happy end* codé dans ses gènes.

Rencontrons-nous, sur le terrain, un tel rêve de meilleur des mondes ? L'acquiescement que les délégués attendent des élus et des gens est souvent considéré comme l'irruption d'une formalité venue de Paris pour contingenter le libre jeu des intérêts locaux. Quels bénéfices attendre de « la protection de l'environnement » et d'un « aménagement du territoire » qui interdira les bénéfices attendus de l'urbanisation, quand on a des terres à vendre ou à exploiter ? L'esprit économiste imagine que le genre humain est régi par le règne spontané du chacun pour soi et gouverné par un intérêt rationnel à accumuler des bénéfices. Sans chagrin ni pitié, un tel mépris et sa vision aveugle ont encouragé la folie de pillage qui a dévasté la terre depuis quelques décennies. En face, la capacité millénaire des sociétés à organiser leur survie, à inventer pour assurer les ressources. Les délégués ne sont pas des rêveurs. Même si leurs convictions et leurs méthodes restent minoritaires à l'âge des complicités médiatiques et des lobbys, ce sont des gens de terrain, habitués à travailler une réalité que chacun sait rebelle, malaisée, souvent décevante. Entre Emmanuel et les élus corses et tous les jours, dans leur travail de terrain, ces professionnels de l'aménagement soudent et tâtonnent pour faire émerger une voie durable pour les choses terrestres. Loin de la folie du « tous contre tous » qui prévaut aujourd'hui dans la guerre civile du tout économique international et national, la capacité de compréhension que raconte cette aventure corse évoque quelque chose du temps long des sociétés et, plus largement, du monde mental humain. Cette histoire nous a été racontée avec pudeur.

– Je n'aurais pas vu les Agriate aménagées autrement. Il y avait trop de belles choses. Cela ne se trouve pas partout, nous disait Cilette.

Les gens en vacances découvrent le désert des Agriate comme une page blanche où tracer la pure jouissance d'un oubli de soi. Aujourd'hui, il s'y cherche une règle nouvelle, sous le signe du compromis et de la terre comme bien commun. Dans les pays germaniques et anglo-saxons, le droit de propriété a conservé l'inscription de certaines servitudes communautaires pour encadrer les prérogatives des particuliers : en France, le Code civil promulgué par Napoléon définit la propriété comme un droit *d'user et d'abuser.* C'est pourquoi l'intérêt général est mieux garanti chez nous par le statut de la propriété publique. Dans cette expérience corse, la République et ses élus ont tranché en perpétuant la vieille capacité, d'essence patriarcale, qui anime l'homme politique prévoyant, dans sa veille pour la survie du groupe.

– Ils ont compris que ce que nous appelions protection de l'environnement était la meilleure façon pour eux, de conserver leur droit du sol.

Quelle énergie saura fonder de la sorte, entre les sociétés humaines, un pacte qui épouse leur capacité de survie inventive pour donner forme à un avenir consenti, prévoir un partage équitable des ressources et des modes de vie moins aveugles ? Dans la diversité de ses religions, de ses mœurs et de ses langues, l'humanité de l'avenir va élaborer des règles de vie communes et des formes d'entente pour économiser les ressources. Par-delà les clans, les sectes et les castes, par-delà les différences de l'histoire et des coutumes, existent des impératifs communs, nécessaires à la survie. Entre l'Île de Beauté et les principes de la République, entre un jeune chargé de mission et le Conservatoire, une leçon politique s'est cherchée et trouvée, marquant la fécondité des expériences possibles.

– Je ne comprends rien à votre fonctionnement, remarqua

un jour une énarque missionnée par la Cour des comptes pour faire l'audit du Conservatoire, avant de rectifier plus tard : C'est comme cela que fonctionnera l'État dans trente ans.

Emmanuel Lopez aimait cette formule. La protection de la planète se jouera à coup de dispositifs, de procédures et d'incitations. Avant l'invention de la boussole, l'humanité s'orientait en observant, de nuit, le champ des étoiles grâce auxquelles elle parvint à tracer sa route dans les déserts et sur l'infini de la mer. Le philosophe, l'historien et l'anthropologue observent la plasticité des pratiques, des modes de vie et des formes de la société humaine. Qui dit qu'en lieu et place d'un scenario du pire, une phase de paix, espérée depuis le XVIIIe siècle, ne va pas s'inventer pour ménager le fond commun ?

– Le Conservatoire apaise les angoisses modernes, disait Emmanuel.

CHAPITRE VII.

Trois réserves naturelles : Orx, Moëze, Marquenterre

Au bout de la terre ferme

La planète continue sa course autour du soleil, les jours allongent, notre mission nous conduit maintenant plus loin vers l'ouest, sur le grand bord de l'Atlantique. Vu du ciel, cela se passe dans ces plaines étalées à l'aval des massifs continentaux, là où l'assise de l'hexagone se prolonge vers le nord et le couchant en terres aplaties, aux franges mouvantes et incertaines. Un sable détaché des montagnes s'est étalé vers le bas, recouvrant les sols. Souvent disputées aux eaux marines, les plaines littorales nées du dépôt des crues se sont formées au recul du trop-plein des fleuves, sur leurs rives constamment alimentées en sable et en limon. Elles forment des zones mal essorées, spongieuses. Au pied des Pyrénées se déploie l'Aquitaine ; sous le Massif central, le golfe de Saintonge. En aval du Morvan et des Vosges s'accumule une plaine sans fin qui court depuis les falaises normandes jusqu'à la Finlande. Au bout des cônes de déjection, au droit des piémonts, des côtes plates, humides et glaiseuses se perdent vers l'horizon, des côtes en suspens entre le solide et le liquide, dans laquelle on enfonce ou bien glisse sur des barques plates.

Les roches extraites de la profondeur terrestre ont été poussées vers le ciel pour former des massifs montagneux. Très haut dans l'air, au cours de l'immense durée des temps géologiques, l'eau du ciel a été attirée par la saillie des pentes, par la tiédeur des versants irradiant dans l'éther. Jour après jour, les nuages ont crevé en déversant des torrents de pluie. L'étreinte du gel, la morsure du vent, l'impact des gouttes ont rogné les montagnes surgies de l'histoire lente des croûtes et des plaques. Migrations obstinées, collisions millénaires. Les montagnes ont été lentement attaquées par les éléments, entamées, limées puis rabotées par la pluie qui tombe en averses ou en filets d'eau sur les arêtes dressées vers le ciel. Leur matière est descendue pour s'étaler vers le large, une fois délitée et explosée en milliards de grains rocheux.

De proche en proche, le dévalement des coulées bavardes formait des ruisseaux qui jasent, des cascades à l'écume fraîche qui se sont rejoints dans le lit des rivières et dans le lit turbulent de grands fleuves. Certains ne s'apaisent jamais. Quand la pente les entraîne, ils posent au vif des terres la masse incoercible de leur surface d'eau dont l'élan emporte des tourbillons, des herbes vertes et des souches d'arbres lancées comme des béliers. Les grands fleuves tracent un lit bleu sur les plaines. Les jours de crue, leur masse s'élargit démesurément jusqu'à repousser devant eux l'eau saline des estuaires. La surface marine, loin vers le large, est alors balafrée par un faisceau de turbulence fangeuse qui enfonce le toupet des sédiments arrachés à la terre vers le vide des abyssales profondeurs océanes. Cette gerbe orange, jaune ou ocre revient parfois vers le rivage pour teinter largement le flux des vagues. L'eau est forte, elle est la plus forte. Son voile qui lave, draine et nourrit la végétation, ses rideaux tombés du ciel en averses et en tornades virulentes ont tambouriné, gravé et matraqué les monts en emportant avec eux du sable, des grains de roche patiemment conquis sur la verticalité des massifs. Chaque grain a été contourné, désolidarisé puis emporté. Laminée par l'érosion, cette roche défaite se retrouve tout en bas, à l'extrémité des continents, en grains conquis et transportés qui se sont posés les uns après les autres pour former des agrégats colmatés en couches au fond des mers. Sur le contour des surfaces qui en émergent, des accumulations dunaires, des bancs et des marais s'alignent indéfiniment. Leurs masses mouillées, jamais essorées, épongent la moiteur des plaines en trempant au fil des averses, au fil des marées, dans une eau perpétuelle qui les traverse.

– Comment se repérer dans ce genre de paysage ? disons-nous avec Catherine.

Notre enquête avance. Nous sommes parties à la rencontre des lieux et des gens pour tenter de décrire comment certains aspects de l'histoire humaine se tissent époque après époque, par quelles inventions et à partir de quelles tentatives, selon quelles ambitions et en prenant quels risques cette histoire est faite et le sera encore. Nous avons rendez-vous avec des individus, chacun appartient à son temps, à ses défis comme à l'esprit des sociétés locales qui l'ont formé. Pour dire ce qu'a été et ce que pourra être la mission du Conservatoire dans le passé et l'avenir, d'autres échelles, d'autres impératifs se dessinent jour après jour. Ces grands sites muets, immenses et surhumains donnent la mesure de l'objectif présent de la protection de la nature.

Nous nous égarons facilement sur ces surfaces sans limites. Nous ne savons pas où nous sommes dans les marais, les dunes, les prés salés assommés de lumière et les hâvres tourmentés par le vent, perdant notre azimut sur ces zones étales parfois semées de tapis gigantesques de fleurs roses, bleues ou jaunes, zébrées ici de lignes d'oyats, là de touffes de roseaux qui plient, nous orientant à l'aide de quelques buissons rares et des silhouettes d'arbres perdus dans l'immensité. La glaise a été creusée de canaux et de biefs. Des bassins d'élevage, des digues et des tumulus dessinent d'étranges géométries, vastes carrelages remplis d'eau dont la surface d'ardoise ou bien couleur d'aube reflète les ciels bas, les ciels incandescents, quand elle n'éclate pas, baignée d'un bleu éblouissant, dans la sérénité radieuse d'un jour de grand beau temps. De vieilles écluses ont rouillé sous les pluies. L'eau reflue parfois en masse, elle descend sans fin des monts proches et déborde en inondant largement ces plaines où se mêlent constamment les eaux douces descendues du ciel et l'eau salée qui remonte des tréfonds à chaque marée, à chaque tempête, dans ces zones d'échange où les feuilles pourries nourrissent le plancton et les alevins, frayères invisibles des crevettes et des bars, promenade des écrevisses, tout cela trempant, quêtant et s'entre-nourrissant puisque les zones humides constituent, nous l'avons lu, le «point de départ de la chaîne alimentaire» du fait de leurs ressources en richesse organique et de leur infinie, inexplorée et salubre complexité vivante.

– Par temps de brume, ce paysage n'a pas de forme, il est plat et souvent long à traverser.

Nous abordons trois domaines étales, ils ont été durement acquis par le Conservatoire du littoral car dans les Landes, en Charente et juste au nord de la baie de Somme, les terres sableuses et infinies ont aussi une valeur, les hommes y ont leurs usages et se les disputent. Nous marchons pour repérer les contours de ces domaines dont certaines parties ont été classées en réserves naturelles. Le domaine d'Orx, un peu au nord de Bayonne, se trouve dans un pli de terrain humide encadré par des pins. Vers le sud, on voit la chaîne des Pyrénées. Huit cents hectares de terres agricoles y appartiennent aujourd'hui aux oiseaux. Le site de Moëze compte deux cents hectares de terres émergées et plus de six mille hectares d'estran où se nourrissent les limicoles. Il est situé, au creux du Perthuis d'Antioche, sur la rive basse qui fait face à l'île d'Oléron et à l'île de Ré, et inclut une immense surface de sable qui se découvre à chaque marée au large de l'estuaire de la Charente. Le Parc ornithologique du Marquenterre, sur la rive nord de la baie de Somme, compte la même surface de sable plus deux mille huit cents hectares de domaine public maritime. Sur une partie de ces espaces et au-delà sur l'estran, la création d'une réserve naturelle répond à des urgences vitales pour les hôtes du milieu terrestre. Au-delà de la surface des sites acquis par le Conservatoire, elle permet de protéger des étendues plus vastes où un règlement sera institué, garanti par un gestionnaire associatif spécialisé et soutenu par l'État avec l'autorité, l'expertise et les moyens d'un réseau d'échelle nationale. Sur la partie du site qui lui appartient, le Conservatoire veille au bon respect de ce règlement. Il en résulte une cohérence de gestion entre sites complémentaires. Une politique de la nature demande des solutions spécifiques et bien articulées. Parfois, le respect de la tranquillité nécessaire aux animaux et aux plantes limite l'accès des humains à certaines zones de la réserve. Aux frontières de la chose culturelle, le Conservatoire achète des monuments historiques. Il en possède quarante-quatre à ce jour. Aux frontières de ce qui n'est pas l'homme, le Conservatoire acquiert des hectares qui peuvent, localement, se voir classées en réserves naturelles pour protéger les usages et les rythmes de vies animales auxquelles l'homme a appris à donner son attention. Tu sais désormais, lecteur, ce que tu dois aux insectes pollinisateurs, tu sais devoir ta vie et ta survie à l'aventure de la biodiversité, c'est pourquoi, désormais, tu te sens menacé si elle l'est. Une page se tourne. Pour survivre, l'humanité était spontanément prédatrice. Mettons d'autres couleurs, d'autres rythmes à notre récit pour ouvrir l'ère de l'urgente et vitale conservation de la nature. Peuplons nos esprits d'autres catégories, ouvrons d'autres espaces, allumons d'autres lumières. À la croisée de chemins qui se sont inventés depuis quelques décennies, le Conservatoire a travaillé dans les régions pour installer les objectifs nouveaux de l'aménagement. En mettant sous sa protection les sites parfois immenses dont il se portait acquéreur, en contribuant parfois à la mise en réserve naturelle, au-delà d'eux, d'étendues plus vastes nécessaires au vivre et au couvert des oiseaux migrateurs, il donnait des limites à l'appropriation productive de l'agriculture qui, dans les zones humides, finissait par menacer les rythmes de la vie sauvage. Il fallait trouver une mesure à l'emprise humaine sur le milieu terrestre, prévoir des lieux pour la vie des oiseaux.

Jusqu'à quel point les contemporains comprennent-ils leur époque et en saisissent-ils les nouveaux défis ? Qui s'intéresse à la protection de la vie sauvage et qui, à l'inverse, se met parfois en travers des actions nécessaires ? Revenons aux choses de la nature, à ses espaces et à ses rythmes. Parlons d'une politique de la nature et de la façon dont certains de nos semblables s'y engagent.

Les humains sont parfois mis à l'écart des réserves naturelles parce qu'une priorité les affecte au refuge de la vie animale et végétale. Pour les oiseaux, les réserves sont des aérodromes, des pistes d'atterrissage où refaire leurs forces. Traversant les frontières qui partagent les nations, les oiseaux filent dans les airs et se posent certains soirs, venus de tous les coins du ciel. Au bord de l'Atlantique et de la Manche, la mer se retire au loin, à marée basse, à l'aval des estuaires tandis que, sur les plages infinies de Gascogne, elle roule perpétuellement son ressac frondeur dans un bruit d'éclatement qui nous arrive épaissi d'embruns. C'est en avril, personne ne se trouve en vacances et nous, nous venons chaque soir à la rencontre de la limite des terres ou bien à midi, aux moments de relâche, pour vadrouiller dans l'espace et sentir les choses du monde ou bien en fin de journée, quand nous avons fini d'interroger les hommes. Une fois traversée la zone de dunes qui nous cache le bleu, nous découvrons l'estran et voyons des bancs de couleurs formés sur les langueurs du sable, sur ses étalements infinis encore humides – sable un peu tassé sous le pied ou bien mou, spongieux, où l'on pourrait s'enfoncer jusqu'aux sourcils – peu à peu abandonnés par l'eau qui serpente en lacis trompeurs.

Oublions les échelles humaines. Acceptons de comparer ce qui est comparable. Vus de l'espace et à l'échelle des temps géologiques, pourquoi ne pas embrasser ces sites comme un ensemble ? Je les décrirai un moment comme tels. Aux rives de la Gascogne, en Charente et au nord de la baie de Somme, nous arpentons, apprécions et contemplons ce monde indistinct et fatigant : sous le soleil, dans le brouillard, dans la lumière du matin et des soirs, sous l'immobilité qui précède les orages et au long des jours étales et rayonnants où le bleu, le sable, les heures sont en place pour une plage de beau temps qui déploie son infini dans une durée suspendue, comme stable. Souvent nous nous perdons sur ces bords continués lieue après lieue, immobiles, déserts, que nous aimerions parcourir sans fin si nous étions un cerf-volant, un drone ou un météore. Piétonnes éblouies pataugeant dans les éboulements de sable, nous avons bataillé pour repérer la côte landaise, la côte de Charente et les dunes posées au nord de la baie de Somme, pour les voir et les sentir.

– Où sommes-nous ? Dans quel royaume ?

Ces terres indéfinissables ne nous sont pas hostiles, mais peu familières. Il nous faut un effort de l'esprit pour dire ces immensités élémentaires, étrangement disproportionnées à notre allure de fourmi et comme blancs de présence humaine. Les port s'éloignent, les jetées deviennent invisibles, les maisons perchées sur la dune se font rares, nous ne voyons ni vaisseau ni barque sur l'eau, ni trace sur ce sable presque horizontal sur lequel une marée indistincte monte et descend sans cesse en une eau peu profonde. Autour de nous, des chenaux serpentent, le lit des ruisselets se déplace de marée en marée. Derrière, il y a des prés salés qui aiment la submersion des eaux nourricières, sur ces rives où nichent la portée invisible des alevins et les corps transparents de millions de crustacés minuscules. Chenaux où l'on s'embourbe, cavernes de glaise, écluses, cet univers de sables peut-être mouvants est parcouru de flux permanents et d'échanges qui ne font pas encore sens pour nos yeux parce qu'ils débordent nos repères habituels, intéressant des phénomènes immenses ou microscopiques qu'il faudrait connaître et qu'un humain mal averti ne sent pas. Ouvrons nos sens, renouvelons notre esprit. Apprenons à comprendre les compostions cellulaires du vivant et, à une autre échelle, les équilibres de la machine thermique du climat planétaire, le cycle des courants du Gulf Stream et, constamment en mouvement, le tourbillon des airs au sein de la couche de l'atmosphère.

Territoires de l'oiseau

Sur la côte des Landes, on entend par moments un son limpide au-dessus du sourd remue-ménage de la respiration des vagues, au-dessus de leur affairement obstiné et cyclique. La vague monte du large et s'affole en sentant le sol sous elle, elle se creuse et se raidit jusqu'à se dresser comme un mur lisse qui avance au pas de charge puis se recourbe sur lui-même et s'effondre en un fracas mugissant perpétuellement répété. Au-dessus de la note grave du ressac, de son rouleau qui se dresse, monte puis craque triomphalement en éclatant en écume, en s'ébrouant puis en s'aplatissant pour venir inonder nos pieds imprudents, il y a un autre son. Dans la verticale fraîche et un peu moite de l'air salé, dans son élément qui devient tactile parce qu'il est mouillé d'embruns, nous avons saisi des sons ailés, par éclairs, qui survolent le ronflement de la respiration écumeuse. Le ressac bat l'air de façon répétitive, il brasse obstinément une basse fondamentale sourde et profonde, immense comme le bleu marin, comme le vert boueux, comme l'émeraude ou le gris du large. Mais des cris d'oiseaux fins et aigus viennent aussi zébrer l'air, accompagnant un vol d'hirondelles des mers affairées, folles de leur liberté égarée dans l'infini, qui tracent, dessinent et chantent d'un même mouvement devant nos yeux un peu saoulés, nos corps et nos têtes un peu ivres. Silence. Trois mouettes égarées, méditatives et râleuses, poussent leur vol calme dans l'air du soir. Elles cherchent à repérer quelque corps luisant de poisson à gober. Ou bien elles font comme nous, elles sont venues contempler le soir et dépensent, une dernière fois, leur énergie des beaux jours avant la nuit en poussant des plaintes rauques. Celle, goguenarde, d'un goéland fou s'approche en même temps que son vol puissant et lourd. Il se prend pour le roi du crépuscule. Le grand oiseau blanc nous regarde, il nous nargue de son œil attentif et en même temps détaché, marqué de vide. Nous présentant son bec orné d'une plaque orange, il passe puis s'élève en une orbe dont la géométrie s'ajuste constamment aux masses d'air qu'il rencontre et qui le propulsent tandis que lui, de temps en temps, module son vol en impulsions apparemment faciles qu'il improvise librement en brodant son motif sur la symphonie invisible des énergies du vent. Nous le suivons du regard, emportées par un vertige, enchantées jusqu'à la sottise et comme médusées.

Mouettes en société, gravelots agiles, becs recourbés, petites pattes, affairement poétique : la rive marine est le territoire de la gent ailée qu'elle abrite et qui la hante continûment. En retrait de la plage se déploient des zones de calme où les vagues ne brisent pas, des coquillages y sont enfouis dans le sable, des plantes diverses s'offrent où pâturer. Sur le marais, sur la saline et les prés mouillés gloussent les sarcelles, les avocettes, les spatules et les oies sauvages, chacune avec ses mœurs, ses heures et sa voix. Foisonnement blanc, gris et vert de petits corps aux plumes luisantes et aux ailes ornées de zébrures fulgurantes et miraculeusement disposées, entraperçues au hasard d'un vol ou d'une capture. L'homme peine à apercevoir la figure de la gent ailée qui le nargue avec ses envols que l'on n'approche pas, ses refuges qu'il faudrait connaître, cette vie qui se passe ailleurs ou bien à certains moments de l'année, comme si sa beauté convoitée n'était pas naturellement offerte aux humains parce que son territoire magnifique s'étend au ciel lui-même.

– Il n'en est rien, nous disent les jeunes guides patients et attentifs qui nous escortent sur les sentiers dans le domaine d'Orx, à Moëze et dans le Marquenterre, au long de vasières vides et de chenaux calmes de tout vacarme oiselant.

Ils nous ont prêté des jumelles car il est prévisible que nous apercevions un héron, une grue, un canard siffleur oublié, ses congénères sont envolés depuis longtemps.

– De grands vols d'oies sauvages, des sociétés de cygnes se posent ici au moment des migrations, les ciels s'animent, cinq mille sarcelles viennent passer la nuit sur l'étang.

La gent ailée possède un bec, des ailes et des pattes palmées que l'homme aperçoit par éclairs, elle lui échappe sans cesse et il l'admire sans pouvoir converser avec elle, une gent chantante qui chasse, qui niche, tient ses conclaves et ses rites de société, rivalisant, combattant, voyageant et planant, offrant à l'homme une image enviable de liberté et de beauté perpétuellement mobile car ce règne volant ne s'apprivoise pas ou peu, il est essentiellement sauvage c'est-à-dire non inféodé à l'homme. L'homme ne comprend pas le rêve de l'oiseau, son rythme ni ses allures. Rivalisant de légèreté et de folie contemplative, l'oiseau va plus loin que l'homme, plus vite, son âme reste inaccessible comme le spectacle splendide du monde qu'il survole librement. L'oiseau vole, il plane, il est rapide et libre. Pour l'homme, c'est un rival qui le fascine et qu'il n'égalera pas. Certains tentent d'approcher l'oiseau, de l'épier et de le nommer : livrées colorées, becs subtilement incurvés, petits yeux perçants, griffes, vols qui s'envolent, affairement, chants roucoulants du printemps, trilles, refrains, appels, ode à la beauté, ode jubilant à soi-même, à l'heure tranquille, à ce qui est là.

– La plupart du temps, il n'y a pas d'oiseaux dans les réserves naturelles, dit une mère humaine qui feuillette des dépliants dans la maison de site du marais d'Orx.

Elle est habituée aux grands magasins, elle préférerait un zoo. Elle ignore que la magie de beauté des oiseaux se mérite, qu'elle fait l'objet d'une quête sur toute la durée de la vie. L'oiseau se pose quand il le veut, il a ses saisons et ses heures. Qui s'intéresse aux oiseaux apprend le temps, le moment et l'instant. L'oiseau se fait *rare* comme par nature. Il n'est pas à disposition. Les oiseaux sont naturellement *de passage* et laissent l'humain au bord du chemin. Il faut prendre de la hauteur pour parler des territoires de l'oiseau, mettre l'échelle géographique en face de nos yeux, oublier la contingence des sites terrestres où s'enracine l'immobilité des hommes. Brouillons un moment les histoires, confondons-les là où elles se ressemblent.

Pris par les rythmes astraux qu'ils connaissent et respectent au fil de l'alternance des saisons, la plupart des oiseaux volubiles s'envolent périodiquement pour accompagner la température aimable des masses d'air qui remontent au nord à la belle saison et refluent vers le midi à l'équinoxe d'automne. Ils ne restent pas à se figer sous la froidure, affaiblis par l'appauvrissement de la nature hivernale. Prenant leur élan, ils saisissent le vent des nuées qui redescendent vers Gibraltar, vers la Tunisie ou les Dardanelles. Ils partent en bandes à la fin de l'été, traversent les cieux et les terres qu'ils survolent en grands vols noircissant les airs et se posent plus au sud en Égypte, en Mauritanie, là où dorment les cigognes, les grues cendrées, les avocettes, les balbuzards, les courlis, les coucous et les gravelots. Je pourrais dérouler la liste des noms que l'homme a donnés à ces êtres jolis, légers et malins, à ces oiseaux qui vont chaque année plus loin que les croisades et les explorateurs. Il y a longtemps que les oiseaux ont peuplé les îles désertes d'Océanie et du grand Sud, qu'ils ont déplacé les graines d'arbres pour que des forêts s'installent. L'oiseau a fouillé le goémon bien avant l'arrivée des moines, il emporte les enfants rêveurs sur son dos, toujours actif, toujours ajusté, inventif et beau.

Orx, Moëze, Marquenterre. Tandis que la planète roule son tournis autour du soleil et offre peu à peu de l'ombre et toujours plus d'ombre à une partie des vivants accrochés aux pans de sa surface gagnés par la froidure, la nuit qui pèse au nord déplace au même moment sa lumière d'été vers l'hémisphère sud. Le Vieillard Hiver descend du pôle pour recouvrir de gel les plaines de Sibérie, les marais finlandais, les golfes norvégiens. Mordant périodiquement les latitudes méridionales et les balayant de blizzard, de noroît, de vents d'est rechignés, de mistral, le Vieillard Hiver pose sa clarté et son silence de mort sur les campagnes désertées par l'oiseau. Connaissant l'orbe sur laquelle roule la terre, l'oiseau suit le soleil, il descend, au moment voulu, vers les terres australes, les estuaires tempérés, les horizons libres. Courlis par milliers, gravelots par centaines, vols de sarcelles, bancs d'oies sauvages : souvent j'ai entendu, venu du fond des ailleurs, le caquètement inquiet des vols de grues qui dessinent de grands V sur le ciel, brassant l'air sur un rythme lent pour se déplacer en palpant, en ramant, en battant et rebattant le vide d'un mouvement puissant tout en s'orientant, en devisant, en avisant et échangeant des signes par ce cri étrange et répété. La tête renversée et les larmes aux yeux à force de regarder l'éblouissement du ciel, je vois chaque saison mes voisins médusés par ces grands V sonores qui flottent et s'agrandissent à chaque seconde jusqu'à passer au-dessus de nous :

– L'hiver arrive.

C'est l'automne, le froid s'annonce, les grues descendent vers le sud. Dès que le gel desserre sa tenaille et qu'arrive le printemps, les grues remontent vers la Norvège. La migration du peuple ailé peuple, saison après saison, certains ciels de lignes ou de bancs volants, nuées d'oiseaux qui migrent périodiquement vers des ailleurs dont l'homme n'a pas idée, vers des rivages invisibles et des pays inconnus de lui. Plus haut que l'homme, plus subtil et plus libre, l'oiseau vit le rêve des navigateurs, des fous d'espace et des poètes. Il a la liberté des songes, il vit l'impossible et connaît sa route sous les étoiles. Au-dessus des hommes plus lourds qui vivent enfermés dans leurs vallées, les vols de barges et de bécasses, les nuages de fauvettes passent et repassent chaque saison au-dessus des frontières, dans l'épaisseur moirée de l'air qui court et de ses bancs vaporeux. Une tempête peut les rabattre vers la terre et, certains soirs, les mettre au repos sur un étang soudain recouvert de milliers de cols verts, de gravelots, de cygnes et d'oies sauvages caquetant, s'ébrouant, plongeant, échangeant des nouvelles, palpant l'eau, ramant, tournant sur soi et posant, pour finir, chaque tête sous chaque aile. Pacifique et affairé, rigoureux, adéquat, le peuple migrateur a été ardent à se livrer aux démonstrations, abords, rites et responsabilités de la saison des amours, il a tiré ensuite sa progéniture derrière lui sur des surfaces d'eau où toujours un profil de canard, une mère canard et ses petits canards en ligne éblouiront l'enfant humain.

Spectacle céleste, paradisiaque, édénique, une faune par milliers étale son trésor de couleurs et de sons sur la surface d'eau libre et vide un instant avant, sur ce chapelet d'étangs que l'oiseau a aperçus du haut du ciel, sur cette zone de repos qu'il connaît, refuge où trouver le vivre et le couvert, une étendue pour dormir et une autre pour brouter et pâturer ou bien forer la glaise, ramasser des lombrics, perforer des coquillages et les gober pour un souper fin après l'effort. L'oiseau sait gagner les refuges que l'homme lui aménage. L'envol aérien, invisible ou mal visible, tout à coup se pose sur la surface d'eau. Il est des humains qui donnent gros pour entrevoir ce spectacle, dérobé à la vie sauvage, de la gent ailée posée par milliers sur l'eau immobile des étangs, population prise à l'infini du ciel et qui maintenant nage, devise, échange ses avis puis met la tête sous l'aile ou bien encore prend son envol, prend son départ au matin dans le grand affairement de battements et de claquements que constitue le décollage de centaines de sarcelles qui repartent vers les cols, elles vont traverser la montagne ce soir.

Passions locales et enjeux des rives humides : aimer la nature

Sur les site d'Orx, de Moëze et du Marquenterre, l'homme s'est aventuré depuis l'aube des temps pour quêter sa provende au sein de la nature offerte et prélever de quoi survivre dans l'immensité de sa paix. Sur ces zones fangeuses, l'agriculture tardait à s'établir tandis que, depuis le plus profond des temps, l'homme s'est aventuré pour traquer l'animal sauvage.

– En France, la passion de la chasse est un goût répandu, nous dit-on chaque fois dans les réserves.

Fixité de l'affût, sur les rives et dans la forêt. Pister les traces avec les chiens, partir en bottes, en habit vert bouteille, vert sapin ou encore marbré de couleurs de camouflage. Nous sommes dans les Landes, en Charente et en baie de Somme. Derrière l'oiseau viennent les chasseurs qui passent les nuits sous les étoiles, dès l'enfance, dans des huttes de chasse qu'on appelle des *tonnes* en Gascogne et en Charente, dans le pays du cognac et du vin de Bordeaux. Tonne, tonneaux, tonnelles, les chasseurs chassent immobiles, empilés dans l'odeur des fougères, dans l'odeur de la nuit au milieu de la vase en compagnie d'une liqueur qui circule de main en main, bue entre mâles à un goulot d'argent. Les zones d'affût sont des trous creusés dans la terre molle où l'on s'assoit pour la nuit dans un parfum de poudre et de malvoisie. Les étoiles luisent au fond du ciel. L'homme excité par le silence, se sent libre pour l'attente.

– Une poésie profonde attache le chasseur à sa chasse, nous dit ce fonctionnaire amateur d'oiseaux, il a pour charge de surveiller les agapes des chasseurs et de compter leurs prises.

Les pères, le jour de leurs dix ans, donnent aux fils une petite carabine pour qu'ils s'exercent. Les fils accompagnent les pères qui les initient à la poésie des petits matins, après les longues nuits blanches, quand on attend la passée ou bien, dans la forêt, au cœur de la nature secrète, quand on piste un animal défiant qui vous égare jusqu'au crépuscule. Qui chasse cherche la magie des senteurs au fond des bois, dans le silence des équipées. Les hommes et leurs chiens quêtent l'animal embusqué et tentent de déjouer ses ruses. L'homme qui chasse traverse les frontières de la vie, il pressent le secret de l'animal. C'est pourquoi la chasse soude les chasseurs en un cercle de fraternités viriles, exalté par des rites. Au fond des provinces goûteuses étalées aux rives de l'hexagone, les hommes en chasse sentent le givre ourler leur moustache aux premiers frémissements de l'aurore. Ils aiment la ferveur de l'affût, des journées entières dans les arbres au-dessus d'une mêlée qui n'arrive pas, des nuits complètes tapis dans ces tonnes au ras de l'eau, au ras du sable. Armes de prix, équipements, émotions. Partir ensemble, se dépenser ensemble, agir, attendre, rabattre, traquer, meurtrir. Parfois, des coups de feu claquent dans le crépuscule, les chiens gémissent et démarrent avec ardeur. Catherine et moi ne connaissons pas le goût mystérieux de l'attente, la passion des carniers pleins, lourds de vies tièdes qui perdent leur sang sur leur livrée de poils ou de plumes. Dans un pays de lois civiles et de mœurs encore et toujours villageoises, les pratiques de nature plongent dans notre part animée, dans notre part vitale, celle-là même qui nous gouverne dans le cycle de la vie et de la mort.

Admirons-nous cette passion aventurière qui se dit atavique parce qu'elle possède aujourd'hui une partie des hommes robustes, dans la France du nord et du sud, dans les Landes, en Charente et en baie de Somme ? On nous dit que ce sont les traditions, les *identités* locales qui les poussent à chercher cette nourriture sauvage et à la rapporter à leurs femmes. Chairs à la saveur subtile, plumages, crêtes, pattes aux formes admirables. À l'automne, chacun prépare des pâtés en hachant les parties précieuses de ces corps détendus et abandonnés qu'on a plumés patiemment, avec fierté, les palombes délicieuses, les grives fondantes, les bécasseaux et les faisans, nourriture inouïe que chacun a épiée et tirée, les pieds dans la nature pure qui se tient au-dessus ou hors des lois. Comme aux premiers jours de la vie, le chasseur jouit de sa souveraineté sur les petites choses vivantes, il y trouve sa nourriture grâce à l'énergie, à l'astuce de son corps. La chasse exalte en chacun une dimension de sauvagerie qui comporte une attention extrême à la vie des feuilles, à l'intimité des sentes et des bris de brindilles dans le silence des affûts. Observation de l'intelligence des bêtes, concentration de l'œil et de l'esprit avec, au bout d'un moment, une marée d'ivresse et de pure contemplation qui gagne l'esprit. Le cerveau semble avoir absorbé l'entièreté du monde, s'être amplifié en se vidant. Dans un climat jubilant, il s'oublie au point que le temps paraît se suspendre et la conscience elle-même se fondre dans l'admirable majesté des choses. Au fond du ciel, les spatules, les tadornes, huîtriers-pies, guifettes, macreuses, foulques et fuligules, les bécasseaux, bernaches, ibis et canards arlequins voguent parmi les busards, les butors, les avocettes et les courlis. L'homme a appris quelle excellence de chair parfume quels animaux, quelle odeur de vase, quelle spongiosité caractérisent d'autres. Nous aussi, humains, sommes des bêtes éprises des sucs et des sèves natives. Les grives se gavent de baies amères et odorantes, leur chair musquée a la saveur incomparable des terres familières, la douceur de goût et d'odeur d'une beauté offerte aux papilles. Nous appartenons au règne des vivants qui s'entrechassent et s'entre-dévorent d'un bout à l'autre de la chaîne, tandis qu'une splendeur intacte nimbe le déroulement des heures. Pleurons-nous la mort des passereaux, silencieuse au fond des buissons ?

L'histoire de ces trois sites se ressemble

Les domaines de Moëze et du Marquenterre sont posés au ras de l'eau marine, en retrait des vagues, dans ces zones tranquilles au-dessus desquelles passent les migrations d'oiseaux. Il s'agit de surfaces de terre à peine dégagées du niveau de la mer, elles sont trouées de ces surfaces d'eau mi-halines qu'affectionnent les migrateurs. De son côté, en retrait d'un kilomètre du rivage de mer, Orx offre ses surfaces d'eau douce aux oiseaux qui les préfèrent. Sur ces trois sites règnent ainsi certains jours, se posent, caquètent et dorment parfois les foulques par milliers, les oies bernaches, les fuligules milouins, les bernaches cravants, les bécasseaux variables et les oies rieuses. Ces trois sites ne sont pas seulement parcourus par le vent, par le sel ou la respiration proche des marées. Bien que nous ne les ayons pas vus, ils accueillent aussi le vol des ramiers et les envols de sarcelles. Migrant au-dessus des nations et des continents, le soir, les vols d'oiseaux observent la surface des choses et se posent sur les zones humides, les chapelets d'étangs dont ils ont aperçu le miroir d'eau et les plaques moirées, signe de marais calmes. Les salines carrelées, les lagunes et les rives forment des surfaces réfléchissantes où atterrir dans le crépuscule. L'oiseau y trouve où dormir et de quoi se nourrir. Depuis le fond des âges, dans la continuité immense des générations animales et humaines, les foulques et les bernaches en migration ont aperçu sur leur chemin des trous d'eau qui leur offraient la bonne profondeur et la juste salinité, ils ont trouvé des refuges et des abris où se refaire lors d'escales saisonnières. La migration a eu lieu depuis le fond des âges. Elle s'est transmise de génération en génération depuis des millénaires. L'homme n'avait pas inventé l'arme à feu, il ne savait pas la fabriquer.

Reprenons une histoire connue pour poser, en face du Conservatoire du littoral, en adversaires d'un moment ou en partenaires à venir de sa démarche d'acquisition foncière, non seulement les chasseurs aventureux et tenaces, mais toute une société qui, depuis des millénaires, s'emploie, s'efforce et parfois s'acharne pour tirer de la terre tout ce qu'elle sait lui faire rendre de fruits, d'épis, de graines. Dans nos parages tempérés, gagnés à l'agriculture depuis dix mille ans, les soins, les attentions et le labeur de nos ancêtres les gratteurs de terre ont façonné les provinces, leurs émotions et leurs passions. Il s'agit des générations d'humains de toute taille et de toute importance qui ont occupé les continents depuis le début du néolithique et revendiquent un droit sur eux. Installés sur le sol des nations, les tribus attachées à la terre la cultivaient et l'amendaient pour lui faire donner des tiges, des fleurs, des épis, des gerbes. Du fond de temps presque oubliés, des seigneurs furent propriétaires de la terre. Ils faisaient la guerre à cheval et chassaient avec des faucons tandis que leurs serfs et leurs paysans prélevaient de façon modeste, avec des lacs et de la glu, une part seulement des étourneaux et des grives volubiles qui passaient au-dessus des hameaux. Les hommes ont d'abord ensemencé les meilleurs terres, elles étaient souvent situées sur les surfaces meubles autour des rivières dont les fonds humides se labouraient facilement. Au creux des vallons, la terre était fertile. Ensuite on défricha en brûlant les forêts. Inventant la métallurgie, les hommes fabriquaient des outils pour trancher et pour coudre. Peu nombreux du temps des cavernes, le genre humain s'étoffait d'époque en époque en s'efforçant de nourrir plus et mieux sa progéniture. Ayant construit les galions et les caravelles, certains européens cinglèrent vers l'Inde fabuleuse où scintillent l'or et le lapis-lazuli, dans les reflets de la soie, les vapeurs de la myrrhe et l'odeur d'encens. Une fortune grandissante récompensait ceux qui se lançaient dans l'entreprise de l'enrichissement.

C'était surtout la terre qui sécrétait la richesse, la terre qui nourrit, qui produit, qui donne une fois qu'on l'a préparée, fumée, semée, sarclée, désherbée et arrosée, la terre que l'on récolte en masse à l'août de la moisson, quand sortent les fruits et les graines bonnes aux humains. Comment survivre, sinon en cherchant à améliorer les sols, les plants et le soin qui leur était donné ? Depuis l'Antiquité, l'observation et l'expérimentation agronomique ont alimenté les découvertes des sciences naturelles, tandis qu'au gré des découvertes et des échanges, les voyages diversifiaient les essences végétales qu'on acclimatait avec passion. Avec l'amélioration des socs et de la traction animale, partout on cherchait à élargir les surfaces productives. À partir du XIXe siècle, aidés par les gens de science, les propriétaires et leurs banquiers font défricher, désherber, amender et labourer en augmentant toujours l'emprise des emblavures. Partout sur les plaines, sur les pentes et dans les clairières, ils font travailler le sol, ils le font épierrer, fumer et ensemencer. Les hommes multipliés sur les collines, dans les garrigues et sur les landes ont œuvré pour transformer la terre en jardin. Toujours avides de surfaces cultivables, ils ont donc peu à peu, aux abords des rivages, drainé, expurgé, démoustiqué et dessalé des surfaces grandissantes de zones lagunaires, saumâtres ou inondables qu'ils endiguaient, transformaient en polders et ensemençaient en gagnant des champs et encore des champs sur les zones palustres jusque-là sauvages, sur les estuaires fangeux et sur les dunes. Ce mouvement commence au XIXe siècle et s'accélère à partir de 1960. La mise en culture des zones humides et l'intensification de leur exploitation réduit la part des zones naturelles, désormais vouées à un mode d'exploitation qui comporte engrais chimiques et désherbants. De la Hollande au marais d'Orx, du Danemark au Perthuis d'Antioche, des hommes en bottes ont lutté contre le vent et contre les crues, ils ont creusé des fossés et remblayé la glaise et le sable en l'entassant pour former des digues, ils ont pompé, réglé et ajusté l'eau douce qui ruisselle des collines et dosé les apports de l'eau salée qui monte avec la marée. Année après année, le sol se dessalait, on pouvait tenter l'orge, le seigle, l'avoine et enfin le blé. Ces hommes ont été industrieux, vigilants et entreprenants. Ils ont gagné des terres labourables exhumées de la zone submersible, ils ont créé un monde et l'ont fait leur.

– À Orx, un immense domaine agricole a été conquis sur les sables, sur les marais et les étangs où venait anciennement divaguer le cours de l'Adour, nous dit Marine Musson, déléguée du Conservatoire pour l'Aquitaine à l'époque de la vente.

Aux portes de Bayonne commence le département des Landes avec ses côtes plates et son ressac immense. En retrait d'un kilomètres derrière les dunes côtières s'étend un vaste vallon marécageux aujourd'hui partiellement remis en eau. C'est Marine qui a négocié les étapes de l'acquisition du domaine pour le Conservatoire au moment où leurs propriétaires successifs se lassaient de voir périodiquement, lors des tempêtes et lors des crues, se rompre les digues installées, en leur temps, par deux des fils illégitimes de Napoléon III. Les essais de colonisation de cette zone ont commencé sous Henri IV. Alors marié avec une princesse Eugénie d'ascendance espagnole, celui que Victor Hugo appelait «Napoléon le Petit» passait ses vacances à Hossegor et à Biarritz. Derrière ces stations que l'on créa de toutes pièces à l'époque de l'invention du tourisme, les ingénieurs avaient entrepris de «mettre les Landes en valeur» en les boisant avec des pins. On fixait ainsi les dunes, on les empêchait de divaguer. Les marais devenaient source de richesses commercialisables. Des pins, on tirait une térébenthine réclamée par l'industrie chimique. Le système agricole avait suivi. Ces deux fils de Badinguet, conçus du temps de son emprisonnement au fort de Ham, furent dénommés comte d'Orx et comte de Labenne, du nom d'un village voisin perdu dans les sables.

– Orx a été aménagé au prix d'un système hydraulique complexe, modernisé époque après époque.

Marine a quelque chose de clair dans la voix, comme dans l'esprit et le regard. Attentive aux êtres et aux situations, elle dimensionne la subtilité nécessaire dans les bagarres apparemment frontales, apportant un liant parfois humoristique dans les rapports de force et affectant, avec une douceur étudiée, de laisser venir un destin qu'elle infléchit en fait en posant des pièces invisibles sur l'échiquier de la partie en cours. Les comtes d'Orx et de Labenne firent construire vingt-trois fermes modèles, disposées autour de la cuvette qui occupe le centre du domaine. On les voit encore, joliment dessinées, en rang autour de la prairie aujourd'hui recouverte d'eau et plus loin le long des étangs. Une route en terre les dessert. Nous avons fait le tour en voiture avec le guide en passant par la zone de «réserve intégrale» où on ne pénètre pas.

– Beau ranch pour les Labenne! dit Catherine qui aime voir le travail des hommes de l'art, missionnés pour de belles choses.

Les tribulations ultérieures de l'histoire d'Orx nous sont racontées par Guillemette Roland, qui a succédé à Marine en Aquitaine. Guillemette est brune et posée, elle nous expose les choses dans leur ampleur d'espace et de temps. Il y a, sur place, les subtilités techniques d'une gestion hydraulique complexe. Guillemette brosse aussi, avec clarté, le contexte évolutif de la politique d'aménagement en Aquitaine. Après la première guerre mondiale, une famille d'entrepreneurs audacieux modernise l'exploitation du domaine. L'oncle engage des ouvriers et achète des machines. Au début des Trente Glorieuses, le neveu se lance dans l'économie du maïs «intensif». Labourée par des tracteurs toujours plus forts en cylindres et désormais gavée d'engrais chimiques, cette terre entre dans le cycle de production alors décidé et voulu par les ministres et les chefs d'État, par les banquiers et les ingénieurs d'une génération démiurge. Il s'agit d'imiter les méthodes des fermiers du Far West en important leurs machines énormes. Sur la terre et ses fruits, les produits dérivés du pétrole font merveille. Du blé aux pommes et des veaux élevés en batterie à la tomate «hors sol», toute production est augmentée, améliorée et multipliée. L'agriculture se dégage des attaches ancestrales. Comptable, productive et cherchant surtout la rentabilité d'investissements nombreux, elle nourrit les hommes de fruits prodigieux et parfois devenus fades, de grains de maïs et de blé qui ont grossi par milliards en laissant autour d'eux une part notable de l'azote qu'on a déversé sur eux pour en gonfler la récolte. Mobilisée par une génération nouvelle, l'agriculture a changé de mains et aussi d'esprit. À Orx, on cultive des hectares de maïs et de petits pois. Autour de Moëze, les céréales vont faire leur apparition dans le marais de Brouage comme, plus au nord, dans le Marais poitevin peu à peu gagné à la culture.

– Grâce à eux, dans le dur taillis de la survie de l'espèce humaine, une clairière s'ouvre pour la première fois, améliorant le sort des hommes et leur permettant de croître.

Parole d'expert, bienveillante sinon bienfaisante. On est dans les années 60, à l'époque de Pisani et de la DS 19. Au nord de la baie de Somme, le descendant d'une famille de grands industriels se lance lui aussi avec succès, sur son domaine du Marquenterre, dans la plantation d'une forêt de pins sur les centaines d'hectares de dune blanche qui lui appartiennent. Michel Jeanson draine, au sud, les zones mouillées qu'il achète pour arrondir son domaine. Il canalise la paresse de quelques ruisseaux et y établit des prairies. Il crée un grand polder gagné sur la baie en traçant une digue de six cents mètres de long qui doit lui permettre d'étendre les cultures qu'il pratique en grand, à l'époque, en alignant des fleurs de bulbes et certains légumes sur un sable qui les accepte. Avec netteté, l'esprit alerte et combatif, c'est Christophe Lefèbvre, délégué du Conservatoire du littoral dans le Nord-Pas de Calais et la Picardie, qui nous raconte l'histoire du Marquenterre. Christophe Lefèbvre est un bretteur et un visionnaire, il s'est battu de Oye-Plage à Ault pour faire de sa délégation la zone où le projet du Conservatoire du littoral a pris en premier son extension et sa forme.

– On avait là de grands domaines de chasse, ou bien

acquis par des spéculateurs qui comptaient installer des stations balnéaires. La région avait été ensanglantée par les opérations de la grande guerre. Après 1914, les modes avaient changé, les gens ne cherchaient plus la fraîcheur. Nous avons pu acheter de grands ensembles.

Ressuscitons l'époque où une lutte de vitesse a opposé frontalement deux univers, deux sociétés, deux genres d'hommes engagés chacun dans l'urgence légitime de ses buts et convictions. D'un côté, on a les hommes énergiques qui organisent, pensent et investissent pour donner du travail, produire et réaliser. Dans le Nord, ils endiguent et drainent les terres gorgées d'eau, en Charente ils labourent les zones humides et les transforment en champs de blé aux rendements considérables : ce sont les partenaires de la politique agricole commune, qui engage de façon volontariste la modernisation productive de l'Europe. Dans le Sud-Ouest, à Orx, on draine aussi, on nivelle et on cherche à assécher. Il s'agit de conquérir des terres et encore des terres, d'améliorer les rendements et d'exporter pour enrichir les statistiques et aussi les lignées. En réunissant leurs initiatives, les propriétaires ont fondé un front qui achète les domaines et se les partage. Drainer, chasser, entreprendre : ce sont souvent les mêmes personnages habitués à la décision, qui parlent fort et sont les derniers à s'exprimer dans les réunions. Convertissant en zone de culture les lagunes et les landes, les roselières et les étangs, les zones d'estuaires et les marais immenses, ils donnent une richesse productive aux terres sans destin où venaient divaguer les cygnes. Ainsi disparaissent, hectare après hectare, le territoire de la faune sauvage et particulièrement de l'oiseau. L'époque de la plus grande extension des zones cultivées est celle de Napoléon III. Cent ans plus tard, dans les années 60 du XXe siècle et après, les investisseurs continuent à faire reculer la mer en asséchant des terres difficiles et en y installant une agriculture intensive où se répandent des pollutions. Un jour, le délégué du Conservatoire, venu près de chez eux pour chercher la conciliation, retrouve sa voiture renversée dans le fossé.

Des deux côtés, une vigilance passionnée et combative, des objectifs et des experts. Du côté des partisans de la nature, je rencontre Michel Métais, directeur de la Ligue pour la Protection des Oiseaux. Avec son profil d'aigle, ses yeux rapides et sa voix coupante, je ne vois pas un animal doux mais un plutôt un genre de sabreur vif, un esprit direct et habitué à rompre les lignes, qui décontenance l'adversaire par des arguments mordants, avec son allure intellectuelle d'oiseau qui vole vite et sait plonger. Je ne dis pas oiseau de proie, je dis un oiseau qui se risque avant les autres avec le courage de défier et une science de mener l'attaque. Nous rencontrons aussi Jean-Stéphane Devisse qui, au WWF, a ferraillé avec obstination pour obtenir la décision du département des Landes, le pays des chasseurs, de créer à Orx une réserve naturelle où l'on ne chasserait pas. Les protecteurs de la nature aiment souvent la lutte. Ce sont les pionniers d'un front tout nouveau à l'époque, d'un type de bataille qui n'avait pas de précédent à cette échelle. François Letourneux, ancien directeur du Conservatoire et aujourd'hui président du Comité Français de l'Union Internationale pour la Conservation de la Nature (UICN), n'a rien d'un homme de sentiment, c'est un stratège brillant, épris de montages techniques et de communication habile. Nous avons devant nous des bretteurs, des esprits combattants. Les défenseurs de la nature ne sont pas des rêveurs, ce ne sont pas de « gentils animateurs » qui récitent leur leçon. On pourrait croire démuni le cortège des amoureux de la nature, leurs rangs désarmés, inoffensifs parce que faits de promeneurs doux et de gens battus d'avance. En chaque siècle naissent des esprits puissants qui analysent un genre de réalité et en augurent un tournant des mondes, des visionnaires et des inventifs qui avertissent et préfigurent. À la LPO, au WWF et au Conservatoire du littoral, des hommes s'engageaient en faveur de la nature, en faveur de cette part intouchée qui entoure l'homme, qui l'accueille et dont il vit. Il ne prenaient pas la défense de la part non humaine par sentimentalisme ou par esprit corporatiste, mais parce qu'il y a urgence. Depuis l'aube des temps, l'homme a appris à connaître une frange des phénomènes, à dominer quelques processus et à se servir de son esprit pour vivre mieux. L'audace des chasseurs et des explorateurs, l'inventivité des industriels et des politiques ont colonisé la terre. L'humanité s'est multipliée. Anticipant sur les évidences apparues plus tard, les protecteurs de la nature avaient senti que l'homme ne gagne pas à s'approprier, à transformer et à dessécher une trop grand part de la surface terrestre, à la gorger de nitrates et de pesticides. Ils imaginèrent des réserves pour protéger la nature sauvage. L'ère est close où la faune des terres intouchées, où les ressources diverses où l'on puise – métaux rares, diamants, or, eau, air pur et terres non polluées – pourraient continuer à être considérées comme des matières indéfiniment disponibles, à l'inépuisable capacité matricielle. La prodigalité spontanée de la nature, sa réserve en cadeaux gratuits, en récoltes immenses a vécu. L'ère de l'adolescence frondeuse et des rêves de cocagne est close. Le milieu terrestre ne restera pas éternellement offert à l'homme comme une réserve insondable et sans limite de dons gratuits où l'on pourrait venir puiser et razzier en lançant des lassos, courir en jeep et accumuler saison après saison le triomphe des prises en abattant par milliers les gazelles, les girafes, les tigres et les éléphants.

L'ère d'un autre genre de démiurges

Nous rencontrons, à la mairie de Moëze, en Charente, l'ingénieur Damour qui fut en son temps l'inventeur du système grâce auquel de grands propriétaires purent entreprendre avec succès de drainer les terres sur le marais de Brouage.

– Depuis le Moyen Âge, un soigneux damier de salines avait fait la fortune de la ville. On exportait l'or blanc jusqu'à Lubeck, perle des capitales hanséatiques.

Bruno Toison, délégué à Rochefort, connaît cette histoire sur le bout du doigt.

– Plus tard, l'élevage des huîtres de Marennes a colonisé la rive de cette vaste zone mouillée qui se déploie au fond du Perthuis d'Antioche, devant l'estuaire de la Charente, entre l'île de Ré et l'île d'Oléron.

Emmanuel Lopez et Bruno Toison ont voulu que nous rencontrions les hommes qui ont fait l'histoire de Moëze, la première des réserves naturelles fondées par le Conservatoire du littoral. À l'époque, le Conservatoire ni aucun des protecteurs de la nature n'avaient les épaules larges. Des partenariats se fondent dans cette bataille inégale. À Moëze, le Conservatoire travaillera avec la LPO, à Orx avec le WWF. Les temps commencent-ils à changer? Faut-il continuer à cultiver, à lotir, à bétonner et artificialiser partout? Certains le souhaitent, en face émergent d'autres positions. Tandis que les entrepreneurs déposent, en Charente comme ailleurs, des plans de lotissements toujours plus nombreux, tandis qu'ils construisent au bord de l'eau des pavillons vite montés et parfois inondables, les propriétaires continuent à développer l'agriculture par l'emblavement de surfaces toujours plus grandes. Portés par les mentalités d'une époque, ils entendent contribuer à la richesse nationale en remblayant, en nivelant, en drainant, labourant, semant et engraissant dans la logique qu'encouragent les subventions européennes. Un défi s'est installé. Une volonté d'efficacité est née, elle fait ses preuves et enrichit certains. Sur le territoire du marais de Brouage, la petite enclave de la réserve de Moëze sera soustraite à l'effacement ambiant des remblais, canaux et écluses de la zone humide par un contrat singulier passé entre les intensifs et le Conservatoire. Il s'agissait de protéger les zones d'atterrissage des oiseaux, mais les chasseurs entendaient continuer à chasser et déjà un projet d'aménagement prévoit de creuser des tonnes de chasse au milieu du marais. Comment introduire, dans un milieu indifférent voire prévenu, une préoccupation naturaliste?

Face à l'union des propriétaires forts de leur bon droit, il y a à l'époque Emmanuel Lopez puis Bruno Toison, un chasseur de terres éloquent, à la rondeur de manières d'un prélat. Homme subtil et sans doute secrètement émotif, un peu distant, habile, il évoque avec précision les étapes d'une partie qui fut longue.

– Au début des années 60, l'INRA parie sur l'excellence de ces terres, une fois qu'on aurait réussi à les trouer de drains enterrés, propres à les assécher.

Ce fut l'invention de Léon Louis Damour à Saint-Laurent de la Prée. En nivelant les bassins d'eau et en effaçant les bosses, l'essentiel du marais de Brouage pouvait être transformé en billard pour y installer des céréales. C'était donc l'époque où, fédérée par une utopie productive, la volonté politique avait réussi à conjuguer les ambitions humanistes pour relever la paysannerie, les substantielles aides à la modernisation venues des gouvernements européens et la discipline politique d'une profession qui se lançait dans la réforme du système agricole national. On inventait l'agriculture intensive, les grands y trouveraient leur compte, les petits disparaîtraient. La France des années 60 se modernisait, elle comptait exporter le Concorde, la DS 19, des navires grands comme le paquebot France et beaucoup de céréales.

Cinquante ans plus tard s'ouvre l'ère des bilans : une page se tourne. Bientôt le pétrole aura cessé de couler en abondance. L'eau des nappes est infiltrée par les nitrates, les terres ont perdu leur charge organique. L'ère n'est plus où Sheila chantait sa première surprise-partie. Les grands-parents ont connu la guerre, leurs petits-enfants sillonnent la planète en épousant des fiancées qui ne sont pas nées en Europe. Nous avons rencontré ces gens, ces professionnels, ces familles. Léon Damour est un homme réfléchi et repenti. Il a inventé un jour les drains qui ont permis de convertir le marais aux modes d'exploitation intensive, il aide aujourd'hui les agriculteurs en quête d'équilibres autrement définis.

– Ils appellent « prospérité » le bon état du monde vivant dans son ensemble. Ils voient leur profit dans celui de la vie du milieu terrestre, avec ses interdépendances et sa complexité : d'elle surgira la bonne économie humaine.

Autour des propriétaires, dans la mouvance de syndicats

alors puissants comme des députés intéressés à favoriser le train des affaires locales, il y avait des juristes, des conseillers techniques, des experts et des banquiers qui cherchèrent à mettre en ordre les choses de l'économie terrienne. C'est le printemps de notre enquête et, certains le disent, l'automne d'un certain optimisme chez les tenants du productivisme aveugle, mais le monde de l'agriculture intensive est-il mieux contrôlé que ne le sont les enjeux économiques mondiaux, ses actes et ses passions se révèlent-ils mieux gouvernés que les capitaux qui flottent, la nuit, de bourse en bourse entre Niamey et Singapour, entre Manhattan et Bangalore, entre Londres, Tokyo, Francfort et Sydney ?

Nous rencontrons les notables, les gens compétents qui font le tissu d'une société, ils ont été les protagonistes d'une histoire heureuse pour le littoral et pour ceux qui l'aiment. Ils ont contribué à cette histoire, mais faut-il l'avouer? Aujourd'hui en retraite, les courageux, les ambitieux, les gens qui ont connu l'Occupation et la guerre observent avec une certaine distance le débat du nouveau siècle. En leur temps, ils ont voulu tirer la France de l'inertie médiévale, ils ont voulu l'esprit nouveau du *baby boom* et des plans quinquennaux. Catherine remarque :

– La génération qui a vécu une longue adolescence pendant les années de guerre a formé des hommes entreprenants, des briseurs de limites parfois aveugles aux règles civiles.

L'époque des dictateurs et des destructions massives a forgé des héros novateurs. Dès 1945, certains se lancent dans l'aventure. Ils ont dans les jambes l'énergie du jazz que l'on découvre en Europe et se sentent capables d'inventer un monde nouveau, une société et une époque qui leur ressemblent. Ils se marient avec des filles bien nées qui leur donnent de nombreux enfants. Nous rencontrons ces propriétaires âgés aujourd'hui de quatre-vingt-dix ans et plus, ces puissants anciens dont les années glorieuses font partie de l'histoire. D'autres, sensiblement plus jeunes, sont encore en action et gèrent les intérêts professionnels de l'agriculture française. Ces hommes de poigne nous ont traitées avec politesse. Ils nous ont reçues parfois chez eux, parfois dans les bureaux imposants qu'ils possèdent du fait de l'élection. Comme ils ont signalé par différents traits infimes ou provocants en quelle estime ils tiennent, l'un la chose publique, ses règlements absurdes et ses fonctionnaires, l'autre les énergumènes qu'agite «la cause de la nature», je vais rester dans le flou pour évoquer ces situations qui ont su rester dans les belles apparences de la décence amène, de la distance rituelle ou de la correction tandis que les propos tenus avec calme frôlaient explicitement la provocation envers nous, envoyées par le Conservatoire pour échanger à propos d'une politique de la nature, de ses objectifs et des étapes et partenaires de sa mise en œuvre. Ces entretiens ont eu lieu dans un climat concentré, nourri de passions vives et d'incompréhension profonde. La rencontre avait pour but la collecte de récits de vie qui étaient gros des énergies dépensées, des paris, des défis d'une existence. Un esprit de conquête s'était investi dans des aventures entreprenantes, dont l'élan de force prestigieuse comportait parfois sa part de beauté, sa dimension de grandeur dans sa référence à l'esprit de caste ou à l'héritage moral. Nous rencontrions des gens qui avaient livré des batailles, engagé des luttes et contribué à tenir des positions. Certains étaient encore et toujours engagés dans la perpétuation de ces mêmes affrontements. Je sais, dans les réunions d'élus et de décisionnaires, les mines parfois absentes et les sourires à double fond, les regards sans regard, une flamme s'y dérobe qui lorgne le plafond. Nous aussi, telles des oiselles déroulant sur les mares les orbes sourcilleux de leurs émotions et de leurs pensées, nous devisons et raisonnons, nous fronçons les sourcils, nous pourrions aussi attaquer avec nos becs. Nous venions parfois voir des gens dont la vie avait presque fini de se dérouler, sur eux veillaient une épouse et un fils, ou bien une épouse et une fille, assis autour du chef de famille et attentifs à une épopée qui n'était pas celle que venions entendre car on ne parlait pas du Conservatoire du littoral, de son époque ni de la société qui l'a souhaité, voulu et mis en place, mais du fondateur de la famille, de sa geste et de ses avoirs. Il avait géré ses intérêts époque après époque dans le taillis des contraintes administratives. Il avait décidé de grands aménagements, plus grands que ceux voulus par ses ancêtres. Nous sommes dans la demeure de grands entrepreneurs et grands propriétaires, dans le bureau d'un élu de taille. Gloire de l'esprit d'entreprise, passion pour les gros tracteurs. L'un se montrait plutôt tenace, l'autre rusé, le troisième brutal avec franchise. Ces hommes nous ont parlé de leur orgueil et fortune de famille, de leur volonté et de la pérennité glorieuse de leurs investissements. Les plus anciens ont acheté des machines qu'on venait d'inventer pour creuser les fossés et édifier les digues. Les plus jeunes en possèdent de beaucoup plus puissantes, avec lesquelles ils entendent continuer à gagner encore et encore des surfaces cultivables pour ensemencer la terre, c'est leur vie, leur genre de fierté et de savoir-faire, ils les défendent et veulent les transmettre à leurs descendants.

Dans cette bataille du temps et des hommes, prenons la hauteur du vol des oies sauvages qui tracent leur élan saisonnier au seuil des hivers et à l'orée des printemps, de génération en génération, de siècle en siècle. Les héros et les aventures du pétrole ont vécu, les époques changent, le genre humain n'est pas en voie d'extinction. Hors les océans, les montagnes et les déserts, la surface de la terre est aujourd'hui presque intégralement annexée, on le voit quand on la survole à hauteur d'oiseau, par les installations humaines vouées à produire des aliments, des substances utiles, cultures, usines, zones commerciales, autoroutes. Dans les années 70, le Conservatoire avec le WWF – pour Orx – et la LPO – pour Moëze – avait levé le lièvre de la protection de la nature et s'alliait afin d'instituer des zones de repos pour les oiseaux. Elles étaient prises sur des surfaces potentiellement cultivables qui furent ces fois-là arrachées à l'obsession prédatrice du genre humain.

Le nouveau propriétaire d'Orx se montrait impuissant à bien gérer le domaine, la digue s'était rompue, les pompes revenaient trop cher : au grand soulagement des populations inondées et du maire, qui comprenait le changement d'époque et la nécessité des politiques locales et nationales en faveur de l'environnement, un legs fait au WWF permit d'emporter l'achat. Orx fut difficile à gérer car un marais endigué ne « retourne pas à la nature » sans un long apprentissage. À Moëze, il fallut que la SAFER arbitre la situation : elle acceptait que le Conservatoire achète deux cents hectares de marais qui seraient gérés par la LPO mais en échange, un laboratoire expérimental de l'INRA s'installerait à proximité. Il s'y développa des recherches sur le drainage, grâce auxquelles les céréaliers ont réussi à assécher l'essentiel du marais poitevin.

Je n'entre pas dans le détail de ces aventures qu'il faudrait plusieurs vies pour évoquer, ce sont des épisodes où se dessinent un retournement de tendance, des étapes vers une autre économie et un autre genre de compréhension des choses. Nous avons rencontré des hommes d'action qui ont été les témoins de l'action du Conservatoire du littoral plutôt que les partenaires d'une entreprise commune qui aurait eu lieu en son temps, sur la base d'une entente, d'une compréhension qui seraient nées. Depuis quand les affaires humaines se passent-elles simplement ? Ces hommes liés au monde de l'agriculture ont vu une partie de leurs hectares convertis en zones naturelles. Chez eux, la mentalité d'acteur économique vigilant n'est pas entamée par la considération des intérêts généraux de la société dans une époque qui change.

Je fais une exception, bien sûr, pour la famille Jeanson, créatrice du Parc ornithologique du Marquenterre, adoratrice de la nature et porteuse d'idéaux pour accompagner les sensibilités et les consciences vers un épanouissement de soi-même, une maturité esthétique et morale inspirés par le bain de contemplation, dans ce parc, du règne vivant qui nage, vole, survole, s'envole et se pose, observable dans le polder construit par Michel Jeanson puis transformé par lui en un Parc de vision, une zone naturelle dévolue aux oiseaux et acquis ensuite par le Conservatoire qui l'institua en réserve. Cette famille aurait pu céder au Conservatoire le reste de son domaine pour étendre la zone protégée au nord du parc. Revenant sur cette perspective, elle vient de céder à un tiers ces huit cents hectares dont l'avenir n'a pas fini de s'écrire.

– La vie est complexe, les choses ne sont pas tranchées, nous dit Matthieu Delabie, une jeune décideur qui a pris récemment la suite de Christophe Lefèbvre à la délégation Nord-Pas de Calais du Conservatoire.

Il est blond, souriant, connaît le monde des affaires et sait écouter comme se faire écouter de tous. L'homme va s'adapter. Il faut considérer la continuité des choses, restituer une échelle de temps qui commence bien avant l'homme et continuera, on l'espère, en transformant les modes de vie, les habitudes et les mentalités des sociétés sur la terre. Descendues siècle après siècle, millénaire après millénaire, les roches extraites des ères géologiques ont dormi au fond des mers, accumulant les coques des coquillages jusqu'à former des couches denses comme des falaises ou bien des dunes formée de milliards de grains. Sur ces sites très étalés, très plats, l'homme a d'abord prélevé les anguilles et chassé les limicoles, il a ensuite creusé des canaux d'adduction et de déduction, des drains de desserte et d'autres pour l'évacuation. Cette épopée des temps démiurgiques est remarquable. Il faudra autant d'intelligence inventive pour réorganiser la terre, autant d'obstination pour voir les choses autrement. Ces rivages ont été défendus par les hommes qui y vivaient, ils étaient animés par des obsessions, des savoir-faire, des connaissances. Il fallait acheminer l'eau, l'aider à descendre. Il fallait des tuyaux, des écluses, des tumulus, des fossés et encore des fossés creusés dans un sable qui s'éboule ou dans une argile fluide. Il fallait des pompes et des gardes en temps de crue, lors des tempêtes et des tornades, quand toutes les eaux du ciel se rebellent et s'emballent, quand il en descend de l'amont et en déboule tout autant du large. En temps de tempête, chaque hiver, il fallait des hommes pour colmater les digues, pour les défendre, pour savoir résister au boutoir enhardi de la vague, à la violence furieuse de la crue. Il fallait que l'eau s'écoule, qu'elle se déverse, qu'elle passe et s'en aille mais parfois il en venait encore et encore, il en venait trop de l'amont et autant du large, qui montait à l'assaut des terres en enfreignant la loi de répartition observée précédemment par les éléments. Il a fallu une vigilance, un courage et une intelligence pour conserver ces sites pris sur les eaux, qui leur appartenaient, établis au cœur des marais, au seuil des estuaires. Lagunes et lagons couleur de lapis-lazuli, couleur d'émeraude. Aujourd'hui nous contemplons ces terres instables qui se confondent avec le ciel et avec la mer à l'horizon des plaines occidentales. Elles ont été gagnées sur l'élément salé au cours des temps plus que millénaires de l'histoire terrestre ou bien, plus récemment, par l'obstination industrieuse, par l'astuce, la volonté tenace des hommes. Le temps passe, la mer monte.

Ces sites qui baignent à moitié dans l'eau douce, à moitié dans l'eau salée, sont convoités par la respiration de la mer. Les grands propriétaires terriens que nous avons rencontrés se sont montrés, sinon les alliés, les partenaires, interlocuteurs, témoins ou adversaires – d'un jour ou d'une vie entière – pour le Conservatoire. Ces démiurges obstinés, ces entrepreneurs d'une époque ont été des hommes à la vigilance experte et insoumise, ils étaient violents de la violence même des forces auxquelles ils se confrontaient et habitués à réfléchir aux modes de production utiles, aux nouveaux styles d'exploitation pour essayer l'une ou l'autre culture. Aujourd'hui aussi, les aventuriers quêtent leur émotion, les conquérants une victoire. Aujourd'hui aussi, les entrepreneurs cherchent à faire fortune, à hausser leur valeur et leur famille à la hauteur convoitée par leur élan, leur histoire ou leurs rêves. La terre de demain sera faite par des hommes avides et aussi capables de sens. Il faudra qu'ils se gouvernent, tenaillés par des urgences nouvelles et leurs contraintes redoutables.

La voie suivie par certains territoires fera peut-être école. Depuis longtemps, Christophe Lefèbvre a rencontré des partenaires avisés pour tenter de transformer avec eux, de décennie en décennie, le Nord, le Pas de Calais et la baie de

Somme en territoire d'intelligence partagée. Au début, rien n'était simple, maintenant ces régions misent sur la richesse de leur patrimoine naturel pour présenter le nouveau visage qui attire chez elles les visiteurs et les acteurs économiques des pays limitrophes. Entre les entrepreneurs et les petites gens, les hommes à fusil d'affût et ceux qui pêchent, entre les gens du cru et les nouveaux venus des villes, l'idée est née de transactions, de solutions communes que l'on pouvait chercher à esquisser. En avance sur l'époque de la concertation et du développement dit durable, ces pays ont cherché à concilier différentes dimensions de la réalité en rassemblant les corporations qui s'y consacrent, en organisant des conclaves où les gens apprennent à se connaître et envisagent de décider ensemble. Sur un territoire donné, les questions posées en venaient à dimensionner les avis, créant des pistes inventées en commun dont sortait une capacité de conciliation et d'acceptation. En confrontant les hommes, en cherchant à les faire agir de concert, une intelligence collective surgissait, née d'une conciliation. On installait des temps de rencontre, d'écoute et de confrontation pour que des négociations s'ouvrent et peut-être une entente. Le Nord est une des premières régions de France où, entre les divers intérêts, mentalités, générations et catégories dites socio-économiques, il apparut qu'une dynamique pouvait surgir pour transformer les équilibres des lieux, pour les actualiser et les ouvrir à un nouveau destin.

En baie de Somme, Michel Jeanson fut un des premiers à décider que son polder serait rendu à la nature, il l'aménageait en zone humide pour l'accueil des oiseaux, restituant à l'eau et aux vols d'oies sauvages les étendues de sable qu'il leur avait arrachées un moment. L'obsession économique de l'époque laissait place à un autre esprit, il n'était plus question de seulement «produire». Près des villes, il devenait judicieux de prévoir des espaces récréatifs pour les gens qui aimeraient sortir au grand air, pour les familles en quête de rêverie. On pouvait compter sur le besoin de liberté de visiteurs qu'on accueillerait par dizaines de milliers. Sur place, dans le domaine du Marquenterre, Philippe Carruette, le guide angélique, ancrait l'âme du domaine en permettant aux humains de voir, de connaître et d'admirer la forme de l'oiseau, créant une manière de pont entre la mentalité humaine et celle de la gent ailée qu'il avait fini par absorber dans ses yeux vifs et ses mouvements, dans son âme calme et son esprit généreux.

Dernière strophe

Trois réserves naturelles ont été créées dans les Landes, en Charente et en baie de Somme grâce aux initiatives, aux dons et à l'alliance du WWF, de la LPO et du Conservatoire du littoral. Jalons des migrations animales, ces réserves protègent les envols innocents et fougueux de la faune ailée et aussi, plus largement, le cortège de vies animales et végétales qui les alimentent. La réserve où se nourrissent les oiseaux est faite d'un sol et d'un milieu vivants. Elle abrite des orthoptères, des chiroptères et plus généralement des buissons, des glands, des mousses, des arbres et mille autres végétaux dont je ne sais pas le nom, les millions de champignons et trillons de bactéries qui s'y favorisent et s'alimentent mutuellement. Tout se tient dans ces territoires et alentour, tout se tient entre l'itinéraire des biches, l'abreuvement des grenouilles et les floraisons de la lune. Entre milieu inerte et milieu vivant, une subtilité d'enchaînements tisse la verdeur de l'espace. Intimement et finement reliés par les interdépendances grâce auxquelles une plante va naître et prospérer à partir de son sol, puis être pâturée par un oiseau dont elle entretient l'énergie pour le vol, ces réserves indiquent, chacun le sait, que l'échelle du monde vivant dans son ensemble doit être connue et mesurée par les hommes, il faut que sa continuité, sa diversité et sa subtilité ordinaires soient respectées et son maillage défendu des adultérations, altérations et accaparements humains. Le monde terrestre habité par notre espèce est respiré, utilisé, admiré et perturbé par ses initiatives. Aujourd'hui, le Conservatoire du littoral forme le maillon fort d'une action cohérente encore à venir, celle où les hommes sauraient pratiquer un mode de vie dans lequel leur ingéniosité cessera de se mettre à mal elle-même, et avec elle le monde autour d'elle.

Pour cela, il faudrait une entente, l'adhésion des sociétés, une compréhension et une capacité d'action partagée qui n'a pas toujours existé aux temps épiques de la construction des premières réserves. On pensait devoir clore des espaces sanctuaires, dédiés aux espèces remarquables. À présent, c'est l'espace lui-même qui doit être pensé, respecté et programmé dans la capacité qu'il a d'abriter et de conserver la subtilité de la vie, dont dépend celle des hommes. Qui avait commencé de le comprendre et de le vouloir, aux époques sur lesquelles nous enquêtons ? À Orx, certains élus comprenaient qu'une planification venue de plus haut vienne arbitrer le destin des terres et ménage ici ou là des milieux qu'on laisserait en leur état de nature. À Moëze, les énergies locales ont fini par reconnaître qu'une composition d'intérêts puisse orienter la destination des choses et les conduire à des équilibres plus sensés. C'est en baie de Somme que s'exprime avec le plus de clarté l'exigence d'une nouvelle organisation de la société et des attitudes comme des comportements humains, elle fonderait et renouvellerait l'économie de ses territoires.

Nous étions à Orx puis à Moëze courant avril. Nous avons passé la Garonne sur le bac de Blaye, éblouies par l'immensité de l'estuaire de la Garonne et la beauté de la forteresse dessinée par Vauban. La splendeur de formes de la citadelle, les affichages royaux de son architecture splendide veillent dans le vide lumineux du ciel de la Gironde, évoquant la capacité d'apaisement et de joie réconciliatrice que les beaux aménagements peuvent mettre dans l'âme humaine, même s'il s'agit dans ce cas d'efforts qui n'ont jamais servi ou presque, dans cette zone où les rivalités européennes s'aiguisaient pour investir les Antilles, la Guyane et le grand Ouest américain. Animé d'une volonté de revanche contre l'Angleterre et conseillé par ses meilleurs ingénieurs, Louis XIV fonda à Rochefort un arsenal et un chantier naval gigantesques pour y bâtir une flotte de guerre, il les fit creuser dans un marais qui s'enfonce et fait gondoler les murs les plus épais, posés qu'ils sont sur des radeaux de pilotis au cœur de la profondeur de vase.

Bernard Gérard, directeur adjoint du Conservatoire, nous apprit à ce moment qu'Emmanuel Lopez était hospitalisé pour une tumeur au cerveau qu'il savait maligne. Quatre mois plus tard, le 15 septembre, nous écourtions notre séjour en Marquenterre et rejoignions la foule réunie à Rochefort pour les obsèques d'Emmanuel. Nous avons tous pleuré ce destin terrible car nous avons en commun des convictions et un genre d'action qui nous réunissent et nous emportent dans un engagement dont la clarté nécessaire, nous le savons, n'a pas fini de convaincre le genre humain et n'est pas majoritairement partagée sur la terre. C'est là notre ciel présent, notre orbite de génération. Dans notre périple, rares étaient en fait les maires et les responsables publics en charge de la conduite des intérêts généraux qui, comme certains homme de science et certains habitants, s'efforçaient d'œuvrer à ce que la prudence, la sagacité et une sorte d'intelligence plus ample et plus généreuse nous recommandent de mettre en place d'urgence. Il faut inventer d'urgence les jalons, il nous faut planter les pitons et couler les chapes fondatrices d'une ère plus raisonnable et plus équitable. Emmanuel l'avait fait avec confiance, en éternel enfant puis en jeune homme éternisé, saisi en plein vol par cette interruption brutale de sa vie. Il nous laissait le souvenir de son ingénuité et de son obstination à tenter de bien faire ensemble.

CHAPITRE VIII.

Abbaye de Beauport, archipel de Chausey

Le relais des générations : au travail, suite et fin

Tu as compris, lecteur, que, missionnées par notre comité de pilotage, nous sommes parties depuis plusieurs mois à la découverte des lieux et des hommes pour cueillir des faits et recueillir des impressions qui nous permettraient de restituer des histoires locales et plus généralement la démarche d'une institution. Dans ces épisodes, ces étapes et ces tribulations qu'on nous a relatés, et plus encore peut-être en passant encore deux ans à combiner les sensations et les souvenirs pour tisser des interprétations et un récit en mesurant, par mille ajustements, quel pouvait être pour finir le sens d'une pareille aventure, nous avons trouvé ensemble le propos de cette chronique de trente-cinq ans d'existence et sa véritable étoffe. Cette chronique d'un travail d'équipe s'inscrit dans un processus de transformation qui concerne les sites, les gens et l'aménagement du territoire ; plus généralement, elle trouve son sens dans l'urgence d'une politique de la nature qui transformera les modes de vie en inventant de nouveaux équilibres techniques et économiques pour nos sociétés, augurant des mutations nécessaires et peut-être déjà en cours, inscrites qu'elles sont dans la prudence. Un horizon s'ouvre aujourd'hui, pour les générations humaines, de décisions difficiles à définir et à arrêter, d'ajustements et de réformes. Comme si l'histoire du Conservatoire du littoral nous donnait une échelle de temps, un calendrier ou même un métronome pour dire le rythme des actions publiques et la façon dont elles s'inscrivent dans les affaires humaines, nous sommes venues appréhender un changement d'époque depuis les années de la croissance jusqu'à l'ambition des aménagements durables, de l'époque de Sheila à celle des bourses folles.

Sur les dunes et les côtes rocheuses, sur les estrans, sur le bord des étangs, dans des bureaux, des maisons de site et chez les gens, nous avons écouté le récit de chacun et observé les lieux. Nous étions en quête de situations, de pistes et de climats, une nébuleuse de faits dans la mémoire locale. Des épisodes récents avaient eu lieu. Au fil de rencontres avec les gardes du littoral et les habitants des anciens villages, au fil des rendez-vous avec les décideurs et certains puissants, nous avons accumulé des milliers de propos, de remarques et d'allégations, des milliers de morceaux de réalité ancienne et moins ancienne, de vérités ressenties et endurées, de positions, révoltes et habiletés, de durcissements, fausses pistes et retournements. Nous avons regardé et réfléchi. Nous avons cherché, flairé et interrogé. Ensuite venait le moment de raconter, de narrer le déroulement de ces histoires en mesurant cet ensemble et en cherchant à sentir de quels poids et contrepoids, de quelles tensions et raisons il était fait. Tout était là, réuni en un écheveau divers et parfois embrouillé de paroles dont il fallait tirer certains fils pour identifier le ressort de ces épisodes successifs que les hommes et les lieux avaient écrits ensemble, chacun avec son style. Une fois ces fils débobinés et lissés, il en résultait un roman réel qui est bon à restituer, il a eu lieu, il a traversé, emporté, lesté et pigmenté ces vies. C'est une histoire de notre époque, les mots pour raconter sont ceux de l'aventure: fierté, défi et volonté. Obstacle, ténacité, piège. Revirement, otages, olifant. L'action plante son cadre et ses protagonistes. Exploration, conquête, caravanes. Bandits et brigands, histoires de chefs et de fougue, enfants perdus dans la forêt.

Tu as compris, lecteur, que quand le Conservatoire du littoral désirait se porter acquéreur d'un terrain ou d'une propriété qui auraient pu, de façon pertinente, grossir son héritage de sites protégés, il n'avait pas rencontré toujours ni d'emblée la bonne volonté de ses partenaires du moment. En France, les terres appartiennent déjà à des hommes qui croient généralement détenir un trésor et entendent le monnayer. Le Conservatoire s'avance pour donner un destin à certains endroits des rivages nationaux. Il les soustrait à la pente qui leur ferait prendre de la valeur en y implantant des lotissements, en les entourant de haies et les équipant de villas partout établies sur les dunes, sur les falaises et dans les vallons. Arrivant dans une situation déjà préparée par l'entente cordiale de certaines intentions, le Conservatoire propose un déroulement qui vient trancher des espoirs et rabattre la perspective de certains profits. Entamant sa négociation, il a à décourager, souvent, un peloton d'équipementiers bien armés qui ont franchi depuis longtemps la ligne de départ imaginaire qui sépare cette colline de garrigue des «cinquante villas de rêve à la vue imprenable» qu'ils sont prêts à y construire. Esprit d'entreprise, intérêts de chacun, inertie des habitudes, puissances locales ou peu locales. Le chemin à parcourir serait long pour se faire comprendre, se faire admettre et pouvoir s'établir sur place. Il y aurait un travail de maturation à prévoir, des remaniements à induire et des déplacements de pièces sur l'échiquier. Les esprits finiraient par s'entendre autour de choix. Certaines raisons en viendraient à prévaloir, certaines orientations, certaines vigilances nouvelles, devenues des objectifs communs pour une société. Il faudrait prévoir de suturer certaines plaies et savoir donner réparation car la transformation d'un domaine en site protégé «pour tous et pour toujours» tranche avec un état de choses précédent, elle en marque la fin. Les grilles du domaine enchanté avaient rouillé, les propriétaires étaient morts, désormais on les ouvrait toutes grandes en chassant ce qui restait de certains rêves et de certains souvenirs.

Cette histoire qui s'écrit lentement, de façon indirecte et souvent insoupçonnée, de façon parfois invisible, c'est le roman de la réalité elle-même, on l'appelle l'histoire de France dans les livres, à l'école et aussi à certains moments de vérité qui apparaissent dans certaines conjonctures. L'ensemble des vies humaines, dans un pays, est traversé par l'esprit d'une époque, par ses mœurs et ses usages. Les gens avaient envie de partir en vacances. En une génération, nos pères étaient devenus assez riches pour venir déferler avec nous, tous ensemble sur les plages au même moment. Récit facile! Peu à peu, il s'embourbe. Un nouvel horizon se dessine, quelque chose de lent, d'indistinct et d'abord discutable. Du point de vue de chacun et du temps de vie dont il dispose, rien de parfaitement avéré, rien de particulièrement caractérisé, pas d'épaisseur à laquelle s'adosser. On ne sait pas vers quoi on va, qui se décide à bas bruit, et soudain les choses se posent autrement. L'ère des épopées démiurgiques se clôt dans cette partie du monde. Les avidités glorieuses ont pris leur retraite au bord de l'eau. Appartenant à un temps que chaque vie humaine traverse en peu de décennies, les ingénieurs, les militaires, les capitaines de la marine marchande ont fait construire leur villa dans les vallons des Côtes d'Armor. Ainsi que nous le fait remarquer M. Conan avec bienveillance, chacune de ces villas ouvre ses volets bleus sur une petite pelouse soignée, un *rhodo* violet trône au milieu.

– Nous avons protégé la côte, il n'y a pas d'immeubles, nous dit-il.

M. Conan a été longtemps conseiller général, il salue chacun sur le port de Paimpol et sur la route de Bréhat. Nous sommes venues de Saint-Brieuc par une voie rapide constellée de ronds-points. Sur le plateau, les terres agricoles aplanies et sans arbres se traversent en un instant. La magie se fait attendre. M. Conan nous montre les serres où on élève les tomates bretonnes, les vaches non plus ne prennent pas l'air. Les époques changent, les gens aussi. La Bretagne est active, cela nous fait plaisir. Pendant le temps des vacances, une foule d'enfants respire l'iode du rivage tandis que, en dehors de ces semaines dorées, l'âge moyen s'élève brutalement dans les rues calmes. Tu as compris, lecteur, tu le sais, que l'histoire des vacances, des autoroutes et des parkings croise maintenant celle du milieu vivant. À force de puiser, de forer et de disperser des molécules à risque, l'espèce humaine a transformé ce qui l'entoure. Un processus commencé depuis longtemps, qui s'est accéléré dangereusement pendant les derniers vingt ans.

Quand les chasseurs font disparaître les loups qui mangent les caribous, les caribous prolifèrent. Quand les entrepreneurs construisent des aéroports et des barrages hydrauliques, le parcours des saumons sauvages et des loutres s'en trouve modifié. Les surfaces que l'homme s'approprie en repoussant la faune vont grandissant, les ressources consommées sont gigantesques, partout les terres appauvries ou polluées ont éteint toute charge organique, faisant défaillir la vie en elles et autour d'elles. En quête des sites inscrits sur notre carnet de mission, nous sommes à présent dans l'Ouest, dans un des creux du long bras de la Bretagne. Ensuite, il nous restera, pas bien loin de là, à honorer certaines grèves de Normandie. Sur l'Atlantique nord et au bord de la Manche, il fait frais, le vent est infatigable et les couleurs douces à l'œil. Des brumes et des nuées voilent souvent la clarté du ciel et là aussi, il y a des vasières, des estuaires et des tourbières où se tapit une vie tranquille. Là aussi des délégués et leurs équipes ont cherché à organiser la soif de rivages et à donner une satisfaction raisonnable aux milliers d'yeux humains, avides de splendeur et de paix, qui entendaient contempler les pointes et les abers, les dunes et les lagunes, les vagues, les courants et la lumière chaque été, et aussi à l'automne, en hiver et au printemps.

– Nous achetons des terres sillon après sillon, tant la propriété est parfois divisée dans la région, nous dit Denis Bredin, le délégué du Conservatoire pour la Bretagne.

Denis Bredin est breton, il a travaillé en Corse. Il a l'air patient et tenace, c'est un silencieux passionné. À Saint-Brieuc, la délégation est installée dans un hôtel particulier qui appartenait à un armateur. Devant les fenêtres, la rivière du Gouët, profondément creusée, est devenue un espace de loisir. Denis Bredin aime améliorer les aménagements qui accueilleront les usages humains. En même temps, sa modestie n'est qu'apparente. Protéger la nature a été un objectif qui s'appliquait d'abord à des espaces identifiés, l'enjeu est devenu de ménager partout une place pour la diversité vivante. Au sortir de cette conversation, nous découvrons, un peu plus tard, le site insigne et remarquablement préservé de l'abbaye de Beauport dont les bâtiments sont posés face au rivage au bord d'une merveilleuse forêt. L'abbaye semble tourner le dos au siècle. On oublie tout en y pénétrant. Nous sommes prêtes à regarder de tous nos yeux, à humer et à savourer. Nous sommes prêtes à être attentives, à essayer de comprendre de façon équitable tandis que nous recueillerons les linéaments de la suite du récit. Nous sommes critiques, mais rapides à nous enthousiasmer. Une romance charmante hante le royaume enchanté de Brocéliande. À Chausey, l'esprit des hommes nous surprendra, fertile en découvertes.

Sur cette terre d'ancienneté, Bernard Gérard, actuellement directeur adjoint du Conservatoire, a été longtemps délégué pour la Bretagne. Il a prévu de nous faire rencontrer un grand nombre de gens qui ont été associés à la résurrection de Beauport, une histoire qui, elle aussi, a pris du temps. Bernard Gérard est une lame rapide, nerveuse et infatigable. Ironique et mordant, il a la silhouette dense et bien conformée d'un batailleur toujours prêt à en découdre. En consultant sa mémoire, voici une longue liste de gens qui nous attendent sous les châtaigniers, dans les longères, dans les HLM de Paimpol et au fond des maisons de maître. Ces gens ont illustré, nourri, orienté et alimenté la belle histoire de l'abbaye de Beauport, un temps compromise par l'empirement de la ruine de ses bâtiments. L'abbaye avait été vendue comme bien national à la Révolution. Comme beaucoup de châteaux forts, elle fut partiellement démantelée et monnayée en tant que carrière de pierre.

– Deux siècles plus tard, la fortune du propriétaire, industriel à Caen, ne suffit plus à entretenir ni raviver le domaine, nous dit Bernard Gérard.

Le maire de Paimpol sait que les bâtiments tombent. Il surveille la situation mais hésite à engager une procédure d'acquisition, la ville a fort à faire pour se reconstruire, se reconvertir et s'équiper. Le département esquive, le temps passe et tout pourrait mal finir lorsque, à la fin, le Conservatoire du littoral, qui envisageait d'acquérir les parcelles de la zone humide et de la forêt, emporte du même coup la propriété des bâtiments conventuels. Avec la protection de la source et des bois, de l'estuaire, de l'estran, de la digue et de la vue sur les îlots qui marquent l'horizon, le Conservatoire devient ainsi maître d'une église, d'un cloître et d'une salle capitulaire qui avaient depuis longtemps perdu leur couverture, et puis de trois bâtiments habitables d'une envergure de palais, dans lesquels les moines avaient leur dortoir, leur réfectoire et leur cellier, leur salle pour la comptabilité, les ornements d'église et le travail des manuscrits.

L'abbaye comprenait évidemment un verger, un potager, des cours et des jardins, des bâtiments pour les convers et d'autres pour le stockage. Il s'agissait d'une abbaye maritime avec un port, elle possédait une flotte et des moulins. Son domaine, autrefois, s'étendait au quart du département. Fermes et villages, hameaux, champs, droit de justice : sur place, il s'agissait de la maison-mère, siège breton d'un ordre européen aux importants pouvoirs politiques, judiciaires et économiques. Lieu de prière et de représentation, le monastère est une sorte de ville industrieuse où sont les bureaux des moines, leurs appartements et leurs docks, nourrissant sur place la puissance matérielle d'un vaste établissement : le Conservatoire prenait en charge ce qu'il en restait. Il avait à en engager d'urgence la réhabilitation car l'église était partie à la ruine, les couvertures se trouvaient dans un état inquiétant, la ronce et le lierre avaient gagné partout, les murs s'affaissaient mais quels usages, quelle économie réinventer ici ?

Sous la forme de mille décisions à prendre, de responsabilités matérielles et d'initiatives pour faire comprendre la démarche engagée, une mission d'ordre essentiellement poétique s'inventa au cours du temps, elle allait convoquer les énergies de jeunes gens doués et endurants, creusant profond dans les gènes de la Bretagne. Nous devons rencontrer par ailleurs un certain nombre de gens âgés et même parfois très âgés, ils se montreront doux, aimables, certains modestes ostensiblement, d'autres sont des figures publiques ou des grands personnages de l'État. Comme si Bernard Gérard avait renversé sur nous sa hotte aux souvenirs, il a listé une société diverse de dames qui venaient à l'abbaye, du temps de leur jeunesse, écouter les messes du pardon au 15 août ; de voisins qui ont été expropriés, ils en gardent une vindicte mêlée de magnanimité ; une dame aux clefs grâce à laquelle la longue négociation entre le propriétaire et le Conservatoire a été facilitée année après année, aboutissant au fil du temps à une cession et non au lotissement de l'abbaye, qu'envisageait la fille du propriétaire.

Je parle au téléphone avec sa belle-sœur. Elle regrette le temps de sa jeunesse, les séjours au bord de la mer avec ses fils enfants dans les murs de la vieille abbaye. Le premier propriétaire avait acheté ce bien national au moment de la Révolution, les détours de l'héritage le transmirent ensuite à un ancêtre de M. Gomond. Remplaçant les moines, une bourgeoisie plutôt fortunée séjournait l'été dans le domaine, il valait sans doute un château et permettait lui aussi de rêver. Nous rencontrons Max Querrien, conseiller d'État, longtemps maire de Paimpol. Directeur de la Caisse des Monuments Historiques à l'époque, il a œuvré, durant beaucoup d'années, à ce que la vente de l'abbaye finisse par se faire et qu'elle aboutisse dans les mains du Conservatoire. Tel sculpteur généreux vivait autrefois aux portes de l'abbaye, il a perdu son atelier dans la bataille, et avec elle quelques années de sa santé nerveuse. Bon nombre de voisins avaient compris que les temps changeaient pour la Bretagne. Ils approuvaient que le domaine perde ses ronces, que les maisons soient restaurées, que l'abbaye ouvre et qu'elle rayonne à nouveau. Nous rencontrons aussi un prince russe qui salue en claquant des talons comme dans les romans de Tolstoï. Il a connu à Beauport, dans les années 60, une belle jeune fille française dont les parents louaient à M. Gomond le bâtiment «des hôtes». Au fil des pages de leur album, on voit les portraits des générations qui ont formé cette famille gracieuse, l'été à Beauport. À chaque époque, des têtes fines, des sourires calmes et des cheveux blonds en général. Sa belle-mère a raconté ses souvenirs dans un cahier que nous empruntons. Il est fait d'évocations des joies de l'été, de la vie qui enfante encore et encore au fil des saisons de la vie. Ces aristocrates français ont connu l'ancien propriétaire et sa fille étrange, ils leur louaient donc pour l'été, depuis 1920, le corps de bâtiment de l'abbaye qui est bien orienté par rapport à la vue. Après nous avoir rudoyées, la femme du bouilleur de cidre nous accepte. Elle nous raconte les «foudres» qui s'étageaient dans la salle capitulaire: des fûts de grande capacité, dans lesquels conserver le cidre de l'abbaye. Avec son accent breton, elle mange certaines syllabes. Elle a tout connu du passé mais s'étend plus volontiers sur ses secrets de jardinage. Elle regrette la mort de son mari.

– Vous êtes de bonnes gens, finit-elle par nous dire en nous offrant des biscuits pour le train.

Autour de l'abbaye ont vécu et gravité des notables, des lettrés, des artistes, des gens de culture et des éleveurs d'huîtres. Paimpol était une ville de pêcheurs dont les faubourgs mordent aujourd'hui les clôtures de l'abbaye. Manoirs, châteaux forts, résidences, maisons de charme: des *familles* – j'entends des dynasties héréditaires de savoir-vivre, d'avoirs et d'entre-soi comme on en a en Europe et sans doute aussi ailleurs – ont accompagné puis déserté le destin de l'abbaye de Beauport tandis que, telle une chrysalide somptueuse, ses bâtiments, vestige d'un ordre disparu, passaient de main en main et d'usage social en usage social. Le genre humain aime parfois les hésitations et les conflits, il est parfois mesquin, feutré et dissimulé. Discussions oiseuses, cabales, hantises et pétitions pendant le temps des gestations. Près des sites touristiques, de grands parkings sont dissimulés dans la lande pour que les familles puissent passer ensemble une journée à Bréhat ou le long de la rivière. Curiosités, loisir, baignade. Dans le bouquet de découvertes proposées par les Côtes d'Armor, Beauport répond à une ambition culturelle, à une vision d'ensemble pour ce lieu, qui a convaincu de proche en proche par l'évidente réussite de son invention.

Mais telle est la comédie humaine que la dispute, souvent, accompagne les meilleures idées au moment où on les formule. Sur les chapiteaux des cloîtres, sur les tympans des Jugements derniers, les vices et les vertus se composent sous le regard du Sauveur pour former la toile de la vie, déchirée par les diables. Les choses se font de façon laborieuse, de façon approximative quand on les regarde à l'échelle du myope. Une telle cohorte de commentaires, impressions et divisions accompagne l'histoire récente de l'abbaye, jusqu'à quel point en donne-t-elle le sens ? Le soir venu, nous assistons à des essais de lumière que Laurence Meiffret, directrice du site de l'abbaye de Beauport, contrôle avec une équipe de techniciens. Une exposition sur l'histoire de « la cuisine des moines » ouvre demain près du cellier aux foudres. Il y aura une fête. Tandis que des couleurs étranges se projettent tour à tour sur la nuit du grand mur, tandis que des sons étonnants sortent par à-coups de gros baffles dissimulés derrière les clématites – du chant, des orgues, des plaintes, un chahut de sac et de corde, puis encore des chants –, le parc s'anime de trous de lumière qui mettent en valeur tel arbre, tel rang de roses, un puits. Demain, il y aura le préfet et un festin médiéval servi par des dames vêtues de lin. Et tandis que l'obscurité du soir déploie son dais au-dessus du mur du cloître balayé par une vidéo dont la fresque colorée ranime le souvenir et les symboles de la Bible, – enluminures des temps d'autrefois, figures de l'Église et des seigneurs, hommes d'armes et gens de pouvoir –, ensommeillée comme je suis, je vois soudain, alignées sur le mur, les silhouettes des différents interlocuteurs avec qui nos conversations ont accumulé, depuis huit jours, tant et tant de mots dans la tiédeur bretonne. Ils ont leur place dans la galerie des moines, dans cette frise d'ombres chinoises qui se projette haut sur le mur, Laurence Meiffret l'a fait dessiner par une équipe de graphistes habiles pour figurer la geste, les armes et les lois de cette fondation séculaire. Beauport a été une abbaye maritime puissante, posée en bord de mer avec sa jetée, ses digues, sa retenue d'eau et son marais où pêcher ablettes et lamproies. Moulins, salines, bonnes terres, landes et forêts : l'abbaye possédait des biens immenses qu'elle gérait, amendait et faisait fructifier. Des moines grands seigneurs et d'autres plutôt valets de ferme ont hanté son cellier, ses jardins, sa vigne. Des trois corps de bâtiments qui restent sur pied, l'ampleur de proportions et la grandeur du style ornemental disent assez quelle puissance princière s'est ici établie et installée au cours des âges. Communs, granges, maisons des hôtes, arpents de forêt : Bernard Gérard s'obstine à reconstituer ce qui peut l'être du domaine en acquérant tel toit, telle cour, telle grange, au ras d'une nappe de pavillons qui se sont construits à l'époque moderne en limite de la ville de Paimpol. Il a fallu convaincre certains occupants de céder leur maison, elle faisait partie de l'ancien domaine. Il a fallu dissimuler certains accès ou les magnifier. Sur place, on oublie facilement l'entourage du siècle tant l'intégrité du site a pu être restituée encore plus que conservée. Son horizon avait été un moment menacé par un projet de parcours routier, par l'inévitable établissement de thalassothérapie que certains ambitionnaient d'y construire, puis par un projet d'extension des bassins de l'élevage d'huîtres.

Mais une sorte de stupeur embrume mon esprit. Tout se confond. Il y a trop de ronds-points pour arriver au site protégé, trop de routes en parfait état et de maisons bretonnes posées dans tous les sens sur les Côtes d'Armor. Personne n'a vu venir les choses, personne ne s'est alarmé. La cote a monté, tout à coup c'était une cote d'alerte. Sur quel volcan dansons-nous ? Mon esprit s'embrouille. En cette heure du soir, il est imbibé de hantises. Comme si l'axe de la terre pouvait changer d'inclinaison, comme si sa rotation en venait à se ralentir et que les tropiques avaient pris la place des pôles, est-ce que le Gulf Stream va s'arrêter de rouler, son absence congelant, l'hiver, les palmiers de Bretagne et faisant remonter, l'été, la ligne des oliviers jusqu'à Honfleur ? Nous avons visité le musée des Terre-Neuva, il est situé rue du Comte de Labenne à Paimpol. Le spectre du fils illégitime de Badinguet, rencontré récemment, traîne lui aussi derrière le port comme dans un coin de notre enquête. Et voici que l'épopée des pêcheurs d'Islande a été racontée par Pierre Loti, petit homme bref et grand navigateur, né à Rochefort où habitait Emmanuel Lopez. On peut visiter la maison de Pierre Loti dans une rue calme de cette ville un peu folle dont sont parties tant de navigations hardies, tant d'équipées autour du monde pour découvrir la couleur des choses. Jours engloutis. Loti raconte sa traversée des déserts dans un style précieux et sublimement berceur. Il aime les mondes presque morts, l'ancienneté des gestes et le tropique torpide aux navigateurs. Il a traversé l'Arabie à cheval et contemplé Dubaï avant que n'y soient construits trois cents gratte-ciels autour des marinas les plus vastes du monde, elles sont semées de centres commerciaux géants où l'on vend des jouets. L'Asie entière y vient en vacances.

Tandis que mon esprit fatigué médite, remâche et broie pour affiner le grain de ses pensées, je songe à ce moment où récemment, dans le pays de Loti, près de Marennes, on nous a envoyé dîner à « La Cayenne » : c'était le soir, il faisait nuit, nous allions nous perdre entre les jas et les bosses et tomber dans les canaux invisibles du port aux huîtres. Les noms nous jouaient des tours. Peut-être des corsaires, sur les deux bords de l'Atlantique, avaient-ils suturé les mers d'est en ouest ? Nous ne sortirions pas de la Guyane.

– Une Cayenne, en Charente, est le nom d'un tas de pierres, nous dit posément la dame.

Elle est sans doute la fille de ceux qui ont fondé la ville de

Cayenne de l'autre côté du monde, sur le replat rocheux qui s'élève à peine au-dessus des isthmes mouillés de la mangrove. On dit bien une caillasse, un caillou. Rivages de France sous toutes les latitudes, protection de la nature, aménagement, prudence. Les fils de notre histoire s'emmêlent. Où est le nord de notre enquête, où sont ses lignes, son but ? Un amas d'images, même pas classées en album, s'enchevêtre dans mon esprit. La terre tourne comme une toupie. Devant l'abbaye de Beauport s'étend une baie aux langueurs tropicales. Comme en Guyane, une brume dissimule le contour des îlots en effaçant la distance de l'horizon. Demain matin, peut-être le brouillard va-t-il se lever sur un désert parce que les latitudes se seront confondues. La mer lente montera au pied d'un escarpement. Il fera chaud en escaladant cette forêt. Entendrons-nous le cri des grenouilles arboricoles de l'Amazonie, le chant flûté de ses colibris invisibles ? Catherine ne veut pas marcher. Elle veut aller à son allure. Alors se lèvera l'odeur enchantée du chèvrefeuille, odeur un peu grasse, apaisante, elle nous ramènera sur place, chez Merlin, chez la fée Viviane et chez Mélusine. Ce sera le matin.

Au fil d'une succession de hasards dont je ne reprendrai pas le détail ni les contingences parfois bizarres, une abbaye est tombée dans l'escarcelle du Conservatoire, elle en est devenue un fleuron. La collection de dunes, d'estrans et de vasières, le refuge des sarcelles et des chardons bleus est souvent peuplé par les vestiges d'un fort ou une maison solitaire. Au Rayol, au Cap-Martin, d'illustres humains ont orné la rive marine, méditant la beauté inventée d'aménagements sans précédents. Ici, nous voyons le ciel à travers les voûtes crevées de l'abbatiale. Nous observons la baie avec les yeux des pères abbés qui attendaient le retour des galiotes revenues à Beauport après avoir traversé les mers, leur cale était remplie d'encens et de peaux de mouton où dessiner des enluminures. Macérations, rituels, contemplations, attente d'un ciel mérité, agapes. Des princes d'Église aux industriels bourgeois en passant à nouveau par des nobles français ou russes, une cohérence parcourt l'histoire de ce bien et anime sa transmission. Arrive le Conservatoire. Il s'est déjà trouvé qu'il prenne en charge de vieux bâtiments d'usine, des kilomètres de digues et leurs maisons de maîtres avec les enfilades de bâtiments de ferme que comportent, en général, les grands domaines agricoles et piscicoles. Et maintenant une abbaye, un lieu d'industrie et de prière. Un lieu où se rejoignaient le spirituel et le temporel sous le signe d'une prédication visible, d'une mission et d'une conviction qui s'appelait foi. Bien qu'acheté pour de l'argent, par le Conservatoire du littoral, à une famille qui s'éteignait, c'est un peu comme si le pays de Bretagne avait enjambé les catégories républicaines pour lui léguer ce monument historique, comme s'il le lui avait confié maintenant et que le Conservatoire en éprouvait une fierté particulière.

Dans ce pays, il reste de nombreux castels qui appartiennent à de grandes lignées ou à des nouveaux venus qui se sont agrandis en faisant des affaires. Dans le taillis réglé de ses orientations et de ses choix depuis trois décennies, dans les arrachements, volontés courageuses et défis de la période récente, cette «belle histoire» du Conservatoire fait exemple. Ici on n'a pas, comme presque partout ailleurs, segmenté les choses de la nature et celles de l'histoire au point de les rendre fades. On n'a pas asséché les relations entre les choses ni dépoétisé leur trame. Une succession de hasards et d'approximations, de «je te tiens la barbichette» et de réflexions partagées par les directeurs et leur conseil d'administration avait engagé un scenario. Des arguments tissés au fil de nuits sans sommeil et affinés au long d'algarades collectives avaient emporté la décision. Puisée à on ne sait quelle source magique de sagacité bretonne, une telle résolution avait fini par inspirer confiance. Souriants, légèrement retenus, vingt, trente habitants, témoins, partenaires, responsables et chargés de mission nous racontent la fidélité de leurs esprits, la cohérence qu'ils vivent et les convictions qui les animent, elles comportent une réelle grandeur, une certaine modestie et un zeste de détachement. Ce sont des gens qui ne se livrent pas, ils sont protégés par un nimbe de rêverie, un souci de décence. L'abbaye des princes de l'Église, le palais des nobles est désormais ouvert à tous. Il est protégé «pour tous et pour toujours».

Bien sûr, le Conservatoire aurait pu rétrocéder les bâtiments de l'abbaye au Conseil Général. Il n'en fut rien. Faut-il que, sur les rives du pays, aux frontières de l'ailleurs, une sorte de leçon de maîtrise s'en dégage pour le temps présent? Cette leçon est sociale et aussi culturelle. Elle parle d'un monde à venir, d'usages à trouver, d'évidences qui pourraient devenir communes. Pour donner un nouveau destin à un tel monument, cette contrée a transmis un joyau de patrimoine sacré à une institution vouée au soin des choses de la nature qui en a hérité et a su le faire sien. Le Conservatoire du littoral achète des dunes et des caps pour y ménager des espaces d'intégrité, de vide et de silence. Il achète aussi des monuments historiques qui ornent les rives marines et lui donnent sa beauté. Il est désormais en passe de posséder un collier de phares dont les maisons de gardien se sont vidées depuis l'automatisation des systèmes d'éclairage: perchés sur des pointes et au bout des falaises, ils restent les symboles de l'aventure maritime dont nos sociétés tiennent à conserver la mémoire. Assumant la dimension culturelle des choses qui donne valeur et fondement aux usages d'une société, le Conservatoire sait que, pour réussir à protéger la nature, il faut savoir mouvoir et émouvoir l'esprit sensible des humains afin qu'ils prennent garde aux choses terrestres qui sont nées avant eux. Le Conservatoire du littoral sait compter les grains de sable, mesurer la courantologie, inventorier la faune et la flore des sites qu'il acquiert. Il sait commander des études comptables, des études scientifiques, des bilans de gestion. Le Conservatoire du littoral acquiert des sites dont il confie la gestion aux sociétés locales. S'insérant dans leur famille, il a l'art de savoir faire travailler ensemble les professionnels et les gens en vacances, les promeneurs et les marins, les gens qui sont nés sur place et les experts.

– Il est petit mais sait, bien au-delà de sa puissance réelle, produire de grands effets en réussissant à ce que les gens s'accordent, nous a dit Jean-Philippe Lacoste, délégué pour la Normandie, qui a longtemps œuvré, dans sa région, à mettre au point les façons de s'entendre du Conservatoire.

Mettant en mouvement l'esprit des gens, leurs convictions, on pourrait même dire leur âme, le Conservatoire en obtient le meilleur sans élever la voix, à force de patience et de résolution. À Beauport, le Conservatoire a su ranimer un lieu de pouvoir économique et symbolique et le convertir en moyen d'action au service d'une sagesse à inventer. Les compétents peuvent avoir prise sur la sensibilité des gens, les négociateurs savoir parler aux maires, les gardes veiller sur les visiteurs et les experts obtenir la vigilance des vadrouilleurs. Le Conservatoire sait créer un esprit, une attitude communément partagée. Sans amputer aucune des branches de l'étoile de mer, il fait que les gens se parlent et cherchent à comprendre les situations communes. Le Conservatoire crée des conclaves où se rencontrer, où échanger. Comme si, une fois tous réunis, l'ensemble d'une société entreprenait de se chercher une conduite. Combinant l'approche scientifique, administrative, politique et culturelle, le Conservatoire enrichit ainsi la gestion partenariale des sites dont il est propriétaire.

Nous avons rencontré au Conservatoire une façon de travailler qui est particulière, une sorte d'ouverture d'esprit et une amabilité qui nimbe le gant de fer et de résolution rigoureuse et tenace avec lequel travaillent les délégués et leur équipe. Comme le font les plantes pionnières, les chargés de mission du Conservatoire se sont installés il y a une génération sur les roches et sur les terres difficiles d'une époque qu'ils ont colonisées avec patience en réussissant à faire s'installer peu à peu d'autres plantes plus exigeantes. Il s'agit ici de mœurs, de savoir-faire et d'attentions aux sites comme aux vivants qu'ils abritent. Il s'agit aussi des usages que les hommes ont à inventer aujourd'hui pour savoir préserver l'avenir des choses. Savoir soigner les rives de la mer, savoir veiller au bon ordre de l'établissement humain, telle est la mission culturelle des protecteurs de la nature, si l'on entend par là non pas seulement le fait de créer des réserves, des parcs et des corridors, mais aussi de donner un tour nouveau à l'économie humaine comme à sa culture. Sur les sites acquis par le Conservatoire, chacun peut venir prendre un bain, suivre une sorte de cure où il s'échappe. Comme si cette limite du monde, comme si ce commencement du rien et son appel des ailleurs avaient pour nous la même puissance de suggestion et de restauration que le sommeil ou certaines initiations, la fidélité, l'énergie que des hommes consacrent aujourd'hui à la conservation de l'espace littoral, la façon dont leur sont confiés certains lieux a quelque chose de surprenant, qui rompt avec la mesure commune des usages de notre époque. Comme si pouvait résulter, pour l'homme qui fait siennes ces lagunes et ces dunes en les contemplant, une capacité de recul pour arbitrer, pour savoir tenir en lisière l'aveuglement humain et son instinct d'accaparement, la Bretagne a creusé dans sa mémoire pour promouvoir une entente. Il fallait à certains une capacité de renoncement. Il fallait qu'en dépit du raidissement et de l'aveuglement, une faculté de comprendre, une capacité à savoir s'incliner surgisse pour qu'au-delà de l'enclos de son intérêt propre, chacun puisse apercevoir à nouveau la silhouette restaurée de ce lieu pour tous, il avait traversé le temps avec la cage vide de sa nef désormais sans couverture et l'accent résolu de ses bâtiments trapus.

Patrimoine naturel! Depuis longtemps, les pouvoirs anciens et moins anciens de l'Église, des rois puis de la République ont missionné les plus fins pinceaux, les plus menues réglettes des faiseurs de plans et des bâtisseurs pour tracer, souder, forger et aménager le grand livre des beautés nationales. À présent, il faudrait que nous ressentions notre proximité avec la nature elle-même et que nous réussissions à l'épargner. Singulière expérience que ces histoires où le chaos des intérêts se sera confronté, où la dissemblance des sensibilités et des langages aura été posée face à elle-même comme un défi pour la société présente. Les délégués du Conservatoire et leurs directeurs sont issus de cultures diverses qui se tissent et s'ajustent jour après jour. Le Conservatoire a acheté une abbaye, il a su la conserver et la mettre à l'honneur. Posant sous le ciel la géométrie de ses habitacles et de ses murs, l'abbaye de Beauport rappelle à sa façon, pour les temps présents et à venir, quelle subtilité de teintes et quel raffinement de proportions on peut et doit mettre aux aménagements, positions et dispositions du monde commun des hommes pour que leur ordre puisse traverser les esprits, les cœurs et les générations. Une société laïcisée respecte les clochetons et les tours de ses cathédrales. Elle a fait des ornements du passé le signe de sa capacité de cohésion et de rencontre autour de normes communes. Dans ce département intensément occupé par le labeur et les effets d'une économie qui a annulé la pureté de son eau, la qualité de ses sous-sols comme, en beaucoup d'endroits, celle de ses horizons habités, on dirait qu'un motif autre et nouveau se tisse et se brode, bien que trop de ronds-points, trop de villas y aient rogné les landes et que les sauvageries soient réfugiées dans quelques boisements résiduels, sur les rives abruptes d'estuaires glaiseux que remonte la marée.

La Bretagne est vaste. Ses littoraux témoignent de la victoire d'un certain « chacun pour soi » à l'époque des vacances et du rêve de repos après une vie bien remplie. À Beauport, il a été fait place à une autre dimension, à un autre art de faire pour des moments où il ne s'agit pas seulement de confort individuel, de vie particulière et de loisirs en famille mais aussi de rencontres collectives, de gestes partagés et d'ambition commune. Dans un vœu de cohérence et de conciliation raisonnable entre passé et avenir, nombreux sont les visiteurs, les flâneurs du soir et du matin et les promeneurs de la ville qui viennent saluer, sur le parcours de ce sentier intact et calme, la mer magnifique à l'horizon des îles que l'on aperçoit depuis l'abbaye dont les grilles légères sont fermées aux heures du soir. Les oiseaux veillent, les hommes vont s'en aller dormir. Il faudrait pouvoir dire que nous ferons face, que nous serons prêts, traversant avec ardeur des défis apparemment insurmontables comme le firent les moines du XIe siècle quand ils surent moderniser les moulins et les charrues.

– Je suis inquiet pour la digue, nous dit le prince russe auquel nous avons rendu visite chez lui, un peu plus tard près de Paris. La mer monte. L'abbaye est posée sur un socle rocheux mais le jardin… mais le site…

Endurance

L'horizon se dégage, un surgissement rocheux est là, éperon, monticule, falaise, blocs arrondis, mamelons, couches souterraines qui affleurent, granit. Nous ne sommes plus en Bretagne, nous avons traversé le Couësnon et atterri dans une citadelle militaire. Le ciel est limpide. Il va falloir dépouiller les fadeurs et les compromis, se barrer l'âme et s'endurcir. Granville est posée sur une gigantesque marche qui fend le vide en direction du Mont Saint-Michel. On est sur la face ouest du Cotentin, presque au fond du golfe. Le Cotentin, comme son nom l'indique, est fait d'une longue côte qui barre l'entrée de la Manche. Le Cotentin semble plat, alangui, fait de gras pâturages et d'horizons à peine émergés du sommeil. Faisant alterner, vers l'ouest, ses larges hâvres sableux et d'amples mouvements de collines dont l'émergence se relève, au nord, en falaises véritables et en caps vigoureux, cette presqu'île se trouve recevoir de face la masse gigantesque de l'onde d'eau atlantique qu'aspire la lune, marée après marée, et qu'elle entraîne derrière elle comme une peau monumentale. Une part de ce volume incommensurable d'eau que la lune traîne cycle après cycle vers la mer du Nord et, au-delà, vers la mer Baltique et le cercle polaire se trouve piégée, en bas du Cotentin, dans la baie du Mont Saint-Michel. Les forces de la gravité entraînent le couple formé par la terre et son satellite dans un tournoiement infini. C'est un bal pendant lequel, telle l'ampleur d'une robe ou la queue d'un habit, l'eau des mers terrestres se trouve aspirée par la lune comme un mercure aimanté qui tournerait autour de la surface terrestre en ne cessant jamais de se soulever en rond, tout autour de la course de l'astre des nuits. Sur la rive des terres émergées, cette eau immense monte pour suivre la lune. Elle monte puis disparaît parce que l'astre a tourné et l'aspire à présent vers l'arrière. Sur place, la marée dépend de la forme des fonds et du découpage de la côte.

À l'entrée de la Manche, lancé derrière la lune, le front des eaux terrestres vient donc heurter de face, toutes les douze heures, un cap de cent cinquante kilomètres de long, ce Cotentin qui, comme un doigt dressé vers l'Angleterre, affronte sans fatigue l'horizon infini de la mer et la répétition immuable de ses assauts. Au bord du Cotentin, on observe des marées aux marnages géants, les courants les plus violents du monde, des nuées comme sorties d'un chaudron de sorcière et, tous les jours, un combat entre le sol et la vague, une lutte sans merci des éléments, guerre rigoureuse et chaotique à la fois où certain secret tellurique, certaine vérité de la nature sort des gouffres de la terre comme de l'écume violente des vagues qui s'engagent de façon incessante dans le défilé de la falaise et s'y rompent en flots d'écume aveugle. Un mur d'eau puissante avance en direction des rochers, il se dresse à l'assaut du roc et le heurte en s'étalant contre lui de toute sa hauteur. La falaise reçoit le choc d'un coup de boutoir. Le son grave de la vague qui s'effondre produit un impact qui fait trembler l'épaisseur du sol. Je sens un émerveillement et un vertige, une fatigue puis une sorte de dégoût à regarder cet affrontement sans fin. Cette nature n'est pas souriante ni douce, elle n'est pas verte, pas tempérée. La lave des volcans, l'écume marine et ses profondeurs ignorent la fragilité et la susceptibilité humaines. Quelque chose peut se nouer entre la nature et nous car nous admirons l'étoile de mer, la couleur des eaux, la forme des algues, la lumière dans les arbres et les sauts d'écureuil. Environnés que nous sommes d'êtres et de formes vivantes, nous aimons découvrir les aspects renouvelés et continuellement inventifs de ces organismes souriants, harmonieux et parfaits. Sous cette pellicule des choses familières que nous savons reconnaître et admirer, un seuil s'écarte parfois pour laisser entrevoir des dimensions enfouies, des secrets dont l'échelle nous dépasse absolument. L'homme a défriché des clairières à la surface de la terre, il a drainé et dessouché de nombreux taillis. Mais s'il a pris pied partout pour y abattre des arbres et dessécher les marais, si la nature a pu lui sembler une malle au trésor où puiser indéfiniment, l'ample domaine terrestre a ses lois de survie, sa complexité immense et finalement précaire. L'homme creuse des mines et fore des puits, il rejette ses déchets au fond des mers et des milliards de mètres-cubes de gaz toxiques dans l'atmosphère. Même Jules Verne, même Areva ne peuvent prendre la lune dans leurs mains. La mer agile heurte durement la roche de ces rivages apparemment stériles. C'est en les contemplant pendant dix ans d'exil qu'un jeune poète appelé Victor Hugo devint barde cosmique et grand imprécateur. Acculé dans les îles anglo-normandes, il s'enferma volontairement dans ce lieu fertile en « orages désirés », ne les quitta qu'avec des larmes. Il y avait appris à en remontrer à Dieu, aux hommes et aussi à Badinguet. Telle est la leçon normande, la leçon de cette terre insoupçonnée et de ses drames, ils nourrissent les songes et le tempérament d'une population déroutante.

Comme si la surface grise et mouvante de l'eau avec ses mille défis, brouillards et aventures formait l'arrière-plan de la résolution, de la détermination instruite et de l'art de raisonner que nous rencontrons ici, nous découvrons une Normandie qui n'est pas seulement la terre des pommiers, du beurre et de la douceur glaiseuse. Le massif granitique résiste et ne recule pas. Granville est vieille comme Tréguier, comme Brest et Saint-Malo mais, encore aujourd'hui, les Normands ne veulent qu'on les compare ni aux Bretons ni à personne. Le Cotentin est un monde.

– Notre presqu'île regarde en face le soleil couchant. Elle n'est pas prise dans les rêves ni dans les brumes, nous dit un navigateur lettré que nous rencontrons à Paris derrière la Bastille.

Il se retire, plusieurs mois par an, dans une cabane à Chausey et tient à y élever ses enfants. Les Normands ont envahi Paris depuis longtemps, ils ont envahi l'Angleterre. Ce sont des insoumis, des fiers. Je sens des gens de défi plus encore que de méfiance. On les dit retors et parfois hésitants. Je les vois indomptables, légèrement madrés, patients. Ils ont de tout une vue d'ensemble qui en fait des stratèges, ils sont malins et encore plus que malins, instruits, habiles, cela les fait un rien sûrs d'eux, assurés qu'ils sont de leurs prises et de leur maîtrise, conscients qu'une marche à suivre existe et qu'on pourra la frayer. Pour nourrir une telle maturité, on peut imaginer qu'une part des Normands a rencontré en naissant une tradition collective de mœurs cohérentes, une densité d'amour vigoureux et réglé qui les ont accueillis et éveillés, ils y puisent une détermination. Je parle en ce moment de Jean-Philippe Lacoste, le délégué du Conservatoire pour la Normandie, comme des lettrés, des juristes, essayistes, journalistes et responsables de collectivités dont il nous a, lui aussi, fourni une liste encore plus longue que celle de Bernard Gérard. Il a voulu que nous rencontrions une foule de gens très posés, parfois inquiets, des gens actifs et compétents, résolus et fins discoureurs. Il a voulu que nous rencontrions les pêcheurs et les pilotes de Chausey, les capitaines de marine et les cultivateurs de palourdes, les guides assermentés du littoral, les stagiaires et les députés car tous forment les maillons de la société locale, ils ont vue sur cet archipel de Chausey qu'ils fréquentent, aiment et convoitent. Nous avons donc fixé des rendez-vous, écouté et questionné des passionnés et des révoltés, inaccoutumés qu'ils sont à toute tutelle sur leur droit à la mer, des gens qui regimbaient, argumentaient et réclamaient, émotifs à leur façon, et ardemment résolus.

Nous sommes installées à Granville dans un appartement exigu de la vieille ville dont le tissu de rues se niche sur l'escarpement de la falaise. C'est un quartier de citadelle où se tassent des maisons fort élevées en hauteur. Leur granit gris donne son ampleur grave et sa solidité à cette haute ville murée d'une enceinte massive et de fortifications, chemins de ronde, redoutes et anciens ponts-levis. Plus haut sur le cap, on traverse les casernes de la ville militaire pour gagner la zone libre d'une falaise battue par les vents, recouverte d'herbe et de vestiges de bunkers. Face au vide, un phare et des balises lancent des messages invisibles pour guider la géométrie des trajectoires maritimes et leur faire traverser les passes. Depuis ce cap, on aperçoit par temps clair, à une petite heure sur l'horizon, l'archipel de Chausey dont nous sommes venues explorer l'histoire récente. Quand on habite la vieille ville, une évidence étrange, un sentiment bizarre se fraie dans l'esprit. On vit au-dessus des bassins du port installés là en bas, vers le sud, on domine la rive plate qui se perd, vers le nord, en direction des hâvres. En face, un immense horizon marin s'ouvre vers l'ouest et son inconnu sans limites. On croirait habiter une sorte d'île fortifiée tapie autour de son église, elle est suspendue à soixante mètres au-dessus du sol comme une soucoupe volante, un continent flottant arrimé hors de la terre. Est-ce dans le ciel qu'il trouve ses azimuts, ou bien dans quelque folie visionnaire qui prend ses angles et triangule ses positions pour définir un nouveau cap ?

Nul doute que la cohorte nombreuse que Jean-Philippe Lacoste a souhaité nous faire rencontrer ne soit globalement caractérisée par sa sagacité et son savoir-vivre. Il s'agit de gens qui possèdent une maison sur la grande île de Chausey ou qui viennent naviguer autour de l'archipel. De partout, on prend volontiers le large pour cingler vers les îles et venir s'y abriter, les jours de grandes marées et tous les autres jours. Chausey, singulier archipel, compte une poussière de terres émergées à marée haute, 5 000 hectares quand elle est basse. La grande île compte quarante-cinq hectares. Autour d'elle, cinquante îlots rocheux, troupeau à la saillie minuscule, amas de cailloux dispersés qui surnagent à peine mais découvrent peu à peu, à mesure que la mer descend, leur assise de sable aux noms savoureux – Le Hibou, La Plate du Hibou, Le Lougre, Les Vieilles Parées, Le Roc à la Mauve, Les Huguenans, Les Grossettes, La Petite Ancre, La Mauvaise, La Petite Mauvaise, Le Grand Puceau, L'Ébauché, La Fortune, La Déchirée, La Pointue. Au centre, la grande île, aux trois quarts propriété privée de certains habitants. Tout autour, des buttes de granit aux formes arrondies, parfois sculptées comme des haricots. Ces îlots reposent sur un plateau rocheux qui émerge partiellement à marée basse, il est recouvert d'un grand lit de sable et de touffes d'algues aux couleurs diverses. La marée est un processus continu et infatigable, son obstination patiente nous échappe mais à Chausey, où le marnage est énorme, quand la mer monte et descend sur l'archipel, ses barbes d'algues, ses hauts-fonds et le dédale de ses chenaux forment un immense système de marquage sur lequel observer ce phénomène infiniment mouvant et continu. À peine la mer est-elle descendue à son maximum qu'elle a déjà commencé à remonter insensiblement, à peine a-t-elle découvert ce rang d'algues noires ou vertes que celles-ci ont recommencé à tremper leurs cheveux dans l'eau qui vient les recouvrir et transforme insidieusement, continûment, obstinément la palette précédente jusqu'au bleu clair universel des hautes eaux qui recouvrent presque tout pour, un instant après, quitter, perdre, abandonner, relâcher, baisser, se retirer, descendre en découvrant les rochers. À tout instant, le chenal perd ses proportions. Profondément creusé, il sera dans une minute transformé en bras de mer. À Chausey, les gens sont assis sur des bancs devant chez eux, ils regardent médusés toute la journée, toute l'année, parfois toute la vie, ce phénomène étrange. Cette terre verte devient peu à peu jaune et noire, cette prairie émergée, solitaire un moment, est un instant plus tard baignée et entourée par un horizon beaucoup plus large de sables et de rivages découverts et offerts à une promenade où, comme nulle part ailleurs, on a l'impression de marcher sous la mer, sur une peau profonde qui forme son sol et où quelque plomb insensible nous permettrait d'aller et venir comme si nous étions des crabes.

– Voici notre empire et notre plaisir, nous dit l'ancien propriétaire, un peu fantasque, de l'hôtel sur la grande île.

Il nous apporte des gravures et des titres de propriété qui disent la solidité de sa souche et ont nourri son esprit aventureux d'ancien baroudeur. Plus calmement, un architecte, deux présidentes d'associations, un journaliste et une dame élégante qui habitent en saison leurs maisons au-dessus du Sound nous parlent de cette présence des choses de l'archipel dont ils sont imprégnés parfois depuis l'enfance. Des îliens de toutes conditions ont vécu ensemble une traversée du siècle. L'école s'est vidée, le curé a disparu, les cailloux, les algues et le sable sont là. Ce monde entre rêve et réalité, ce phénomène peu croyable d'air, de roche et d'eau qui va et vient les a habitués à naviguer, à prévoir et à observer. Calés sur leur rocher comme autant de coquillages, ils sont là en témoins d'un ordre de choses qu'il ne faut pas détruire. À qui appartient Chausey, à la mer ou bien aux êtres qui ont besoin d'air pour respirer? Continûment et diversement partagés entre ces deux éléments, les granits et les sables ne sont qu'un instant regardables comme des formes, ils en changent sans cesse, on dirait plutôt un miracle où éviter de rester car on ne doit pas s'attarder *au fond des mers*, chez Pluton, chez la petite sirène, dans le secret mouillé de ces antres et de ces détours obscurs, momentanément hissés des gouffres qui les baignent habituellement. Dans un instant le sable va recevoir treize ou quatorze mètres d'eau salée, telle est la hauteur de la colonne d'eau, un océan de tonnes d'eau salée tirée par la lune.

À peine les barques amarrées dans le chenal du Sound ont-elles touché le sable où elles se couchent à sec au moment du jusant, le clapotis insidieux, patient, a repris sous elles et les mouille à nouveau, il les fait frémir, se redresser et finalement avoir l'air d'un vrai bateau posé sur l'eau, le mât vertical, tandis que les rives aux algues vertes et noires, aux roches grises et jaunes ont disparu peu à peu et sont remplacées par un bleu, par un gris, par un violet clair, c'est la mer et son eau patiente qui vient nourrir les homards et les coques, précieux fruits de la mer, trésor savoureux que viennent y déterrer, y capturer, y prendre dans une nasse ou un filet les habitants de l'île et aussi les centaines et les centaines de Normands de la côte d'en face qui arrivent aux grandes et aussi aux petites marées pour se promener sur l'eau, baisser leurs voiles, cingler au travers de ce petit large, habitués qu'ils sont à trouver à Chausey l'abri et le vivre, l'amarrage, la prise et le grand air.

Ici ont vécu de pauvres villageois avec leur curé et leur école, ils taillaient le granit et vivaient de la pêche. D'ici ils sont partis, ils sont morts, ont disparu, remplacés par des baigneurs bourgeois au début du XXe siècle, par des résidents lettrés et passionnés, des gens simples et aussi Monsieur Renault qui fabriquait les voitures Renault, des gens très bien, amis de François Mitterrand à qui un pêcheur ironique demanda sur le bateau, juste après le début de son second mandat présidentiel, affectant de ne pas le reconnaître par bienséance et avec, aussi, l'insolence légendaire et parfois démente qu'on décrites Villiers de l'Isle Adam, Maupassant et Flaubert :

– Et les élections, vous savez qui les a gagnées pour finir ?

À malin, malin et demi. Une société, un monde humain avec qui ne pas rigoler, comprenons-nous en entendant à répétition, chez nos interlocuteurs lettrés et moins lettrés, la rigueur compétente des élus, des responsables de la navigation et du tourisme comme aussi la raideur parfois frondeuse d'un esprit local qui peut inspirer des rages. Ici règne la verdeur de convictions arrêtées sur le droit de chacun aux ressources marines avec parfois, comme venues des moelles, un certain retard à s'ajuster sur les réalités de l'époque. Ces Normands détestent les règlements et l'idée d'une tutelle de leurs usages. Peut-être parce qu'ils connaissent les lois sur le bout du doigt et en ont, plus que d'autres, la conscience et le respect, ils sont parfois affolés d'indignation à l'idée que leur liberté de naviguer et d'épier les caches de homards soit supervisée, contingentée et rationnée. Le paradis de l'enfance a vécu. Les descendants se multiplient et chaque maison accueille, tour à tour, une marée d'héritiers. Depuis les années 80, la crise n'a pas empêché les navires de plaisance de se multiplier comme des mouches. Avec leurs canots, leurs doris et leurs bisquines de toutes tailles, les gens de la côte, de Granville à Diélette et même, venus d'en face, les Bretons de Saint-Malo et les Anglais s'abattent en foule sur le territoire enchanté de la sauvagerie marine, ils viennent pour la cueillette des homards et des bulots, pour râcler les crevettes et dessabler les couteaux.

– Leur art ancestral, devenu prédation de masse, aurait fini par mettre en péril la ressource, nous dit un jeune garde qu'on a missionné, sur le môle, pour accueillir les gens débarqués toutes les heures de la navette.

Les pêcheurs professionnels ont observé et mesuré, démontrant le rôle de nourricerie de la réserve où l'on ne pêche pas, même quand on est habitant de l'île.

– Désorientés par cet espace inconnu, poursuit le deuxième garde, certains visiteurs piétons se terrent sans bouger du banc posé au-dessus du port ou bien, à l'inverse, se débandent comme des outlaws sur la partie privée de l'île.

– Ils s'installent pour pique-niquer dans les jardins des autres et demandent où sont les tigres et les éléphants de la réserve naturelle.

Même si la rotation des bateaux ne déverse les cohortes de touristes qu'à marée haute, même si une éducation commune peut faire saisir à chacun les limites du juste comportement sur une si petite île, ceux qui ont connu le silence du Chausey d'autrefois se montrent contrariés avec patience. Ils sont préoccupés avec raison et intelligemment en quête des compromis qui permettraient de concilier la beauté de cette nature avec la brusque accélération des indiscrétions de l'espèce humaine. Sur Chausey s'observe à une échelle réduite le drame de notre époque, celui qu'illustre l'histoire du radeau de la Méduse et des villes assiégées ou encore, plus récemment, de vingt-trois mineurs péruviens engloutis sous la terre par un effondrement. Quand on ne peut pas sortir et qu'il ne reste presque rien à manger, on partage. Quand les ressources de la survie sont contingentées, il faut prendre des décisions raisonnables et s'organiser.

Le désarroi, le sentiment d'urgence et l'esprit lucide que nous entendons toute cette semaine sont à l'ordre du jour. Ils sont bien fondés. Tout le monde veut aller à Chausey. Chacun a acheté son navire de plaisance, sa canne à pêche, son filet et plusieurs couteaux à huître. Le Cotentin veut vivre, il vivra du tourisme. Le port de Granville va s'agrandir. La Normandie est belle. Le port de guerre de Cherbourg, un temps désolé par le chômage, s'est reconverti en halte pour les croisières venues de Russie et d'Extrême-Orient. Les Anglais aiment cette côte. Leur arrivée a créé une aisance, sur tout le déroulé du rivage, dans les villages et les ports qui s'alignent autour du Cotentin. C'est un virage, une transformation à imaginer et à coordonner. À Chausey, archipel posé dans l'infini, l'espace manque. On y était seul à rêver les nuits d'été, face au crépuscule qui tarde à l'occident coloré et maintenant, jeunesse enfuie, petits-enfants qui croissent, des visiteurs en foule se pressent sur les quelques hectomètres de sentiers.

– Comment combinerons-nous le respect de la nature et l'intérêt des visiteurs ? Comment inventer, puis faire accepter un règlement des choses ? nous dit M. Antoine, représentant des propriétaires privés de la grande île.

Nous sommes assis devant un verre de thé dans le jardin de la Mosquée à Paris. Nous en convenons : on en est là. Qu'y faire ? Un archipel minuscule et singulier, jusque-là isolé dans ses usages et son espace, se voit à présent asphyxié par le développement d'une sorte d'opulence.

– Les gens ont connu la misère une génération avant.

Ils s'indignent de voir disparaître le trésor subtil des dons dont la nature marine se montrait autrefois prodigue et qu'ils viennent désormais traquer en nombre depuis Granville et la côte environnante. Ils possèdent chacun un bateau et des filets de pêche. Ils viennent par centaines chercher les caches aux homards et les trous d'eau pleins de pieds-de-cheval, de berniques et d'ormeaux.

– Ils sont inquiets et certains enragent, comme si le problème venait des contrôles devenus nécessaires et non d'une fin de l'abondance.

Le Conservatoire est arrivé à Chausey en 1998, quand la propriété du sémaphore, des casemates et de plusieurs maisons construites à l'entrée du chenal, soit six hectares en tout, lui fut transférée par l'armée. Le Conservatoire du littoral se trouve en outre en charge de la gestion du Domaine Public Maritime depuis 2007; il s'agit de la part du sol englouti dans le ventre de la mer sous la colonne d'eau qui s'en retire à chaque marée. À Chausey, c'est un domaine immense qui s'étend sur près de 5000 hectares, où l'on peut déterrer les couteaux, traquer les crabes et cultiver les palourdes. Jusqu'alors, le contrôle et la gestion de chaque zone de la mer dépendaient des services de l'administration maritime, dont les différents corps sont marqués par des disciplines et des échelles de responsabilités ignorées des terriens. Les préfets maritimes règnent sur le grand large du commerce international et des affaires militaires. En s'ouvrant sur la mer, le cercle s'élargit, dans les négociations en réunion, pour mettre en place une gestion partagée de la terre et de la mer qui est à présent d'urgence vitale. Marquant le problème mais aussi la voie des solutions, les réunions partenariales organisées par le Conservatoire se trouvent ainsi et désormais symboliser un changement d'époque.

– Ces réunions ont été testées, mises au point et accompagnées pendant des années sur un territoire-pilote où nous pouvions nous investir avec suite, nous a dit Jean-Philippe Lacoste. Celui de l'estuaire de l'Orne, près de Caen. Nous y avons appris à ne jamais décider selon des a priori, à ne donner raison à personne mais à découvrir pas à pas les solutions de compromis qu'il fallait savoir chercher ensemble.

De tels processus incarnent les temps nouveaux de l'entente nécessaire. Les règles internationales ne tomberont pas du ciel comme des édits ou des oukases: aucun peloton de gendarmerie, aucun bataillon de CRS, aucune grenade lacrymogène, pas de *flash-ball.* Le Conservatoire organise une coopération, il coordonne des débats. Parce que ce petit territoire concentre une conscience en train de naître à l'échelle planétaire, le délégué a fait adopter ici un dispositif qui semble mûri pour les défis de notre époque.

– Les gens débattent des mesures à prendre, dans l'évidence partagée d'une situation à assumer ensemble. On observe la fréquentation de façon participative. On surveille ensemble l'état des milieux naturels et le respect des bons usages.

Ce processus est-il hésitant ou facile à lire, sur place ? Va-t-il convaincre progressivement cette société et la faire changer, au fil de réunions pour inventer un réalisme comme pour retrouver une cohésion ? Archipel des temps futurs, ces cailloux mystiques posés dans la brume au large de Granville expérimentent, sous la houlette du délégué du Conservatoire du littoral, un processus nouveau de concertation qui vise la recherche des solutions justes imposées par une situation de crise : comment épargner, comment restaurer des ressources contingentées, qui ont valeur pour tous mais pas de la même façon ? Sous la contrariété de certains et les hésitations des autres, sous l'angoisse, parfois, ou l'esprit de fronde, l'ironie de la vie fait que cette province querelleuse et madrée, instruite et profondément émotive se trouve en passe d'assumer un défi sans précédent qui se pose ici comme ailleurs. Les Normands sont habitués aux contraintes de l'histoire et du milieu qu'ils habitent. La jeune femme qui dirige l'Office de tourisme de Granville, le directeur de la société de navigation, celui du Syndicat Mixte des Espaces Littoraux de la Manche (SYMEL), qui gère les espaces naturels sensibles, dunes, bocages, landes, îles, bois, marais de la presqu'île sont forts en droit, en raisonnement, en discipline et en subtilité. Comme tous les terriens d'aujourd'hui, ils savent devoir s'ajuster à des périls nouveaux, à des menaces sans précédent, apportés par eux-mêmes du fait de la persistance de comportements immémoriaux qui n'ont plus lieu d'être aujourd'hui. Les attitudes égocentriques – puiser dans les ressources de la nature jusqu'à les épuiser – sont devenues ruineuses à grande échelle. Je me souviens d'un conte. L'enfant gratte dans sa cervelle d'or des pépites avec lesquels il s'achète des jouets et des bonbons. Un jour, plus d'or dans son crâne. L'horizon sans égal de cet archipel des plus mystérieux et des plus étranges nous raconte une histoire d'aujourd'hui. Les marées y sont fortes comme des mirages. L'avenir s'y dessine, à travers la brume, dans ce processus de concertation qu'ont entrepris ces habitants à l'esprit qualifié, subtil, procédurier et labyrinthique, avec leur habileté éruptive et nourrie de passion pour l'indépendance. Avec leur intelligence d'aventuriers malins et leur mauvais caractère, ils tracent le chemin d'une entente nécessaire aux hommes de demain. Dans cette partie du territoire national, un esprit des provinces a inventé ici un processus de négociation au sens le plus large. Ici a pris son essor une ère de conciliation où il s'agit de faire mûrir un débat, de se parler dans le face-à-face, de réussir à acter après avoir débattu pour construire ensemble, par les réunions fréquentes et ardentes de l'assemblée des citoyens, un mode de résolution responsable et partagé, un fonctionnement nouveau de l'État et des collectivités comme, aussi et surtout, de la société elle-même.

Dans le Cotentin, les gens préfèrent agir par eux-mêmes, ils sont donc prêts à la cohérence d'actions consenties et raisonnables qu'il faudra inventer en engageant des processus partagés où les règles et la tutelle, les actes et les mœurs de chacun donneront un envol à un esprit nouveau qui sache quelque chose de la réalité des mers mondiales comme de l'étendue des urgences qui s'imposent à notre époque. Les peuples limitrophes de la mer immense ont construit des galions, inventé les générations corsaires et exploré les nouveaux mondes. Ils savent connaître, se connaître et observer les autres, dépouiller les préjugés et poser des lois nouvelles. Les représentations, les pouvoirs et les économies se transformèrent au moment où les Occidentaux découvrirent un Nouveau Monde vers le couchant, à vingt et un jours de navigation jusqu'aux Sargasses. Sur notre terre qui roule, les prochaines générations humaines auront à relever le défi d'une révolution des idées et des gestes aux pressants enjeux de survie.

Entente

Nous sommes baignés par un esprit, nourris par des motifs et des pensées qui nous viennent d'un moment des choses. Sur cette matière, chacun de nous brode les figures et les traits de sa propre vie, captant dans son époque ce qui donnera forme à la durée de son propre élan. Chaque héros des histoires que nous évoquons, chacun de leurs rôles et personnages a apporté une variation qui lui appartenait. Infime ou pas, elle faisait masse avec l'aventure, avec la belle histoire du Conservatoire du littoral qu'elle contribuait à composer et dans laquelle elle se fondait pour finir. Les hommes pauvres qui pêchaient sur les bancs de Terre-Neuve ont disparu avec leurs prises. L'épopée de brume et de glace s'est engloutie, le temps que nous avons connu va disparaître.

Notre enquête a glané sa manne au fil des rencontres, elle a collecté les linéaments qui survivaient dans l'esprit d'une grande diversité de protagonistes et parfois de figurants, souvenirs mémorables ou futiles d'une expérience passée qui scellait chez chacun la sienne part de l'aventure commune composée au fil du temps par des avancées et des déceptions, des étapes laborieuses, des perplexités, des remaniements et renversements de situation, des surprises bonnes ou fatales, des changements d'esprit, des conflits et à la fin, une victoire qui a transformé ces tribulations parfois aveugles en belle histoire du Conservatoire. Ces morceaux de vie, ces témoignages sonnent vrai parce qu'ils ont la consistance de l'aventure, la densité de la chose vécue. Concrétions d'émotions et d'intelligence, pensées apparues dans les esprits un soir de fatigue ou bien plan mûrement conçu après de longues années d'observations, de traque et de méditation, chacun de ces récits et éléments de récit a accroché, condensé ou simplement noté un pan, une dimension, un fragment ou un moment d'une réalité commune qui s'y est déployée pendant un temps : une affaire à suivre qu'il avait fallu accompagner et alimenter, un processus de négociation et de communication politique et pas seulement politique qu'il avait fallu engager, imaginer, favoriser, soutenir et raviver, il avait duré plusieurs décennies de progrès insensibles, de pas en avant et de pas de côté. À l'arrivée de la démarche, au terme des confrontations ou des batailles rangées qui s'étaient livrées sur un lieu donné, dans une région donnée, on aurait un site protégé, ce qui veut dire acheté par le Conservatoire du littoral pour le maintenir en l'état ou plutôt en bon état, pour le conserver et même l'embellir, l'entretenir, le « gérer » – c'était le mot utilisé – dans une entente avec le partenaire local – la commune, l'intercommunalité, le pays, le département –, qui en assurerait le projet et la mise en œuvre. Ce site avait été acquis par le Conservatoire du littoral pour qu'il soit détaché des évolutions ambiantes qui tendent à transformer les littoraux en quartiers de ville, pour qu'il puisse rester tel que les époques précédentes avaient pu le façonner, tel que les animaux et les hommes avaient pu le connaître du temps où il sortait, sinon des mains de la nature, du moins de processus plus lointains auxquels les temps de demain, les époques ultérieures et tout le temps qui reste pourraient rendre hommage en fréquentant ce site pour l'admirer, en venant s'y promener, en le regardant, en le découvrant et en y passant des moments auxquels chacun pourrait consacrer un temps précieux de sa vie, peut-être un des plus significatifs et des plus précieux.

Chaque histoire de site avait été choisie parce qu'elle était une belle histoire qui méritait d'être racontée, transmise et archivée. Chacune de ces histoires était belle parce que, au fil de chacun de ses développements, un accord s'était fait, une compréhension commune était née, un territoire s'était donné des intentions et un visage. Ces histoires sont belles parce que les lieux le sont, mais aussi parce que leur histoire humaine a été constructive et inventive, parce que, au fil des tribulations et de l'affrontement des volontés adverses, un sens général a été choisi, une cohérence a prévalu. Une consonance était née, avait pu prendre forme en se transformant au fil du temps et en s'étoffant. Tu te demandes, lecteur, si notre récit, fait de l'ensemble de ces histoires, va révéler maintenant des perspectives nouvelles, si un étagement progressif va en émerger, ménagé par son déroulement même. Notre récit saura-t-il maintenant varier, moduler et transposer sa mélodie pour ouvrir peu à peu, pour dégager et restituer, en assortissant ces histoires, en les tissant et en les combinant, l'air de musique qu'elles pourraient composer ensemble ? Je n'ai pas dit un accord de résolution ni une harmonie finale, on aimerait plutôt sentir la douceur d'un air à la simplicité et l'évidence énorme, aux allures surprenantes de clarté, une tonalité, une atmosphère ou un climat que chacun saurait entendre et comprendre, comme lorsqu'une idée neuve, qui est aussi une bonne idée, finit par emporter l'adhésion, par convaincre afin que le peuple se lève et puisse traverser avec confiance le désert dans lequel il n'aura ni soif ni faim parce qu'il aura recruté plusieurs guides et prévu les étapes, entraîné les montures et déjoué les attaques de brigands. Le patrimoine mondial de l'humanité s'étend désormais à la terre comme aux profondeurs marines et à leurs hôtes énormes ou minuscules. Le destin des côtes et de l'air atmosphérique, l'avenir de l'herbe et des enfants humains sont suspendus à la capacité d'entente des hommes d'aujourd'hui et de demain sur l'astre bleu. Aux échelles de l'atome comme à celle des mouvements de convection des océans, l'humanité peut choisir entre acidifier les eaux marines ou bien les conserver, aggraver les tribulations des masses atmosphériques ou bien les assagir.

Notre enquête a pris sa maturité, elle a trouvé son propos en compilant et en accumulant des situations et des mots, des lieux, des résolutions et des engagements. Débats, conflits, tergiversations, le récit de ces histoires tissées par tous touche à sa fin. Les jeunes recrues vont prendre une relève. D'autres délégués, d'autres chargés de mission, d'autres directeurs vont monter sur le pont, relever les positions et savoir garder le cap. Ils seront plus jeunes, aussi déterminés, ils vivront une autre époque et trouveront des solutions nouvelles à des situations nouvelles. Nous avons fait un grand tour en France, exploré des dunes et des pointes rocheuses, nous avons rencontré nos semblables et tenté de comprendre dans quel esprit ils avaient préparé, il y a déjà longtemps, un avenir pour leurs rivages. L'hexagone est déployé dans nos esprits. Il est situé à la pointe ouest de l'Eurasie et possède sous toutes les latitudes des territoires grands et petits que la volonté nationale appelle partout des départements. Les terres émergées ont une forme que nous connaissons.

Mai est arrivé, nous finissons en juin tandis que, dans la profondeur des feuilles et des brindilles, dans l'épaisseur des océans et des lagunes et aussi au sein de la mince pellicule d'atmosphère qui nous permet de respirer, le temps cosmique continue son tic-tac, débobinant ses mutations perpétuelles et sa déclinaison de changements. Certains nous intéressent directement, d'autres concerneront les générations futures. Les astres tournent, la vie ne cesse d'innover. Partout autour de nous, elle endure la froidure et sait profiter des saisons propices. Le soleil n'a pas cessé de monter sur l'horizon. Il boit les brumes et les humidités, réveille les feuilles et anime leur verdure maintenant déployée.

Sur l'eau, la brume va-t-elle se lever aujourd'hui ?

Annexes

Le Conservatoire du littoral : un outil exceptionnel pour préserver les trésors des paysages français du bord de mer et des lacs

Quel est le point commun entre la baie du Mont Saint-Michel, la Pointe du Raz, la Camargue, la dune du Pilat ou encore la pointe des Châteaux à la Guadeloupe ? Ces trésors nationaux de bord de mer sont identifiés comme composantes du patrimoine commun de l'Humanité.

Ce sont aussi des sites, protégés par ou avec le concours du Conservatoire du littoral. En effet, depuis près de quarante ans, le Conservatoire du littoral achète progressivement, au nom de tous les Français, les sites remarquables de nos côtes pour permettre à chacun de conserver le droit de s'y promener librement et pour en préserver la richesse écologique et les paysages.

Inspiré de l'exemple britannique[1], établissement public administratif de l'État créé par la loi en 1975 placé aujourd'hui sous la tutelle du ministère chargé de l'écologie et du développement durable, le Conservatoire du littoral a pour mission, selon la loi, « de mener une politique foncière de sauve-

1. Le National Trust anglais a été créé dès 1885, sous une forme non étatique mais agréée par la suite par l'État.

garde de l'espace littoral et de respect des sites naturels et de l'équilibre écologique ».

Aujourd'hui, assez bien connu des Français qui en fréquentent volontiers les sites, majoritairement ouverts au public, il protège de manière définitive, en y exerçant les droit du propriétaire, près de 152 000 hectares situés sur les bords de mer et sur les rivages des lacs de plus de 1 000 hectares. Ce domaine s'étend chaque jour, conformément à la stratégie à long terme qui guide son action jusqu'à l'horizon 2050. Celle-ci lui fixe pour objectif de protéger 25 % du littoral à l'horizon 2050 afin que ce domaine, ajouté aux 8 % d'autres protections fortes, constituées des forêts domaniales, d'espaces naturels sensibles des départements, de réserves naturelles..., permette de protéger définitivement un tiers du littoral national. C'est la notion de « tiers naturel »[1].

Action foncière : stratégie et évolution

La zone d'intervention du Conservatoire est vaste. Constituée à l'origine, en 1975, des cantons côtiers et des communes riveraines des lacs de plus de 1 000 hectares, elle s'est élargie en 1977 aux communes d'outre-mer puis, en 1986, avec la loi « Littoral », aux « communes du littoral » des estuaires et fleuves côtiers. Cette extension aux estuaires est devenue effective en 1995, avec la publication du décret dressant la liste desdites communes. En 2005, le champ de compétence du Conservatoire a été étendu aux « zones humides » des départements côtiers.

S'agissant des modes d'action, le Conservatoire peut

1. La notion de « tiers naturel » a été conçue dès le début des années 1970 par les collectivités de Bretagne (départements et région) et a été très vite reprise sur le plan national par la DATAR et par le Conservatoire du littoral, sans cependant que soit explicitement dit ce que recouvraient les deux autres tiers ; l'on peut cependant déduire des réflexions et du contexte de l'époque que c'était par rapport aux espaces cultivés (un autre tiers) et par rapport aux espaces urbanisés ou consacrés à des activités industrielles (le troisième tiers) que le tiers naturel devait être constitué et préservé.

réaliser « toutes opérations foncières » nécessaires à sa mission (acquisition à l'amiable, préemption, expropriation, en pleine propriété ou non) et il peut, explicitement depuis la loi de 2002 consécutive au « Rapport Le Pensec », recevoir selon divers régimes juridiques des parcelles du domaine public (maritime, fluvial, terrestre...) et du domaine privé de l'État et des collectivités territoriales. Il convient de signaler, à cet égard, la puissance du soutien que le ministère de la Défense apporte à l'action de l'établissement auquel il remet de nombreuses emprises précédemment administrées par la Marine nationale qui ont perdu leur vocation défensive mais qui constituent un patrimoine naturel, et souvent bâti, exceptionnel.

A l'intérieur de cette très large zone de compétence, le Conservatoire ne détermine pas seul les secteurs qui doivent rester naturels. Il participe activement aux débats locaux organisés dans le cadre de la préparation de documents d'aménagement et d'urbanisme, sous le pilotage de l'État ou sous celui des collectivités. La crédibilité qu'il a acquise et sa capacité de proposition permettent souvent de faire mieux prendre conscience les décideurs de la valeur des espaces naturels ou des paysages et d'améliorer le rapport entre espaces urbanisés, ou urbanisables, et ceux à préserver, en rendant parfois conciliables des objectifs trop souvent opposés par principe.

Fort de cette légitimité acquise progressivement au plus près du terrain, le Conservatoire qui misait sur la discrétion de ses interventions à ses débuts a pu affirmer son rôle et faire partager sa vision, ce qui lui a permis, en 2005, d'établir une stratégie d'intervention à l'horizon 2050, document cartographié précisant ses priorités de préservation foncière dont la révision s'engage aujourd'hui. Cette stratégie terrestre a été complétée, en 2007, par la publication de sa stratégie d'intervention sur le domaine public maritime adjacent.

C'est sur la zone côtière à proximité immédiate de la mer que les pressions de consommation de l'espace sont les plus fortes. L'argument des « pieds dans l'eau » conserve en effet une portée considérable en matière industrielle (zones industrielles et portuaires, activités liées à la mer) et, surtout, touristique et immobilière. Or, c'est aussi sur cette zone côtière au sens strict que les enjeux écologiques sont les plus importants. C'est donc aux terrains donnant accès à la mer, ou les plus proches de celle-ci, que le Conservatoire accorde la priorité. Il ne néglige pas, cependant, les interventions un peu plus éloignées du rivage lorsqu'elles permettent de constituer, avec les espaces de bord de mer, des ensembles naturels et des paysages cohérents, de taille suffisante pour permettre leur gestion et préserver leur valeur écologique ou culturelle. Il lui faut donc veiller à une répartition équilibrée des acquisitions. Cet équilibre intéresse tous les secteurs géographiques du littoral car tous les Français doivent pouvoir accéder à des zones naturelles. Il concerne aussi les différents types de milieux et de paysages (rochers, falaises, dunes, zones humides...) de manière à constituer un domaine qui reflète la diversité du littoral.

Certains grands sites nationaux ont une importance particulière, en fonction de critères écologiques, esthétiques et paysagers. Leur préservation, leur entretien et leur ouverture au public dans des conditions compatibles avec ces objectifs constituent une priorité. Ainsi en est-il de certains sites classés dégradés par une fréquentation excessive ou non canalisée, de réserves naturelles exigeant une gestion active en faveur de la diversité biologique, de vastes ensembles naturels dont il faut éviter le morcellement ou qui comportent des enclaves bâties ou très dégradées qu'il faut rendre à la nature.

L'espace n'est pas un stock inépuisable que l'on peut consommer, dégrader ou même seulement «artificialiser» sans fin, sans aucun mouvement inverse de restitution à la nature. Or, seule l'acquisition foncière peut opposer une résistance suffisante et durable à l'urbanisation et atténuer les effets de la logique extrêmement puissante, à l'œuvre aujourd'hui, de consommation et de gâchis d'espace. Outre le fait de constituer un frein quantitatif, l'action du Conservatoire incite à une urbanisation de meilleure qualité, plus intelligente car plus consciente de la valeur des espaces qui lui sont consacrés et de celle des espaces à préserver.

D'autres rivages...

Le Conservatoire est connu – et reconnu – pour son action de protection des rivages métropolitains atlantiques et méditerranéens, moins pour son intervention outre-mer et sur les lacs, ou encore à l'international où il s'est récemment engagé en faveur des paysages des petites îles de Méditerranée.

Outre-mer, diversité des actions et des projets

Outre-mer, les actions et les projets du Conservatoire se révèlent extrêmement variés et peuvent concerner des vestiges historiques comme en métropole. En 2010, le Conservatoire a acquis les ruines d'une usine sucrière, sur le site de l'anse Hajangoua à Mayotte. Ces beaux vestiges constituent le premier élément de patrimoine historique du Conservatoire sur l'île. La première phase de valorisation du site va consister à consolider les hautes cheminées qui menacent de s'écrouler. En Guadeloupe, les projets sont nombreux, concernant des batteries, d'anciennes fortifications, des casemates, des moulins, des citernes... À la Martinique, le site de Fond Moulin et son ancienne habitation sucrière feront prochainement l'objet de travaux de conservation et de restauration. L'habitation Loyola (Guyane), qui abrite les vestiges d'une très ancienne implantation coloniale, a fait travailler jusqu'à 400 esclaves sur des productions agricoles, notamment celle de la canne à sucre. Une partie de ce site émouvant a déjà été fouillée et sera valorisée pour devenir un lieu de mémoire auquel la population se montre très sensible. Une première mission de sauvegarde, réalisée sous la forme d'un chantier d'insertion, a permis d'en consolider les vestiges.

Dans chacune des collectivités d'outre-mer, le Conservatoire a conçu des aménagements permettant de faire découvrir les milieux naturels méconnus, en particulier les mangroves, aux habitants, parfois à proximité immédiate des zones urbaines : en Guyane, dans les Salines de Montjoly, sur le parcours du sentier du littoral ; à la Martinique, en bordure de l'Étang des Salines près de la plage de Grande Anse de Sainte-Anne qui est la plus fréquentée de l'île ; en Guadeloupe dans les marais de Port-Louis, à l'emplacement d'un projet de port pour le charbon qui menaçait ce secteur, il y a moins de dix ans ; enfin, à Mayotte, dans la vasière des Badamiers. Passerelles, caillebotis, modules pédagogiques, observatoires ou plates-formes d'observation surélevées et boucles de sentier permettent la découverte par la population, en particulier à l'occasion de visites scolaires, de la richesse, de la vulnérabilité et de l'utilité de ces espaces naturels.

La France des grands lacs

Les rivages des lacs, ces « mers intérieures », présentent de fortes disparités liées aux caractéristiques géographiques des espaces et aux enjeux contrastés qu'ils représentent : le cas des lacs alpins naturels et glaciaires (Léman, Bourget, Annecy...), fortement urbanisés, diffère profondément de celui des lacs artificiels du Massif Central ou du Grand Est où la pression foncière est moindre. Tous restent pour un large public des lieux de contemplation et de délectation esthétique. Cet engouement, allié à la beauté des sites, a donné naissance à des paysages remarquables dont il convient d'assurer la sauvegarde et de préserver le charme au bénéfice de tous.

Petites îles de Méditerranée

Le Conservatoire du littoral a proposé de partager son expérience de protection des îles avec les autres pays riverains de la Méditerranée, au travers du programme PIM (Initiative pour les petites îles de Méditerranée) soutenu par le Fonds français pour l'environnement mondial (FFEM), afin de partager avec eux les ambitions de connaissance, de sauvegarde, de mise en valeur de ces espaces singuliers que sont les petites îles. Protégées par leur relative inaccessibilité ou par un passé militaire parfois récent, les îles sont souvent mieux préservées que le reste du littoral. Refuges pour de nombreuses espèces menacées sur le continent par les activités humaines et l'urbanisation, elles jouent un rôle de conservation des reliques disparues des côtes continentales et de banque de gènes pour la biodiversité méditerranéenne et mondiale. Leur isolement en fait de véritables laboratoires du vivant, des sentinelles précieuses qui abritent un concentré de biodiversité. Elles sont tout autant des lieux porteurs d'histoire, témoins depuis la préhistoire d'un rapport singulier que l'homme a établi avec elles. Ces bouts de cailloux ont pu jouer un rôle stratégique à l'ère de la navigation et du commerce. Chaque période de présence humaine a façonné une part de ces paysages insulaires.

Le paysage au Conservatoire du littoral

Au-delà du simple coup d'arrêt qu'il lui arrive de donner à des projets immobiliers incongrus, trop destructeurs et souvent illégaux, le Conservatoire aménage les lieux dans le respect de leur géographie, de leurs richesses naturelles, de leur histoire et de leurs usages contemporains.

Depuis presque quarante ans, les projets de mise en valeur paysagère se succèdent sur les sites : tous sont uniques mais tous sont construits autour des valeurs de respect des sites, de légèreté et de réversibilité des aménagements.

Cette action en faveur des paysages trouve sans doute son origine dans le fait que le Conservatoire du littoral est une transposition française du National Trust anglais : on connaît l'énergie que met cette association britannique à défendre de la même manière un cap rocheux sauvage ou une zone humide qu'un château ou un pont et son refus de mettre des frontières entre ce que l'on appelle aujourd'hui la biodiversité et les témoignages du passé, entre les formes du patrimoine, qu'il soit naturel ou bâti, esthétique ou historique. De fait, dès sa création, le Conservatoire s'est attaché à ne pas dissocier dans son action les richesses de la nature de celles de la culture. Le souci qu'il a eu de rassembler, dès 1985, une mémoire photographique sur ses terrains en témoigne. Le Conservatoire s'est en effet associé au projet d'inventaire photographique de la Datar en passant commande de missions photographiques à des artistes sensibles à l'enjeu que constitue la protection du littoral et de ses paysages. Le dialogue engagé avec les auteurs a constitué un matériau d'une grande richesse pour exprimer la diversité de perception du paysage. Le fonds d'environ 600 tirages originaux des plus grands photographes contemporains ainsi constitué a permis à l'établissement de se forger une vision du paysage sensible et érudite.

Aujourd'hui, le Conservatoire mesure la nécessité de partager son action à travers le prisme du paysage. En effet, l'expérience sensible de découverte d'un lieu, de ses constituants, de ses qualités permet un dialogue riche et immédiat avec partenaires et usagers. L'approche d'un site par la perception du paysage est universelle car immédiatement enregistrée par tous, que l'on soit issu du grand public ou professionnel, néophyte ou esthète averti. Elle permet d'entrer aisément dans une analyse approfondie, exigeante. Elle s'applique à toutes les échelles, cheminant entre des notions aussi variées que nature, biodiversité, fonctionnalités humaines, histoire, culture, évolution... La délicatesse qui entoure cette notion incite à la retenue et au respect, des valeurs que l'on retrouve dans les équipements et aménagements que le Conservatoire réalise lorsqu'ils lui apparaissent nécessaires.

Les édifices, composantes du paysage

En achetant des terrains, lieux de nature à transmettre aux générations futures, le Conservatoire acquiert aussi les bâtiments qui s'y trouvent, lieux de culture, de travail et de mémoire. Ces éléments patrimoniaux sont souvent indissociables de l'histoire de ces espaces et de celle des hommes qui les ont occupés pour y vivre, y travailler, qui s'y sont affrontés, généralement pour l'accès aux terres intérieures, ou qui en ont tiré l'inspiration d'œuvres artistiques. Comment gérer cette composante culturelle du paysage : sauvegarder, mettre en valeur, démolir ? Chaque site nécessite d'inventer une solution adaptée, pouvant exiger des choix rigoureux.

La trace de l'homme sur les sites recouvre des formes extrêmement diverses : des marais salants, des terrasses, des murets et toutes sortes de bâtiments, allant de la simple cabane d'éclusier aux fortifications, fréquentes sur le littoral, jusqu'au château classé. Conscient des enjeux liés à ce patrimoine bâti et à la question de sa transmission, le Conservatoire a conduit un inventaire qui a mis en évidence l'importance numérique et la très grande hétérogénéité des constructions dont l'établissement est propriétaire. Sur environ quatre cents bâtiments de plus de 50 m^2, vingt-quatre sont inscrits au titre des Monuments historiques et seize sont classés, une estimation qui ne prend pas en compte le « petit » patrimoine lié au rivage : moulin, four à chaux, tour génoise…

Au fil des ans, différentes options ont été prises par le Conservatoire en appliquant comme principe directeur la règle que « l'on ne construit pas sur les terrains du Conservatoire » et son corollaire : des démolitions qui suscitent souvent des réticentes fortes. Elles sont pourtant synonymes de « reconquête » des espaces naturels et sont décidées avec les collectivités partenaires, selon des critères fondés sur une analyse des éléments bâtis du site : présentent-ils un intérêt historique ou culturel intrinsèques ? Peuvent-ils être utiles à la gestion du site ? Leur présence risque-t-elle de susciter une volonté de réurbanisation ou d'implantation d'activités sans lien avec le site ? Présentent-ils un danger pour le public s'il s'agit de ruines instables ou de bâtiments à l'abandon ?

Des usages agricoles

Toute construction nouvelle est proscrite. Toutefois, l'implantation d'un bâtiment, de conception légère et réversible, nécessaire à la gestion peut être exceptionnellement envisagée, par exemple pour faciliter l'activité agricole. Le site de « La Prée Mizottière », passant de la culture du maïs à l'élevage extensif sur prairie pâturée en zone humide, a ainsi fait l'objet d'investissements indispensables à l'évolution de l'exploitation ; des bâtiments importants en surface ont été conservés et modifiés (hangar en stabulation).

Sur l'île de Kemenez, située dans l'archipel de Molène (Finistère), la restauration des bâtiments de ferme a permis à un jeune couple de s'installer pour relancer une exploitation agricole durable. Le Conservatoire l'a dotée d'un système de production d'énergie renouvelable qui offre à l'île son autonomie énergétique. Le projet a pu prendre de l'ampleur : à l'activité agricole est venu s'ajouter un volet de découverte du milieu marin et des énergies renouvelables pour les visiteurs et un accueil en chambres d'hôtes. Plusieurs autres expériences de gîtes à la ferme par des agriculteurs ou de gîtes d'étapes comme sur l'île Milliau (Côtes d'Armor) ou encore de « gîtes de nature » comme ceux du Marais d'Orx (Landes) se révélent être de belles aventures écologiques et humaines.

L'accueil et l'information du public

Ouvrir les sites au public fait partie des missions premières du Conservatoire. Là encore, les bâtiments existants ont un rôle important à jouer et peuvent devenir « maison de site », musée, écomusée, espace pédagogique… comme la ferme de La Sardinière au cœur de l'île de Port-Cros (restauration en cours sous la maîtrise d'ouvrage du Parc national), ou même médiathèque intercommunale comme à la ferme du Tourps (50), ce patrimoine bâti exceptionnel par sa dimension le permettant, conservatoire botanique régional au domaine de Certes (33), résidence d'artistes au domaine d'Abbadia à Hendaye. La réhabilitation de l'ancien phare d'alignement du chenal de la Gironde, désormais belvédère, sur l'île de Patiras, est née de la rencontre du Conservatoire et de passionnés qui ont mis leur énergie et leurs biens au service du projet.

Décider de transformer un bâtiment en maison de site ou en musée dépend de la qualité de la construction mais aussi de son emplacement ; il ne faut en aucun cas risquer de détruire un environnement fragile par une ouverture au public. Le domaine du Rayol, un espace naturel protégé de 20 hectares acquis par le Conservatoire en 1989, est à la fois exceptionnel et représentatif du travail de l'établissement public. Le paysagiste Gilles Clément y a créé un « Jardin des Méditerranées » rassemblant des espèces et illustrant des paysages du monde entier marqués par la proximité de leur climat. Les bâtiments existants, rénovés, abritent aujourd'hui des activités de formation, d'exposition, de conférence, reliées au thème du lieu.

Autre exemple de réussite : le réaménagement de l'anse de Paulilles (Pyrénées-Orientales). La friche industrielle d'une usine de production de dynamite créée par Alfred Nobel en 1870 et liée à l'Histoire industrielle nationale de la fin du XIXe à la fin du XXe siècle a été achetée par le Conservatoire en 1998 à la demande des collectivités territoriales. Dix ans plus tard, le site et ses bâtiments, en grande partie sauvegardés, sont ouverts au public. La scénographie de visite mêle les allées directes jusqu'à la mer – tout en passant par la maison de site (l'ancienne maison du directeur, devenue musée) – aux chemins de traverse, afin de faire découvrir ce patrimoine tout en mettant en valeur la beauté naturelle du site.

Nature et culture parfaitement réconciliées

Le Conservatoire, avec ses partenaires, conçoit une réponse spécifique pour chaque situation rencontrée. Regnière-Écluses, domaine de 810 hectares, est l'un des plus vastes sites classés de France au titre des Monuments historiques. Il constitue un ensemble paysager remarquable par la diversité de ses milieux tels que hêtraie, marais, terres agricoles exploitées. La propriété comporte un château restauré dans un parc paysager. L'acquisition résulte de la volonté du Conservatoire de ne pas séparer l'espace naturel du patrimoine historique.

À la pointe des Poulains (Belle-Île), la propriété « Sarah Bernhardt », acquise en 2000, abrite un patrimoine bâti exceptionnel situé dans le périmètre d'un site classé. Aujourd'hui, l'accueil général des visiteurs est assuré dans la Villa Lysiane. La Villa des Cinq parties du Monde comporte des salles d'exposition dédiées à la tragédienne. Un espace d'évocation de sa vie quotidienne a été aménagé dans le fort et le milieu naturel de la pointe des Poulains est, lui, présenté dans le petit phare qui ponctue ce paysage grandiose.

Plus récemment, la villa de la designer irlandaise Eileen Gray « E 1027 », construite en 1926 sur le cap Martin, près de Menton, abandonnée depuis des années et squattée en dépit de son inscription à l'inventaire des monuments historiques, a été « sauvée » grâce à son rachat par le Conservatoire. La restauration de cette icône de l'architecture moderne et de son jardin, en partenariat étroit avec le ministère de la Culture, s'est achevée fin 2010.

Conserver sans restaurer…

À côté de la démolition et de la restauration, une autre voie existe : celle de la conservation, au sens de préservation d'un potentiel pour l'avenir lorsque des éléments bâtis présentent un intérêt historique ou architectural. Une approche active et économe… même si les coûts de sécurisation de ruines peuvent être élevés. La ferme « La Cotentine » dans la Hague, démolie en grande partie pendant la seconde guerre mondiale, était vouée à disparaître, rongée par la végétation. Le Conservatoire, propriétaire de cette bâtisse en perdition dans un site superbe, a pris le parti de mettre ces ruines en valeur afin de garder le témoignage du passé en les rendant accessibles en toute sécurité aux randonneurs.

Le littoral est un lieu où les bâtiments sont d'autant plus chers qu'ils se situent dans des espaces devenus légalement inconstructibles. L'enjeu attaché à leur traitement est donc particulièrement sensible. Pour ce qui concerne ces constructions, la stratégie du Conservatoire consiste à mettre en lumière les « valeurs » attachées à celles-ci, au même titre qu'à la partie naturelle des sites, en tant que composantes de ceux-ci et des paysages qu'ils animent. De la même façon, donc, à la diversité des usages correspondent la diversité et l'originalité des solutions appliquées.

Une convention a été signée dans ce sens avec le ministère de la Culture. Elle formalise le partenariat existant en faveur des monuments protégés au titre du code du patrimoine sis sur les propriétés du Conservatoire et élargit son objet à l'ensemble des éléments patrimoniaux, matériels et immatériels, de ces territoires, au-delà du seul patrimoine bâti. Cette convention prévoit l'association plus étroite des directions régionales des affaires culturelles dès la préparation des projets d'acquisition menés par les délégations de rivages du Conservatoire.

Les phares

Le Grenelle de la mer ayant mis l'accent sur la nécessité de sauvegarder les phares, par nature identitaires du littoral, le Conservatoire du littoral a été associé à la définition par le ministère d'une nouvelle stratégie de sauvegarde de ce patrimoine dont la fonction propre, guider les navires, s'estompe au profit d'autre dispositifs techniques d'aide à la navigation. L'aspect patrimonial des constructions l'emporte désormais sur leur fonction originelle, même si celle-ci n'est pas abandonnée par l'administration des Phares et Balises. En juillet 2011, le Président de la République a annoncé le transfert d'une soixantaine de phares au Conservatoire, sur presque 150 édifices existant en métropole et outre-mer. En application de cette décision, le phare du Stiff, construit en 1699 par Vauban sur l'île d'Ouessant, ce qui en fait l'un des plus anciens de l'Hexagone, vient de passer définitivement sous l'égide de l'établissement public. Classée monument historique en novembre dernier, la tour gardera sa fonction d'amer lumineux pour les navires mais sera entièrement restaurée grâce à des crédits accordés par le ministère de la Culture et par le ministère chargé de l'écologie et du développement durable.

À l'autre bout de la France, en Corse, le Conservatoire du littoral a aussi récupéré en 2012 le phare de Senetosa, au sud du golfe de Propriano, en Corse du Sud. Situé sur un terrain de 2300 hectares qui appartenait déjà au Conservatoire, le phare conservera sa fonction d'aide à la navigation mais les annexes techniques du bâtiment, devenues inutiles à la signalisation maritime, seront transformées en refuge de randonnée.

Le mécénat au secours du patrimoine bâti

Le Conservatoire du littoral a prêté un accueil bienveillant aux entreprises qui ont exprimé le désir de l'aider en lui offrant des moyens pour accompagner ses projets, tout en gardant bien à l'esprit, cependant, que le respect de l'indépendance et des valeurs de chacun reste le meilleur garant d'un bon mariage... Sur ces bases formalisées par la charte du mécénat du Conservatoire, le partenariat dure depuis vingt ans avec les mécènes tels que les fondations P&G, EDF ou Total.

De nombreux chantiers de restauration de bâtiments ont ainsi été conduits grâce au soutien de fondations d'entreprises soucieuses d'apporter une contribution au sauvetage de ce patrimoine et d'associer leurs salariés à des opérations d'intérêt général de long terme.

Citons, parmi elles, la fondation Gecina, engagée dans la restauration du Rayolet au domaine du Rayol, la fondation Banque Populaire qui a apporté des moyens très appréciés pour la restauration de nombreux bâtiments (sémaphore de Chausey, caserne de l'île aux Moines dans les Côtes d'Armor, maison des douaniers au cap Taillat dans le Var…), ainsi que la fondation EDF pour le fort de l'île aux Moines.

Venez-vous promener chez vous !

Le Conservatoire du littoral a longtemps présenté son action en faisant siens, sans partage, les sites qu'il achetait en vue de leur protection. Il a, peut-être par passion – péché de jeunesse ? – trop souvent parlé de « son » patrimoine alors que le domaine placé sous sa protection constitue le « patrimoine des Français ».

Désormais, avec la maturité d'une institution publique de près de quarante ans, le Conservatoire du littoral mesure la nécessité de se faire davantage connaître du public afin qu'il ait conscience que cet outil exceptionnel est le sien, que les espaces littoraux qu'il assemble et préserve pour toujours, acquisition après acquisition, lui appartiennent et constituent un élément irremplaçable du patrimoine national dont il profite dès aujourd'hui.

Ce faisant, toutes les composantes du dispositif de protection édifié autour du Conservatoire et qui lui permettent d'agir, tireront profit de cette reconnaissance : l'État en premier lieu dont il est l'opérateur, garant de l'existence de l'établissement, de ses moyens d'intervention et de la pérennité de la protection des sites, les collectivités territoriales en deuxième lieu, au rôle essentiel dans les choix d'intervention foncière, dans la conservation quotidienne des sites, leur mise en valeur et leur ouverture au public, et dans le soutien qu'elles apportent au fonctionnement de l'établissement public, en troisième lieu enfin, tous les partenaires associatifs, institutionnels, privés qui s'attachent à contribuer à cette œuvre d'intérêt national et à la protection du littoral.

Les sites

Îles du Salut

Surface : 0,23 hectare
Période d'acquisition : 1995
Nombre d'actes d'acquisition signés : 1
Commune : Cayenne
Nom du gestionnaire : CNES / Association AGAMIS

Pratique
Comptez une journée pour ce parcours de 4 km en prenant en compte le trajet en bateau pour vous rendre sur l'île Royale, mais aussi pour franchir les 400 mètres vous séparant de l'île de Saint-Joseph.
Le départ des bateaux se fait au vieux port de Kourou.

Anse de Paulilles

Surface : 32,5 hectares
Période d'acquisition : 1998-2001
Nombre d'actes d'acquisition signés : 2
Commune : Port-Vendres (66)
Nom du gestionnaire : Conseil Général des Pyrénées Orientales

Pratique
De Port-Vendres, prenez la D914 en direction de Banyuls-sur-Mer. Garez-vous sur l'aire de stationnement du Domaine de Paulilles, située à mi-parcours entre ces deux communes.
Comptez 3 heures pour cette balade, en incluant la visite des expositions.
Renseignements et visites naturaliste ou historique du site :
Maison de site Paulilles
Conseil Général
RD 914
66 660 Port-Vendres
TEL : 04 68 95 23 40
http ://www.cg66.fr/environnement/espaces_naturels/paulilles/index.html

Domaine du Rayol

Surface: 18,7 hectares et 14 hectares sur le Domaine Public Maritime
Période d'acquisition: 1989
Nombre d'actes d'acquisition signés: 2
Commune: Rayol-Canadel-sur-Mer (83)
Nom du gestionnaire: Association du Domaine du Rayol

Pratique
La visite du domaine du Rayol invite à découvrir son histoire, à interpréter les paysages et mieux connaître l'écologie des plantes et leurs usages traditionnels à travers le monde. Laissez-vous tenter par un voyage dépaysant dans les jardins.
À partir du Lavandou, suivez la D 559 en direction de Cavalaire jusqu'au Rayol-Canadel. À la sortie du village, prenez à droite vers la mer pour rejoindre le domaine du Rayol. Un parking se trouve à l'entrée du site.
Pour visiter les jardins, vous pouvez suivre l'itinéraire de découverte indiqué sur le dépliant fourni à l'entrée. L'accès au domaine est payant.
La visite guidée est très agréable et donne toutes les clés de compréhension de ce projet particulier. Elle dure de 1 h 30 à 2 h, libre à vous de vous promener ensuite tranquillement dans le jardin.
Chaque saison et même chaque semaine offrent leur lot de découvertes, de diversité et d'émerveillements. En été, un sentier marin est ouvert; des soirées musicales sont proposées.
Des visites spécialisées sont proposées (lundi après-midi), ainsi que des stages de formation sur les jardins, les plantes et le lieu art et nature.
Le domaine du Rayol est ouvert tous les jours de 9 h 30 à 17 h 30 en hiver et 19 h 30 en été.

Renseignements et inscriptions, tél.: 04 98 04 44 00. Site: www.domainedurayol.org

Domaine du Rayol, Le Jardin des Méditerranées
Avenue des Belges – 83820 Rayol-Canadel-sur-Mer

Roquebrune-Cap-Martin

Surface: 1 hectare
Période d'acquisition: 1979-2001
Nombre d'actes d'acquisition signés: 4
Commune: Roquebrune-Cap-Martin (06)
Nom du gestionnaire: Commune de Roquebrune-Cap-Martin

Pratique
De l'autoroute (A 8, entre Nice et la frontière italienne, sortie «La Turbie»), rejoindre Roquebrune-Cap-Martin. En arrivant à Roquebrune, laisser à gauche la route du vieux village et prendre à droite la route de Monaco. Surveiller à gauche, 1 km plus loin, mal signalée dans ce sens, la rue qui

descend à la gare de Roquebrune. Suivre cette rue, passer sur la voie ferrée et, 30 mètres plus loin à gauche, pénétrer et se garer sur l'esplanade le long de la voie ferrée. Le départ de la «Promenade Le Corbusier» est au fond de cette esplanade. La totalité du parcours aller-retour jusqu'à la pointe du Cap-Martin ou aller simple jusqu'à la gare de Carnolès, fait 5 km sans difficultés. Comptez deux bonnes heures pour une découverte plaisante. Dans le cas d'un retour en train, penser à consulter les horaires (différents l'été et l'hiver) à la gare de Roquebrune au départ de la balade ! L'office du tourisme organise des visites du cabanon de Le Corbusier.
Tel : 04 93 35 62 87

Agriate

Surface: 5 575 hectares et 45 hectares sur le domaine public maritime
Période d'acquisition : 1979-2012
Nombre d'actes d'acquisition signés : 37
Communes : Palasca, San Gavino di Tenda, Santo Pietro di Tenda, Saint-Florent (2B)
Nom du gestionnaire : Conseil Général Haute Corse

Pratique
Au pays de l'Ostriconi, sur la Punta Liatoghju
De Bastia, un itinéraire montagnard emprunte la D 81 par le col de Teghime, Patrimonio, Saint-Florent puis Casta d'où l'on descend vers la vallée de l'Ostriconi. Un parcours moins tortueux passe par la N 193 jusqu'à Ponte Leccia (direction de Corte) où l'on prend à droite vers l'Île-Rousse (N 1197). Le départ s'effectue au milieu d'une grande ligne droite, à l'entrée du domaine de l'Ostriconi à 1 km exactement avant l'entrée du village de vacances (après si l'on vient de l'Île-Rousse). Compter 3 heures 30 pour cette boucle. Attention, au sommet de la Punta Liatoghju, ne poursuivez pas vers l'ouest sur le tracé indiqué par erreur sur la carte IGN 4249 OT. Aucun sentier n'existe dans ce secteur dangereux. Gare aux épines particulièrement désagréables des figuiers de Barbarie, celles des «raquettes» mais surtout celles – fines et sournoises – des fruits!
Du Lotu à Saleccia
La plage du Lotu est accessible depuis Saint-Florent par des navettes maritimes, d'avril à septembre (une dizaine de rotations par jour). Office du tourisme de Saint-Florent : 04 95 37 06 04. Saleccia se gagne aussi en voiture depuis Casta (hameau situé sur la D 81 à l'ouest de Saint-Florent) par une mauvaise piste difficilement praticable après les pluies. Les plus courageux peuvent gagner le Lotu depuis Saint-Florent en longeant le littoral (environ 5 heures de marche). Un camping à Saleccia offre des emplacements, des bungalows, un restaurant et une petite épicerie. Compter 3 heures pour cette boucle qui culmine à 80 mètres entre Lotu et Saleccia. Prévoir un couvre-chef et de l'eau en suffisance. À faire hors période touristique. À Saleccia, le lever du jour sur les marais de Padulella dominés par la pointe du Monte Genuva est un enchantement.
De Fornali à la Mortella
De Saint-Florent, prenez la direction de Calvi (D 81). Au rond-point,

traversez la rivière Aliso sur le pont de fer et descendez à droite juste après. Longez la plage de la Roya et poursuivez par une mauvaise piste jusqu'au stationnement de Fornali. Départ au parking. Possibilité de démarrer à pied du port de Saint-Florent et de prolonger à partir du sémaphore jusqu'à la plage du Lotu (aller environ 5 heures) puis de rentrer, d'avril à septembre, par une navette maritime. Nombreuses criques à découvrir. Aller-retour Fornali-Mortella d'environ 4 heures 30, temps non compris pour la baignade (irrésistible l'été!). En toute saison, prévoyez serviette, voire maillot de bain, pour les passages à gué. Évitez les incursions dans le maquis où vous risquez de vous perdre. Dénivelé modeste de 50 mètres pour grimper au sémaphore. http ://www.agriate.org

Marais d'Orx

Surface: 1 007 hectares
Période d'acquisition: 1989-2009
Nombre d'actes d'acquisition signés: 14
Commune: Labenne, Ondres, Orx, Saubrigues, Saint-André-de-Seignanx, Saint-Martin-de-Seignanx (Landes)
Nom du gestionnaire: Syndicat mixte de gestion des milieux naturels (40)

Pratique
De Bayonne, prenez la RN10 jusqu'à Labenne. Dans le village, suivez à droite la D71, en direction du Marais d'Orx. Comptez trois heures pour cet itinéraire d'une distance de 7,5 km. Le sentier démarre au niveau du parking de la Maison du Marais. Attention, le terrain sablonneux y rend impossible la progression des poussettes. Pour observer les animaux, pensez à emporter une paire de jumelles. La Maison du Marais propose des animations et des sorties accompagnées pour sensibiliser le public aux richesses du marais. Visite impérative avant ou après votre randonnée. Tél. 05 59 45 42 46. www.reserve-naturelle-maraisorx.fr
Le Centre permanent d'initiatives pour l'environnement (CPIE) du Pays de Seignanx propose aussi des animations et des sorties sur le thème de la nature. À Arremont 40390 Saint-Martin-de-Seignanx.
Des gîtes meublés (4, 6 et 8 personnes) permettent de loger sur place.
Pour tout renseignement:
Réserve Naturelle du Marais d'Orx
Maison du Marais
40530 Labenne
tel: 05 59 45 42 46
Tél. 05 59 56 16 20
www.marais-orx.fr

Marais de Moëze

Surface: 323 hectares
Période d'acquisition: 1977-2010
Nombre d'actes d'acquisition signés: 23

Commune : Moëze, Saint-Froult (Charente Maritime)
Nom du gestionnaire : LPO (Réserve Naturelle)

Pratique
À partir de Rochefort, suivez la D733 vers le sud en direction de Saint-Agnant. Traversez la Charente et, juste après le pont à péage, tournez à droite sur la D238 E vers Soubise. Dans ce village, prenez à gauche (D3) jusqu'à Moëze puis à droite jusqu'à Saint-Froult (D125). La Ferme de Plaisance se trouve à 2 km de ce village, suivez la petite route fléchée en direction de la côte. Le parking se trouve à proximité de la Ferme de Plaisance où vous serez accueilli et renseigné par les gestionnaires de la LPO. Le sentier balisé des polders part de la Ferme de Plaisance. Le circuit libre est ouvert du 1er février au 31 août de 8h30 à 18h30. Toute l'année, à partir de la ferme des Tannes (parking), vous pouvez vous promener sur le chemin communal : vue sur les anciennes salines et les oiseaux migrateurs à partir de l'observatoire panoramique. Comptez 1 heure de marche (1,5 km) pour observer l'ensemble des milieux. Participez à la protection du site et à la quiétude des oiseaux en restant sur les sentiers balisés. Préférez les balades matinales ou en soirée, ainsi que les périodes de marée haute, où les oiseaux s'observent mieux. N'oubliez pas vos jumelles.
Le marais de Moëze, site du Conservatoire de littoral, bénéficie d'un statut de Réserve naturelle. Il est géré par la LPO (Ligue pour la protection des oiseaux) qui propose des balades encadrées sur «les Tannes» – les anciens salins – au regard des vasières, non accessibles en visite libre.
Tél. : 05 46 83 17 07

Parc du Marquenterre

Surface : 471 hectares
Période d'acquisition : 1986-2005
Nombre d'actes d'acquisition signés : 13
Commune : Saint-Quentin-en-Tourmont (80)
Nom du gestionnaire : Conseil Général de la Somme / SMACOPI

Pratique
À partir de Rue ou du Crotoy, suivre les panneaux Saint-Quentin-en-Tourmont ou Parc ornithologique du Marquenterre. Le fléchage est partout présent.
Les chiens sont interdits dans le Parc mais il est toujours possible de louer un box privatif dans le chenil sur présentation d'une pièce d'identité. Munissez-vous de jumelles et d'un guide d'identification pour profiter pleinement de votre sortie.
Des animateurs nature vous donneront des explications sur les oiseaux dans les parcours. Pique-niquer n'est pas autorisé dans le Parc, mais emmenez avec vous des coupe-faim et de l'eau. Un tour complet prend trois heures, il est donc nécessaire d'être bien équipé. N'oubliez pas que vous êtes dans une réserve naturelle, et qu'il faut donc montrer un très grand respect pour la faune (rester silencieux pour ne pas la déranger) et pour la flore (ne pas la cueillir).
http ://www.baie-de-somme.org

Abbaye de Beauport

Surface : 111 hectares
Période d'acquisition : 1984-2012
Nombre d'actes d'acquisition signés : 52
Commune : Kerfot, Paimpol, Plouezec (Côtes-d'Armor)
Nom du gestionnaire : AGRAB (22)

Pratique
Le hameau de Kerity se situe à 2 km au sud-est du port de Paimpol, sur la D786 (direction Plouézec-Saint-Quay). L'entrée de l'abbaye se trouve avant un fort virage à droite, en sortie de village. Stationnez sur le parking de l'abbaye. C'est le point d'accès aux bâtiments et le départ des balades. Comptez 2 heures pour le circuit en boucle de 2 km, avec ses étapes. Vous pouvez aussi rester une journée entière pour visiter l'abbaye, observer la marée et les oiseaux. Dans cette région particulièrement touristique, évitez juillet-août. Pour l'observation des oiseaux de mer, venez plutôt autour de la marée haute. Le site est très fréquenté en été. L'abbaye est ouverte tous les jours, de 10 à 19h, du 15 juin au 15 septembre ; de 10 à 12h et de 14 à 17h hors saison. Les visites guidées des bâtiments et de l'espace naturel sont indispensables pour comprendre les évolutions complexes et profondes de ce paysage littoral depuis 800 ans.
Tél. : 02 96 55 18 58
www.abbaye-beauport.com

Îles Chausey

Surface : 6 hectares et 5000 hectares sur le domaine public maritime (DPM)
Période d'acquisition : 1998-2007
Nombre d'actes d'acquisition signés : 5 et convention d'attribution du DPM en date du 21 mars 2007 et par arrêté du Préfet de la Manche en date du 25 mai 2007
Commune : Granville (50)
Nom du gestionnaire : Syndicat Mixte « Espaces littoraux de la Manche »

Pratique
Le point de départ de votre journée aux îles est la gare maritime de Granville où vous pouvez laisser votre véhicule. Ensuite la traversée dure environ 45 minutes. Comptez une demi-journée pour effectuer cette balade propice à de très nombreuses pauses. Elle ne présente pas de difficultés.
Le phare de Chausey ne se visite pas. La préservation de ce site exceptionnel classé passe par la vigilance et le respect de tous.

Collection
« L'environnement a une histoire »

Michael Bess
La France vert clair : écologie et modernité technologique (1960-2000)

Diana A. Davis
Les mythes environnementaux de la colonisation française au Maghreb

John R. McNeill
Du nouveau sous le soleil :
une histoire de l'environnement mondial au XXe siècle

Jean-François Mouhot
Des esclaves énergétiques : réflexions sur le changement climatique

Table

Le présent ouvrage est publié
avec le concours de la Région Rhône-Alpes

Cet ouvrage a été achevé d'imprimer en février 2013
dans les ateliers de Normandie Roto Impression s.a.s.
61250 Lonrai
N° d'impression : 130575
Dépôt légal : février 2013

Imprimé en France